Intelligent Optimization Theories, Methods and Applications

智能优化理论、方法及其应用

邢立宁　杨振宇
王　沛　刘晓路　编著

国防科技大学出版社
·长沙·

图书在版编目(CIP)数据

智能优化理论、方法及其应用/邢立宁,杨振宇,王沛,刘晓路编著. —长沙:国防科技大学出版社,2014.8(2017.8 重印)

ISBN 978 - 7 - 5673 - 0328 - 7

I. ①智…　Ⅱ. ①邢…②杨…③王…④刘…　Ⅲ. ①最优化算法 - 研究　Ⅳ. ①O242.23

中国版本图书馆 CIP 数据核字(2014)第 162055 号

国防科技大学出版社出版发行

电话:(0731)84572640　邮政编码:410073

http://www.gfkdcbs.com

责任编辑:耿　筠　责任校对:王　嘉

新华书店总店北京发行所经销

长沙市精宏印务有限公司印装

*

开本:787×1092　1/16　印张:19　字数:451 千

2014 年 8 月第 1 版 2017 年 8 月第 3 次印刷　印数:1051 -2050 册

ISBN 978 - 7 - 5673 - 0328 - 7

定价: **46.00 元**

前　言

　　智能优化方法是近年来发展起来的一个非常活跃的研究领域。为推动和引导广大师生在该领域的研究和应用，本教材主要对遗传算法、蚁群算法、禁忌搜索算法、模拟退火算法和粒子群优化算法等智能优化方法的相关理论、方法及其应用进行了系统的探讨。

　　作者自 2010 年起在国防科学技术大学讲授"智能优化方法"这门研究生课程，并在研究中大量应用这些算法来解决各种实际中的优化问题，积累了很多学习、应用和传授这些算法的经验。本书编撰的主要目的是为希望了解、学习智能优化领域的读者提供一本通俗易懂、由浅入深的教科书。本书可作为管理科学与工程、系统工程专业本科生、硕士生和博士生的必修课教材，同时也可作为计算机、自动化、人工智能及其他相关专业学生的选修课教材。

　　本教材主要包括三大部分：第一部分是基础理论及方法，主要介绍了遗传算法、蚁群算法、禁忌搜索算法、模拟退火算法和粒子群优化算法的基本理论、主要构成、计算步骤、变形算法和应用实例；第二部分是典型应用及实例，在介绍相关智能优化方法工具箱的基础上，具体阐述如何采用遗传算法、蚁群算法、模拟退火算法和粒子群优化算法求解旅行商问题；第三部分是拓展阅读，主要收录了国外关于遗传算法、蚁群算法、禁忌搜索算法和模拟退火算法的部分经典素材（本部分单独结集成册）。

　　本教材的出版得到了国防科学技术大学本科教材出版计划、国家自然科学基金（71331008、71101150）和教育部新世纪优秀人才支持计划的经费资助，在此表示感谢。本教材在编写和出版过程中还得到了国防科技大学出版社的支持和帮助，在此一并表示衷心的感谢。

　　由于作者水平有限，书中不妥之处，敬请专家和读者不吝指正。

作者

2014 年 7 月于长沙

目　录

第一部分　基础理论及方法

第二部分　典型应用及实例

第一部分 基础理论及方法

第1章 绪 论

本章首先介绍最优化的重要意义,然后从分析传统优化方法的基本步骤及其局限性入手,讨论实际工程中对新优化方法的需求,介绍智能优化方法的产生、发展和主要特点。最后简单介绍了如何学习及研究智能优化方法。

1.1 最优化的重要意义

人类一切活动的实质不外乎是"认识世界,建设世界"。认识世界靠的是建立模型,建设世界靠的是优化决策。所以"建模与优化"可以说无所不在,它们始终贯穿于人类一切活动的过程之中。

从概念模型、结构模型,到数学模型以及计算机仿真模型和实物模型,是模型的不同阶段。从某种意义上说,人类的一切知识不外乎是人类对某个领域现象和过程认识的模型。只是由于不同领域问题模型化的难易程度不同,其模型处在不同的阶段。比如,数学、力学、微观经济学等,其知识基本上是用数学模型来表达的;而哲学、社会学、心理学等,由于许多因素难以量化,其模型大多还处在概念模型阶段。

认识世界的目的是为了建设世界,同样建模的目的就是为了优化。建设世界首先必须认识世界,同样一切优化都离不开模型。比如,建设一个水电站首先要认识河流的水文规律,而只有综合考虑淹没损失、水坝造价和发电效益,选择最优的建设方案,才能确保水电站建设的成功。

最优化离不开模型,所以最优化方法的发展正是随着模型描述方法的发展而发展起来的。代数学中解析函数的发展,产生了极值理论,这是最早的无约束函数优化方法;而拉格朗日乘子法则是最早的约束优化方法。第二次世界大战时期,英国为了最有效地利用有限的战争资源,成立了作战研究小组,取得了良好效果。战后,作战研究的优化思想被运用到运输管理、生产管理和一些经济学问题中,于是形成了以线性规划、博弈论等为主干的运筹学。运筹学的精髓就是要在用约束条件表述的限制下,实现用目标函数表述的某个目标的最优化。线性规划、非线性规划、动态规划、博弈论、排队论、存储论等,这些运筹学的模型使最优化方法的发展达到了极致,从而开启了最优化的辉煌时代。

除了在军事领域里的成功运用,最优化在国际经济的各个领域里都获得了广泛运用。运输计划、工厂选址、设备布置、生产计划、作业调度、商品定价、材料切割、广告策略、路径选择、工作指派……各种各样的典型问题都在应用最优化方法。

对个人来说,家庭理财、职业选择、人生计划、作息安排,生活的方方面面都可以运用最优化方法。可以说,最优化是人类智慧的精华,会不会最优化是个人聪明才智的表征。最优化水平的高低直接反映了一个人智力和受教育水平的高低。

1.2 传统优化方法的基本步骤及其局限性

1.2.1 传统优化方法的基本步骤

传统的优化方法主要指:线性规划的单纯形法,非线性规划的基于梯度的各类迭代算法。这类算法通常包括 3 个基本步骤。

第 1 步:选择一个初始解

传统优化方法总是从选择初始解开始,一般说来,这个初始解还必须是可行解。比如,线性规划的单纯形法,首先要用大 M 法或二阶段法来找到一个基础可行解。对于无约束的非线性函数优化问题,初始解一般可以任选,但是对带约束的非线性规划问题,通常也必须选择可行解作为初始解。

第 2 步:判断停止准则是否满足

这一步是对现行解检验是否满足停止准则。停止准则通常就是最优化条件。比如,对于线性规划的单纯形法,若检验数向量

$$\pi = C_B^T B^{-1} N - C_N^T \geq 0 \tag{1.1}$$

则满足最优化条件,结束;否则转入下一步迭代。

这里,B、N 分别是约束矩阵中基础变量和非基础变量对应的部分;C_B 和 C_N 是价格向量中基础变量和非基础变量对应的部分。

对于无约束的非线性函数优化问题,检验梯度函数 $\nabla f(x^k) = 0$ 是否成立。

对于非线性规划问题,则必须检验 Kuhn-Turker 条件

$$\nabla f(x^k) - \lambda^T h(x^k) - \pi^T g(x^k) = 0 \tag{1.2}$$

是否成立。其中,$h(x)$ 和 $g(x)$ 分别是等式约束和不等式约束函数向量。

第 3 步:向改进方向移动

当最优条件不能满足时,就必须向改进解的方向移动。比如,对于线性规划的单纯形法,即做转轴变换,旋出一个基础变量,旋入一个非基础变量。对于非线性规划的最速下降法、共轭梯度法、变尺度法等,则向负梯度方向、负共轭梯度方向或负修正共轭梯度方向移动。即

$$x^{k+1} = x^k - \alpha \nabla f(x^k) \tag{1.3}$$

这里,α 是移动步长,通常用一维搜索的方法来确定。$\nabla f(x^k)$ 表示当前解 x^k 的梯度、共轭梯度或修正共轭梯度方向。

1.2.2 传统优化方法的局限性

传统优化方法的这种计算构架给它带来了一些难以克服的局限性。

(1)单点运算方式大大限制了计算效率

传统优化方法是从一个初始解出发,每次迭代也只对一个点进行计算,这种方法很难发挥出现代计算机高速计算的性能。特别是高性能多 CPU 计算机和现代并行计算模式在传统优化方法中很难应用,这样就限制了算法计算速度和求解大规模问题的能力。

(2)向改进方向移动限制了跳出局部最优的能力

传统优化方法要求每一步迭代都向改进方向移动,即每一步都要求能够降低目标函数值,这样算法就不可能具有"爬山"能力。一旦算法进入某个局部低谷,就只能局限在这个低谷区域内,不可能搜索该区域之外的其他区域。这样,算法就失去了宝贵的全局搜索能力。

(3)停止条件只是局部最优条件

传统最优化方法的梯度为零或 Kuhn-Turker 条件只是最优解的必要条件,并不是充分必要条件。因此,这个条件即使从理论上看也不是充分的,即满足停止条件的解也不能保证就是最优解。只有当解的可行域是凸集,目标函数是凸函数时,即满足所谓的"双凸"条件时,才能保证获得的解是全局最优解。这种"双凸"条件对于大多数实际问题往往很难满足,这就大大限制了传统优化方法的应用范围。

(4)对目标函数和约束函数的要求限制了算法的应用范围

传统优化方法通常要求目标函数和约束函数是连续可微的解析函数,有的算法甚至要求这些函数是高阶可微的,如牛顿法。实际中,这样的条件往往很难满足。比如,价格可能存在批量折扣,生产能力可能有跳跃性变化,机器开、停有起动费用,这些因素都可能造成目标函数只是分段连续的。这样,传统优化方法对目标函数和约束函数的严格要求使其应用范围大打折扣。

任何一种新方法在其产生的初期往往是"方法定向"的,即它只能解决满足该方法适用条件的问题。要想运用这种方法就必须简化或改变原来的问题,使之能够满足该方法的适用条件。比如,为了使用线性规划超强的计算能力,实际应用中往往不得不采用拟线性化或分段线性化的方法把非线性问题转化成线性问题。20 世纪 70 年代末流行过这样一个十分形象的比喻,说最优化方法好像是"只卖一个尺码鞋的鞋店",脚小的塞棉花,脚大的砍一截。

传统优化方法是初级阶段的优化方法。随着人们对优化方法要求的不断提高,它的这种"方法定向"特征引起了人们的非议和质疑,于是在 20 世纪 70 年代前后,运筹学的发展出现了一个低谷期。这正是传统优化方法局限性的真实写照。

1.3 智能优化方法的产生与发展

针对传统优化方法的不足,人们对最优化提出了新的需求。这些需求主要包括以下几个方面。

(1)对目标函数和约束函数表达的要求必须更为宽松

实际问题希望目标函数和约束函数可以不必是解析的,更不必是连续和高阶可微的。目标函数和约束函数中可以含有规则、条件和逻辑关系,甚至只要一段计算机程序可以描述的关系能够输出一个返回值,就可以作为目标函数或约束函数使用。这样,分段连续函数、"if… then…"语句都可以用来表述目标或约束。于是,以规则形式表达的知识和人的经验都可以嵌入到优化模型之中。这样的模型已经不再是传统的数学模型,而是智能模型。

(2)计算效率比理论上的最优化更重要

传统优化方法是方法定向的,所以它比较注重理论的最优性。但是,实际问题并不介意获得的解是不是理论上最优的,而更加注重的是计算效率。由于实际问题的复杂性,往往造成问题的规模很大,时效性很高。比如,复杂制造系统的实时调度问题要求优化算法算得快,能解决的问题规模大,这就要求优化方法能够高效快速地找到满意解,至于是不是最优解反而并不十分重要。

(3)算法随时终止能够随时得到较好的解

传统优化方法不能保证随时终止时能够获得较好的解,比如非线性规划的外点法,计算中途终止算法连可行解都不能得到。许多实际问题有很高的时效性要求,对于这类问题,虽然计算更长时间可以获得更好的解,但由于急于使用结果往往要求能够随时终止计算,并且在终止时能够获得一个与计算时间代价相当的较好解。

(4)对优化模型中数据的质量要求更加宽松

传统优化方法是基于精确数学的方法,这类方法对数据的确定性和准确性有严格要求。实际生活中很多信息具有很高的不确定性,有些只能用随机变量或模糊集合,乃至语言变量来描述。虽然传统的随机规划或模糊优化方法有一定的处理数据不确定性的能力,但这些方法不外乎是用数学期望来替代随机变量,或是将模糊变量清晰化,而且计算效能很低。实际中迫切希望能够直接对具有不确定性数据乃至语言变量进行计算的优化方法。

实际生活中对最优化方法性能的需求促进了最优化方法的发展,最优化逐步走出"象牙塔",面向实际需要,完成了从"方法定向"向"问题定向"的转换,于是新的优化方法不断出现。

1975 年,Holland 提出遗传算法(Genetic Algorithms,GA)。这种优化方法模仿生物种群中优胜劣汰的选择机制,通过种群中优势个体的繁衍进化来实现优化功能。

1977 年,Glover 提出禁忌搜索(Tabu Search,TS)算法。这种方法将记忆功能引入到最优解的搜索过程中,通过设置禁忌区阻止搜索过程中的重复,从而大大提高了寻优过程的搜索效率。

1983 年，Kirkpatrick 提出模拟退火（Simulated Annealing，SA）算法。这种算法模拟热力学中退火过程能使金属原子达到能量最低状态的机制，通过模拟降温过程按玻耳兹曼方程计算状态间的转移概率来引导搜索，从而使算法具有很好的全局搜索能力。

20 世纪 90 年代初，Dorigo 等提出蚁群优化（Ant Colony Optimization，ACO）算法。这种算法借鉴蚂蚁群体利用信息素相互传递信息来实现路径优化机理，通过记忆路径信息素的变化来解决组合优化问题。

1995 年，Kennedy 等提出粒子群优化（Particles Swarm Optimization，PSO）算法。这种算法模仿鸟类和鱼类群体觅食迁徙中，个体与群体协调一致的机理，通过群体最优方向、个体最优方法和惯性方向的协调来求解实数优化问题。

1999 年，Linhares 提出捕食搜索（Predatory Search，PS）算法。这种算法模拟猛兽捕食中大范围搜寻和局部蹲守的特点，通过设置全局搜索和局部搜索间变换的阈值来协调两种不同的搜索模式，从而实现了对全局搜索能力和局部搜索能力的兼顾。

此外，还有模仿食物链中物种相互依存的人工生命算法（Artificial Life Algorithms）；模拟人类社会多种文化之间的认同、排斥、交流和改变等特征的文化算法（Cultural Algorithms），等等。

相对传统优化方法，以上算法有一些共同特点：不以达到某个最优性条件或找到理论上的精确最优解为目标，而是更看重计算速度和效率；对目标函数和约束函数的要求十分宽松；算法的基本思想都是来自对某种自然规律的模仿，具有人工智能的特点；多数算法含有一个多个体种群，寻优过程实际上就是种群的进化过程；这些算法的理论工作相对比较薄弱，一般说来都不能保证收敛到最优解。

从这些不同特点出发，这类算法获得了各种不同的名称。由于算法理论薄弱，它们最早被称为"现代启发式"或"高级启发式"；从其人工智能的特点，还被称为"智能计算"或"智能优化算法"；从不以精确解为目标的特点，又被归到"软计算方法"中；从种群进化特点来看，它们又可以称为"进化计算"；从它们模仿自然规律的特点出发，近年来又被称为"自然计算"。当然，这些不同的计算方法名称各自都还有本身的一些新概念，限于本书的中心不在于此，这里不再展开讨论。

从应用这些方法的角度看，以上方法叫什么名称并不重要，重要的是要掌握它们的特点，知其所长，也知其所短，这样才能应用适当的方法求解各类问题。

1.4　智能优化方法的研究现状

智能计算也称"软计算"，就是借用自然界（生物界）规律的启迪，根据其原理模仿设计求解问题的算法。目前这方面的内容很多，如人工神经网络、混沌算法、遗传算法、进化规划、模拟退火、禁忌搜索及其混合优化策略等，通过模拟或揭示某些自然现象或过程而得到发展，其思想和内容涉及数学、物理学、生物进化、人工智能、神经科学和统计力学等方面，为解决复杂问题提供了新思路新手段。这些算法独特的优点和机制，引起了国内外学者的广泛重视并掀起了该领域的研究热潮,且在诸多领域得到了成功应用。由于这些算法构造的直观性与自然机理,因而通常被称为智能优化算法或现代启发式算法。

人工智能的问题求解是建立在知识表示的基础上,而知识表示基于符号逻辑,所以经典人工智能也称为符号智能。问题求解的推理是通过在解空间中进行最优解搜索来实现的,所以除知识表示外,人工智能的另一个重要研究内容是搜索算法。

经典人工智能是基于知识的,而知识通过符号进行表示和运算,被具体化为规则。但是,知识并不都能用符号表示为规则,智能也不都是基于知识的。人们相信,自然智能的物质机构——神经网络的智能是基于结构演化的。因此,20 世纪 80 年代,经典人工智能理论发展出现停顿,而人工神经网络理论出现新的突破时,基于结构演化的计算智能迅速成为人工智能研究的主流。

计算智能是以生物进化的观点认识和模拟智能。按照这一点,智能是在生物的遗传、变异、生长以及外部环境的自然选择中产生的。在用进废退、优胜劣汰过程中,适应度高的个体结构被保留下来,智能水平也随之提高。因此说计算智能就是结构演化的智能。

计算智能的主要方法有人工神经网络、遗传算法、演化程序、局部搜索、模拟退火、混沌算法等。这些方法具有以下共同的要素:自适应结构、随机产生或指定初始状态、适应度评测函数、修改结构操作、系统状态存储器、终止计算条件、指示结果的方法、控制过程的参数。计算智能的这些方法具有自学习、自组织、自适应的简单特征和简单、通用、鲁棒性强、适于并行处理等优点,在并行搜索、联想记忆、模式识别、知识自动获取等方面得到了广泛应用。

智能算法是一种借鉴和利用自然界中自然现象或生物体的各种原理和机理而开发的并具有自适应环境能力的计算方法,衡量智能算法智能程度高低的关键在于其处理实际对象时所表现出的学习能力。智能算法的发展已有悠久的历史,早期发展起来的符号主义、连接主义、进化计算、模拟退火算法作为经典智能方法的主要研究学派,至今仍在计算智能领域占据着重要位置,并取得了极为丰硕的理论及应用成果。随着历史的变革和时代的变迁,智能算法的研究经历了漫长的发展过程,从早期的经典智能算法发展到现代智能算法,人们在不断探索新智能方法的同时,对经典智能方法进行了一系列反思。基于连接机制的人工神经网络简单地模拟人类大脑的学习功能,对用网络模型处理工程问题做出了巨大贡献,但是局部极小及搜索效率低是其主要不足;进化计算的发展,使得经典计算智能的研究再度掀起,致使智能算法成为当今研究的热点,并已经发展成为一种多学科、多智能交叉融合、渗透的信息与计算研究领域。经典智能算法与来自生命科学中其他生物理论的结合,使得这类算法有了较大的进展,如遗传算法与生物免疫或模糊逻辑的结合形成了免疫遗传算法或模糊遗传算法,神经网络与免疫网络的结合形成了免疫神经网络。现代智能算法在经典智能算法的理论及应用基础上,已逐步发展出许多较有潜力的研究分支,如人工免疫系统理论及应用、分形算法理论及应用、蚁群优化算法理论及应用、粒子群优化理论及应用、支持向量机等。这些表明智能算法已朝着多极化发展,生物智能的应用越来越广,研究学派越来越多,研究气氛越来越活跃,如智能优化算法作为智能算法的重要研究内容,已呈现较多的新智能工具,如免疫遗传算法、免疫算法、混沌免疫算法、蚁群优化算法、粒子群优化算法、噪声方法、变邻域搜索、巢分区方法、思维进化算法、混合优化算法等。这些算法的出现显示了模拟或借鉴生物智能,开发具有较高智能的应用工具并对其进行理论与应用研究具有重要理论和现实意义。

目前,智能算法的研究呈现出三大趋势:一是对经典智能算法的改进和广泛应用,以及对其理论的深入、广泛研究;二是现代智能算法的发展,即开发新的智能工具,拓宽其应用领域,并对其寻求理论基础;三是经典智能算法与现代智能算法的结合建立混合智能算法。目前新的智能算法不断涌现,涉及的应用领域不断增多,如最优化、模式识别、智能控制、计算机安全、计算机网络、投资组合等。因此,开发新的智能工具处理工程问题便成为现代智能算法研究的首要任务,也是智能算法研究的热点。

智能算法是建立在生物智能或物理现象基础上的随机搜索算法,由于其自身作为启发式随机算法,具有比数学规划方法更优越的特性,因此这类方法的研究也是最优化领域研究的重点。其优点是:具有一般性且易于应用;搜索最优解的速度快且易于获得满意的结果。目前智能优化方法较多,许多方法存在着不同程度的相似性,如噪声方法、变邻域搜索、巢分区方法均属于邻域搜索算法,存在着与模拟退火算法所具有的许多共同特征。最为广泛被采用并具有代表性的智能优化方法是模拟退火算法(SAA)、进化算法(EA)和Hopfield 网络。

进化算法包括 20 世纪 70 年代中期美国的 Holland 提出的遗传算法(GA)、60 年代德国的 Rechenberg 及 Schwefel 提出的进化策略(ES)及 60 年代美国的 Fogel 等教授提出的进化规划(EP),而 GA 又是这三种算法的代表。由于这三种算法的算子具有可统一性,因此将此三种算法统称为进化算法(EA)。目前关于 EA 的一般性理论研究,德国的 Rudolph 获得了初步的结果,研究范畴主要集中在算法的收敛性,但要求的条件较强,即算法的状态转移矩阵正定,这无疑导致应用受到极大限制,但是这项研究成果标志着一般框架的进化算法的理论探讨迈出了坚实的一步。

EA 是模拟生物自然进化机制的一种启发式随机搜索算法,这种算法是以个体构成的群体为状态并具有开采和探测能力的群体学习过程,其由基于群体的选择、交叉及变异三种算子组成。选择操作反映了物种进化的"适者生存,优胜劣汰"思想,交叉是自然演化的主要机制,其反映了个体之间的信息传递和信息交换关系,变异使得群体搜索具有遍历性。选择、交叉、变异分别反映了物种进化过程的特定运行机制,这三种算子在遗传算法(GA)、进化策略(ES)及进化规划(EP)中的重要程度有所不同。GA 以选择和交叉为主产生多样的高适应度的个体,变异仅起到微调群体多样性的作用;ES 和 EP 主要通过突变产生多样的个体,通过选择方式获得好个体。ES 与 EP 的主要区别在于:ES 的选择为确定性选择且含有交叉操作,而 EP 无交叉操作及选择为 K 联赛选择。GA 的突出优点是结构相对固定、计算速度快、全局搜索能力强、并行性高、鲁棒性强及不依赖于问题的特征信息等,这些优点是导致大量计算智能研究者及工程人员对其产生浓厚兴趣的根本原因。无论是这种算法的理论研究还是应用技术开发,都在计算智能中占据了重要位置。

关于算法结构,GA 是以多个个体构成当前状态,搜索过程是个体群进化,最终获得的状态由多个优良个体组成,但 GA 维持群体多样性及局部搜索能力较弱,搜索性能与初始群体的分布密切相关,已有的理论结果表明基本遗传算法是不收敛的,其主要原因在于:尽管 GA 具有遍历性,但是算法搜索过程中所获得的较好个体的维持性能较差及群体多样性不足,导致任何时刻获得的好个体随时可能消失及易于出现早熟现象,因而 GA 不能被保证收敛。由于 GA 具有的可能不收敛特性阻碍了其应用和理论的进一步深入研究,这导致人们去寻找一些新的方法改善 GA 的搜索性能,因而出现了基于 GA 的种类繁多的算法,如模拟退火遗传算法、并行遗传算法、模糊遗传算法等。

其次,在遗传算法处理约束函数优化问题的研究方面也取得了较大进展,尤其在许多有关多目标优化领域获得广泛应用并引起同行研究人员的足够重视。在这些研究领域里,Zitzler 提出的算法是目前公认的最好算法。这些算法不仅增强了 GA 的局部搜索能力和最优解维持能力,而且使算法的搜索速度及处理复杂优化问题的能力极大提高,特别是并行和模糊遗传算法及基于 GA 的多目标进化算法是计算智能领域里值得研究的、富有实际意义的研究方向,同时也是目前 GA 的主要发展趋势。但当 GA 结构复杂程度加大时,无疑增加了其理论研究的难度。在国内外,对 GA 已有较系统的理论研究,如西安交通大学的张文修教授等对 GA 遗传算子的几何性质做了较全面探讨,同时对建立在 GA 上的几类较为简单算法的收敛性做了深入研究,提供了对智能优化方法进行理论分析的新思路,获得了极有价值的理论结果。为了改善 GA 的性能,通常可通过对 GA 的结构复杂化或给予附加的特定算子,这当然提高了 GA 的搜索性能,但也带来了负面影响,即算法通用性和实用性有所降低,同时计算复杂度及理论研究的难度大幅度提高。

模拟退火算法(SA)的思想是 Metropolis 等在 1953 年提出的,之后 Kirkpatrick 等于 1983 年在《科学》杂志上将其用于组合优化。此算法属于局部搜索算法,其基本思想是设计初始状态、初始温度及物体冷却的退温函数,以单个个体作为当前状态,在此状态的邻域中产生新状态,并按 Metropolis 准则接受稍次的新状态作为下一状态,最终达到寻优目的。目前关于 SA 的理论及应用研究较多,理论研究已逐渐趋于成熟,应用范围已扩展到了许多领域,同时 SA 与其他智能方法的融合是 SA 能吸引许多领域的专家进行广泛研究的关键所在。由于 SA 自身结构特性的限制,如何提高其搜索性能一直是计算智能研究者关注的焦点。近年来,对 SA 的研究主要集中在 SA 和其他智能算法的结合,以及如何扩展 SA 的结构并将其有效地应用于多目标优化问题。

神经网络用于解决优化问题的研究也在不断开展,这方面的起源研究是 Pyne 教授首次引用电路回路并用于解决非线性规划(Nonlinear Programming,NP)问题,之后又出现了许多基于电路回路的模型处理 NP 问题,其中代表性的是 Chua 和 Lin 提出的经典非线性规划回路,以及 Hopfield 提出的 Hopfield 网络。非线性规划回路建立了一般性电路回路模型,为了增强模型的动力学行为,Hopfield 在电路回路中引入了电容器,从而获得了 Hopfield 网络。针对已有网络存在不能保证收敛到可行解的缺陷,Walter 在基于非线性规划回路的思想上建立了无等式约束的约束优化神经网络模型。与此同时,两种神经网络的出现标志着神经网络处理约束优化问题取得了初步进展。目前,对于神经网络处理 NP 问题的研究主要集中在 Hopfield 网络,此网络已获得广泛应用,其理论研究也在广泛开展,但已有结果表明该网络的同步离散型模型是非稳定的。由于该网络结构的限制,致使其在 NP 问题中的应用受到极大阻碍,其困难在于难以构造合适的能量函数。因此有人从其他角度探讨神经网络处理一般性 NP 问题。近年来,宋荣方等设计能量函数,获得了一种新的神经网络处理线性约束凸优化问题,论证了此模型的稳定性。同时孟志青等提出基于静态处罚法,引入二次非线性罚函数并作为能量函数获得一种处理凸优化问题的神经网络,理论上论证了该网络在一定条件下平衡点序列收敛到最优解,但要求在不断增大罚因子情形下,网络产生平衡序列,而且不能保证网络的平衡点为可行解,也阻碍了其应用。至今,神经网络模型处理优化问题的研究未能取得重大突破。

以人工神经网络、演化计算等为代表的智能算法在工程领域的成功应用,激励人们从更广泛的生物或自然现象寻求启发以构造新的智能算法,解决工程中广泛存在的复杂问题。这种以生物智能或自然现象为基础的随机搜索算法具有比数学规划方法更大的优越性,这种优越性主要表现在:具有一般性且易于应用;搜索最优解的速度快且易于获得满意结果。以上优点使这类算法在工程问题上具有更广泛的应用前景,从而吸引了更多学者对其进行研究,使得现代智能算法正在成为人工智能领域一个新的研究热点。

近年来,随着系统工程的系统思想在各个学科中的不断深化,学科交叉现象更加普遍。智能理论呈现出学科内外同时交叉的活跃景观,从内部看,20 世纪 90 年代以来,经典的人工智能方法在某些热点智能研究领域形成结合点,如数据采掘和知识发现(所谓数据采掘和知识发现是以数据仓库为基础,通过综合运用统计学、模糊数学、神经网络、机器学习和专家系统等方法,从大量的数据中提炼出抽象的知识,揭示出蕴含在数据背后的客观世界的内在联系和本质规律,实现知识的自动获取)。从外部看,智能方法与诸多复杂系统理论、非线性理论、信息科学等相融合,如混沌理论、模糊理论、灰色理论、信息熵理论与智能算法的结合。近年来出现的所谓"高级人工智能",就是通过学科的这种内外部交叉形成的。

1.5　怎样学习、研究智能优化方法

智能优化方法是一门计算科学。它的理论工作相对比较薄弱,其知识点主要在于介绍各种优化算法的基本思想、计算步骤和计算机实现的技巧。对于大学理工科的学生,建议在学习研究智能优化方法时应该从以下几个方面入手。

(1)应用智能优化算法解决各类问题是重点

智能优化算法对各类复杂的优化问题有很强的适应性,应用这些算法解决一些其他算法难以解决的优化问题就成了研究的重点。由于以上提到的智能优化算法基本上都是"问题依赖(Problem Dependent)"的,即算法的处理细节上会因问题的不同而不同。这样不同的应用问题就需要具体情况具体处理,这就给算法的研究带来了很多要解决的问题。比如,还没有人用新算法解决过经典的组合优化问题、网络和图论中的优化问题,还有实践中的各种各样的应用问题。近年来杂志上发表的论文基本上都是算法应用类型的。

(2)算法改进有很大的创新空间

智能优化算法大多给出的只是一个基本的计算思想和步骤,因此改进算法步骤以获得更好的计算性能有很大的创新空间。比如,为遗传算法设计新的遗传算子,为模拟退火设计新的冷却策略,为禁忌搜索定义新的领域搜索,等等,这些都是可以充分发挥聪明才智的地方。

（3）多种算法结合的混合算法是一条捷径

由于不同的智能化算法各有特点，怎样将两种乃至两种以上的算法结合起来就一直是不少学者的研究重点。比如，遗传算法和禁忌搜索的混合算法，禁忌搜索和模拟退火的混合算法，等等。当然还有更多的可能的混合算法还没有人实践或者没有实践成功，这就给后人留下很多研究工作的空间。由于不同算法的混合机理是现存的，又容易引起同行们的关注，获得成果的可能性比较大，所以说这是一条成功的捷径。

（4）不提倡刻意去追求理论成果

智能优化算法不是一门理论严谨的学科，而是一门实验学科。它没有什么严格的公理体系，主要是依据计算机计算得到的性能的好坏来判别算法的成功与否。虽然多种算法都有一些理论分析和收敛性证明，但是从严谨数学的角度看，这些理论研究都差强人意，有的甚至经不起仔细推敲。而且这些理论研究对算法的性能提高并没有多少指导意义，起码没有一个算法按研究的收敛性条件去制定算法停止准则。因此，建议工科的学生不要刻意追求智能化算法的理论成果，而要将更多的精力投入计算实践中。当然在计算实践中忽然有了理论创新的灵感，也不应该轻易放过。

（5）算法性能的测算是一项要下真功夫的工作

学习、研究智能优化算法要有坐在计算机前反反复复调试程序、计算例题的决心。无论算法的改进、提高还是创新，唯一的评价标准就是大量不同规模例题的试算结果的好坏。虽然创造性不体现在例题测算上，但做算法研究的人大部分时间都用于例题测算。要想在这个领域里获得成功就必须喜欢编程序、喜欢在计算机上工作，并能够从计算性能的意想不到的提高中获得成功的快乐。具有这种潜质的学生是从事智能优化算法研究的最佳人选。

（6）选择测试例题的一般规律

算法性能测试是算法研究的基础工作，那么如何选择测试例题则是算法测试首先要解决的问题。从例题的说服力出发，选择例题的优先顺序为：网上题库中的例题→文献中的例题→随机产生的例题→实际应用问题→自己编的例题。对于经典的组合优化问题，比如旅行商问题、二次指派问题等互联网上的经典题库中有很多不同规模的问题，如果你的算法能够获得优于文献中报道的性能指标，那就是一个了不起的成果。对于没有题库的问题，如果有文献计算过，则应该对相同的问题来计算比较。对于新问题，则应该用伪随机数发生器产生不同规模的问题来测试算法的计算性能。再退而求其次就是计算实际问题，这使其他同行将很难判断算法的好坏。最没有说服力的例题就是自己编的例题，虽然有不少国内杂志上的论文就是这样做的，但这种做法实在不值得提倡。

（7）算法性能测算的主要指标

算法性能测算到底测算哪些指标？一般来说，算法性能测试主要包括以下三个方面：

①达优率：即在多次从不同随机种子出发的计算中达到最优解的百分比。当找不到问题的最优解时，可以用计算中获得的最好解替代。由此派生出来的指标还有：解的目标值平均值和最优解的目标值的比、所有解的目标值的标准差等。

②计算速度：在特定的软、硬件环境中计算不同规模问题的计算时间。

③计算大规模问题的能力：在可接受时间里能够求解的最大问题的规模，比如能够在

几小时内求解的 TSP 问题的城市数量。虽然可解问题的规模依赖于计算速度,但同时这个指标还受算法对计算机存储空间需求量的影响。占用存储空间过大的算法,显然就不能求解大规模问题。

(8)创造出新算法是很多人的梦想

学习、研究智能优化算法的过程中,很多有创新精神的人都会自然想到能不能创造出新的智能优化算法。但是,创造新算法绝对不是一件容易的事,更不是叫出一个新名词就算成功了。对于一个新算法,要想成功必须达到以下几点:

①有新的思想和新的计算机理。

②至少对某类问题的计算性能优于已有算法。

③能在国际期刊上发表论文并被一些同行引用。

④能有其他作者测试、改进,并应用到其他问题中。

近年来虽然有不少作者提出一些新算法,比如,鱼群算法、雁队算法、群落选址算法等,这种精神值得鼓励,但要真正成为一种被国内外同行认可的算法还需要做大量工作。

问题与思考

1. 结合你的生活、学习情况,总结并提出一类比较复杂的实际优化问题,并尝试给出该问题的主要特点和求解难度。

2. 阅读一篇采用智能优化方法求解实际工程优化问题的英文文献,尝试总结该文献所提方法的宏观思想、实施步骤、主要特点以及优缺点。

第2章 遗传算法

遗传算法是智能优化方法中应用最广泛也最为成功的算法。本章首先从介绍遗传算法的产生发展与基本原理开始,然后讨论遗传算法的基本构成,介绍由不同编码方式、选择压力的调整、不同标定方法等带来的各种变形算法,最后介绍几个典型应用实例。

2.1 导　言

遗传算法是由美国密歇根大学 Holland 教授及其学生于 20 世纪 60 年代末到 70 年代初提出的。在 1975 年出版的《自然与人工系统的自适应性》(Adaptation in Natural and Artificial Systems)一书中,Holland 系统阐述了遗传算法的基本理论和方法,提出了对遗传算法的理论发展极为重要的模板理论(Schema Theory)。后来 De Jong 和 Goldberg 等做了大量工作,使遗传算法更加完善。近年来,由于遗传算法求解复杂优化问题的巨大潜力及其在工业工程、人工智能、生物工程、自动控制等各个领域的成功应用,该算法得到了广泛关注。可以说,遗传算法是目前应用最为广泛和最为成功的智能优化方法。

2.1.1　生物进化

生物在其延续生存的过程中,逐渐适应其生存环境,使得其品质不断得到改良,这种生命现象称为进化(Evolution)。生物进化是以集团形式共同进行的,这样的一个团体称为群体(Population),组成群体的单个生物称为个体(Individual),每个个体对其生存环境都有不同的适应能力,这种适应能力称为个体适应度(Fitness)。按照达尔文的进化论,那些具有较强适应环境变化能力的生物个体具有更高的生存能力,容易存活下来,并有较多的机会产生后代;相反,具有较低生存能力的个体则被淘汰,或者产生后代的机会越来越少,直至消亡。达尔文把这一过程和现象称为"自然选择,适者生存"。通过这种自然选择,物种将逐渐向适应于生存环境的方向进化,从而产生优良物种。

2.1.2　生物遗传和变异

生物从其亲代继承特性或性状,这种生命现象就称为遗传,研究这种生命现象就称为遗传学。由于遗传的作用,使得人们可以种瓜得瓜,种豆得豆,也使得鸟仍然在天空中飞翔,鱼仍然在水中遨游。构成生物的基本结构和功能单位是细胞。细胞中含有一种微小的丝状化合物,称为染色体,生物的所有遗传信息都包含在这个复杂而又微小的染色体中。染色体主要由蛋白质和脱氧核糖核酸(DNA)组成。控制生物遗传的物质单元称为基因,它是有遗传效应的 DNA 片段。生物的各种性状由其相应的基因所控制。

细胞在分裂时,遗传物质 DNA 通过复制(Reproduction)而转移到新产生的细胞中,新细胞就继承了旧细胞的基因。有性生物在繁殖下一代时,两个同源染色体之间通过交叉(Crossover)而重组,即两个染色体的某一相同位置处的 DNA 被切断,其前后两串分别交叉组合而形成两个相同的染色体。另外,在进行复制时,可能以很小的概率产生某些差错,从而使 DNA 发生某种变异(Mutation),产生出新的染色体。

生物进化的本质体现在染色体的改变和改进上,生物体自身形态和对环境适应能力的变化是染色体结构变化的表现形式。自然界的生物进化是一个不断循环的过程。在这一过程中,生物群体也就不断地完善和发展。可见,生物进化过程本质上是一种优化过程,在计算科学上具有直接的借鉴意义。

2.2　遗传算法的基本原理

2.2.1　基本思想

遗传算法是根据问题的目标函数构造一个适值函数,对一个由多个解(每个解对应一个染色体)构成的种群进行评估、遗传运算、选择,经多代繁殖,获得适应值最好的个体作为问题的最优解。

1. 产生一个初始种群

遗传算法是一种基于群体寻优的方法,算法运行时是以一个种群在搜索空间进行搜索。一般是采用随机方法产生一个初始种群,也可使用其他方法构造一个初始种群。

2. 根据问题的目标函数构造适值函数

在遗传算法中使用适值函数来表征种群中每个个体对其生存环境的适应能力,每个个体具有一个适应值。适应值是群体中个体生存机会的唯一确定性指标。适值函数的形式直接决定着群体的进化行为。适值函数基本上依据优化的目标函数来确定。为了能够直接将适值函数与群体中的个体优劣相联系,在遗传算法中适应值规定为非负,并且在任何情况下总是希望越大越好。

3. 根据适应值的好坏不断选择和繁殖

在遗传算法中自然选择规律的体现就是以适应值大小决定的概率分布来进行选择。个体适应值越大,该个体被遗传到下一代的概率越大;反之,个体适应值越小,该个体被遗传到下一代的概率也越小。被选择的个体两两进行繁殖,繁殖产生的个体组成新的种群,这样的选择和繁殖的过程不断重复。

4. 若干代后得到适应值最好的个体即为最优解

在若干代后,得到的适应值最好的个体所对应的解即被认为是问题的最优解。

2.2.2　构成要素

这里对遗传算法的构成要素进行简要说明,其具体的技术实现细节将在后面进行详细讨论。

1. 种群和种群大小

种群是由染色体构成的。每个个体就是一个染色体,每个染色体对应着问题的一个解。种群中个体的数量称为种群大小或种群规模。一般来说,遗传算法中种群规模越大越好,但是种群规模的增大也将导致运算时间的增大,一般设为100～1000。在一些特殊情况下,群体规模也可能采用与遗传代数相关的变量,以获取更好的优化效果。

2. 编码方法

编码方法也称为基因表达方法。在遗传算法中,种群中的每个个体,即染色体是由基因构成的。所以,染色体与要优化的问题的解如何进行对应,就需要通过基因来表示,即对染色体进行正确编码。对染色体进行正确编码是遗传算法的基础工作,也是最重要的工作。

3. 遗传算子

遗传算子包括交叉和变异。遗传算子模拟了每一代中创造后代的繁殖过程,是遗传算法的精髓。

交叉是最重要的遗传算子,它同时对两个染色体进行操作,组合两者的特性产生新的后代。交叉的最简单方式是在双亲染色体上随机地选择一个断点,将断点的右段互相交换,从而形成两个新的后代。这种方法对于二进制编码最合适。遗传算法的性能在很大程度上取决于采用的交叉运算的性能。双亲的染色体是否进行交叉由交叉率来进行控制。

交叉率(记为 P_c)定义为各代中交叉产生的后代数与种群中的个体数的比。显然,较高的交叉率将达到更大的解空间,从而减小停止在非最优解上的机会;但是交叉率太高,会因过多搜索不必要的解空间而耗费大量的计算时间。

变异是在染色体上自发地产生随机的变化。一种简单的变异方式是替换一个或者多个基因。在遗传算法中,变异可以提供初始种群中不含有的基因,或者找到选择过程中丢失的基因,为种群提供新的内容。染色体是否进行变异由变异率来进行控制。

变异率(记为 P_m)定义为种群中变异基因数在总基因数中的百分比。变异率控制着新基因导入种群的比例。若变异率太低,一些有用的基因就难以进入选择;若太高,即随机的变化太多,那么后代就可能失去从双亲继承下来的好特性,这样算法就会失去从过去的搜索中学习的能力。

4. 选择策略

选择策略是从当前种群中选择适应值高的个体以生成交配池的过程。使用最多的是正比选择策略。选择过程体现了生物进化过程中"适者生存,优胜劣汰"的思想,并保证优良基因遗传给下一代个体。

5. 停止准则

一般使用最大迭代次数作为停止准则。

2.2.3　算法流程

下面将以 Holland 的基本 GA 为例说明算法的具体实现。Holland 的基本 GA 流程图如图 2.1 所示。

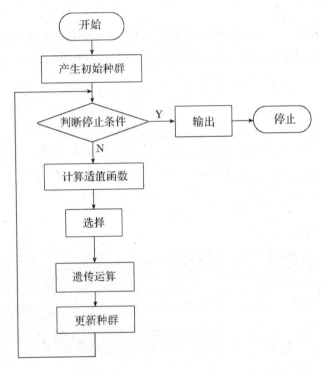

图 2.1　遗传算法流程图

由图 2.1 可以看到遗传算法实现中的各个步骤包括:(1)初始种群的产生;(2)编码方法;(3)适值函数;(4)遗传运算;(5)选择策略;(6)停止准则。下面对各个步骤的实现进行具体说明。

1. 初始种群的产生

初始种群是随机产生的,具体的产生方式依赖于编码方法。种群的大小依赖于计算机的计算能力和计算复杂度。例如,0-1 编码的具体产生方式如下:

随机产生 $\xi_i \in U(0,1)$,若 $\xi_i > 0.5$, 则 $x_i = 1$;若 $\xi_i \leqslant 0.5$, 则 $x_i = 0$。

2. 编码方法——二进制编码

每个染色体可以表示为

$$X = (x_1, x_2, \cdots, x_n), 1 \leqslant i \leqslant n$$

染色体的每一位,即 x_i 是一个基因。每一位的取值称为位值。n 称为染色体长度。Holland 的基本 GA 使用二进制编码,即使用固定长度的 0,1 字符串表示一个染色体,例如

$$X = (0\ 1\ 1\ 0\ 0\ 1\ 0)$$

就可以表示一个染色体,该个体的染色体长度为 $n = 7$。

下面以两个实际问题为例,说明如何进行二进制编码。

(1)背包问题

n 个物品,对物品 i,价值为 p_i,质量为 w_i,背包容量为 W。如何选取物品装入背包,使背包中的物品的总价值最大。

其编码如下所示:

$$x_i = \begin{cases} 1, \text{装入物品 } i \\ 0, \text{不装入物品 } i \end{cases}$$

(2)指派问题

指派问题是一类特殊的线性规划问题,其中工作对资源的需求是一对一的。每样资源(如雇员、机器、时间段)唯一地指派给一件工作(如任务、位置、事件)。资源 $i(i = 1, 2, \cdots, n)$ 指派给工作 $j(j = 1, 2, \cdots, m)$ 产生一个相应费用 c_{ij},问题的目标是如何指派可使总费用达到最小。

用 0,1 编码的变量 x_{ij} 来表达资源与工作的关系如下:

$$x_{ij} = \begin{cases} 1, \text{资源 } i \text{ 指派给工作 } j \\ 0, \text{其他} \end{cases}$$

二进制编码的缺点:编码长不利于计算。

二进制编码的优点:便于位值计算,包括的实数范围大。

3. 适值函数

前面已经说明,适值函数一般根据目标函数来进行设计。目标函数一般表示为 $f(x)$,适值函数一般表示为 $F(x)$。从目标函数 $f(x)$ 映射到适值函数 $F(x)$ 的过程称为标定。

对于求目标函数最小值的优化问题,理论上只需要简单加一个负号就可以将其转化为求目标函数最大值的优化问题,即

$$F(x) = -\min f(x)$$

对于求目标函数最大值的优化问题,当目标函数总为正值时,可以直接设定其适值函数就等于目标函数,即

$$F(x) = \max f(x)$$

4. 遗传运算

遗传运算,即交叉和变异,是遗传算法的精髓,也是变化最多的地方。

(1)交叉

交叉操作中,使用最多的是单切点交叉和双切点交叉。

①单切点交叉

单切点交叉是由 Holland 提出的最基础的一种交叉方式。从种群中选出两个个体 P_1 和 P_2,随机选择一个切点,将切点两侧分别看作两个子串,将右侧子串分别交换,则得到两个新个体 C_1 和 C_2,如图 2.2 所示。

$$\text{切点} \qquad\qquad\qquad \text{切点}$$

$$P_1 = A_1 \mid A_2 \qquad\qquad C_1 = A_1 \mid B_2$$

$$\text{单切点交叉} \Longrightarrow$$

$$P_2 = B_1 \mid B_2 \qquad\qquad C_2 = B_1 \mid A_2$$

图 2.2　单切点交叉示意图 1

这里 P_1 和 P_2 称为父代染色体，C_1 和 C_2 称为子代染色体，图 2.3 是一个具体的数值例子。

$$\text{切点} \qquad\qquad\qquad \text{切点}$$

$$P_1 = 001 \mid 101 \qquad\qquad C_1 = 001 \mid 001$$

$$\text{单切点交叉} \Longrightarrow$$

$$P_2 = 101 \mid 001 \qquad\qquad C_2 = 101 \mid 101$$

图 2.3　单切点交叉示意图 2

显然，切点的位置范围应该在第一个基因位之后，最后一个基因位之前。即设染色体长度为 n，则切点的取值范围为 $[1, n-1]$。

单切点交叉操作的信息量比较小，交叉点位置的选择可能带来较大偏差。并且染色体的末尾基因总是被交换。在实际应用中采用较多的是双切点交叉。

②双切点交叉

对于两个选定的染色体 P_1 和 P_2，随机选取两个切点，交换两个切点之间的子串，如图 2.4 所示。

$$\text{切点 切点} \qquad\qquad\qquad \text{切点 切点}$$

$$P_1 = A_1 \mid B_1 \mid C_1 \qquad\qquad C_1 = A_1 \mid B_2 \mid C_1$$

$$\text{双切点交叉} \Longrightarrow$$

$$P_2 = A_2 \mid B_2 \mid C_2 \qquad\qquad C_2 = A_2 \mid B_1 \mid C_2$$

图 2.4　双切点交叉示意图 1

图 2.5 是一个具体的数值例子。

$$\text{切点　切点} \qquad\qquad\qquad \text{切点　切点}$$

$$P_1 = 0011 \mid 01110 \mid 00 \qquad\qquad C_1 = 0011 \mid 10001 \mid 00$$

$$\text{双切点交叉} \Longrightarrow$$

$$P_2 = 1001 \mid 10001 \mid 11 \qquad\qquad C_2 = 1001 \mid 01110 \mid 11$$

图 2.5　双切点交叉示意图 2

在算法的构成要素中已经说明，并不是所有的被选中的父代都要进行交叉操作，要设定一个交叉概率 P_c，一般取为一个较大的数，比如 0.9。

（2）变异

变异是在种群中按照变异概率 P_m 任选若干基因位改变其位值，对于 $0-1$ 编码来说，就是反转位值。变异实际上是子代基因按照小概率扰动产生的变化。所以，变异概率一般设定为一个比较小的数，在 5% 以下。

5. 选择策略

最常用的选择策略是正比选择策略，即每个个体被选中进行遗传运算的概率为该个体的适应值和群体中所有个体适应值总和的比例。对于个体 i，设其适应值为 F_i，种群规模为 NP，则该个体的选择概率可以表示为

$$P_i = \frac{F_i}{\sum_{i=1}^{NP} F_i} \tag{2.1}$$

得到选择概率后，采用旋轮法来实现选择操作。令

$$PP_0 = 0 \tag{2.2}$$

$$PP_i = \sum_{j=1}^{i} PP_j \tag{2.3}$$

共转轮 NP 次。每次转轮时，随机产生 $\xi_k \in U(0,1)$，当 $PP_{i-1} < \xi_k \leqslant PP_i$ 时，则选择个体 i。

图 2.6 是当 $NP=4$ 时的示意图。整个转轮被分为大小不同的扇面，分别对应着不同的个体。各个个体的适应值在整个种群的全部个体的适应值之和中所占比例不同，这些比例值占据了整个转轮。较高适应值的个体对应着较大圆心角的扇面，而较小适应值的个体对应着较小圆心角扇面。显然，旋转着的转轮停在的那一个扇面上的概率与其圆心角成正比。

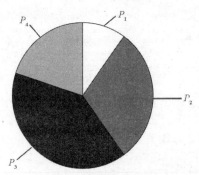

图 2.6　旋轮法示意图

从图 2.6 总可以看到，P_3 的适应值较高，作为优良的个体，其将获得较多的繁殖机会，后代很像 P_3；而 P_1 很可能失去繁殖的机会。

6. 停止准则

遗传算法的停止准则一般是采用设定最大代数的方法，最大代数常表示为 NG。

2.2.4　解空间与编码空间的转换

通过前面的说明已经知道，在遗传算法中需要对染色体进行编码，使一个染色体对应

优化问题的一个解。例如,一个问题的解为整数 50,可以表示为下面的二进制编码:
$$X = (0\ 1\ 1\ 0\ 0\ 1\ 0)$$
编码和解码的过程可以表示为如图 2.7 所示的过程。

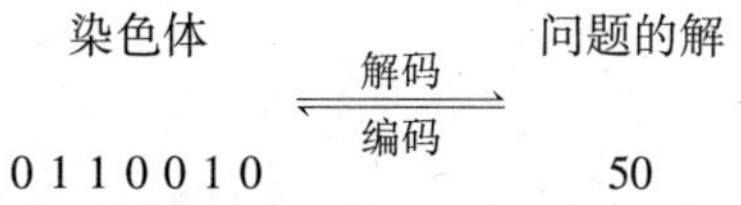

染色体　　　　　　　　　问题的解

　　　　　　　解码 →

0 1 1 0 0 1 0 ⇄　　　　50

　　　　　← 编码

图 2.7　编码和解码

在遗传算法运行时,遗传运算是对编码后的染色体进行操作,即在编码空间内操作的。而对染色体进行评估与选择要在解空间进行。交替地在编码空间和解空间进行操作是遗传算法的一个显著特点。所以要进行两个空间的转换,如图 2.8 所示。

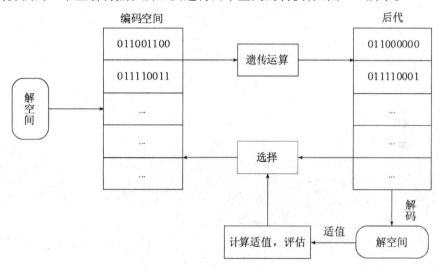

图 2.8　编码空间与解空间的转换

从编码空间到解空间的映射可能是三种情况:

(1) $1 - 1$ 映射;

(2) $n - 1$ 映射;

(3) $1 - n$ 映射。

显然,$1 - 1$ 映射是最好的编码方式。

2.2.5　计算举例

下面以一个简单的例子来说明遗传算法是如何工作的。

1. 最优化问题

求解以下的无约束优化问题

$$\max f(x) = x^3 - 60x^2 + 900x + 100, \quad x \in [0, 30] \tag{2.4}$$

目标函数的二维图形如图 2.9 所示。

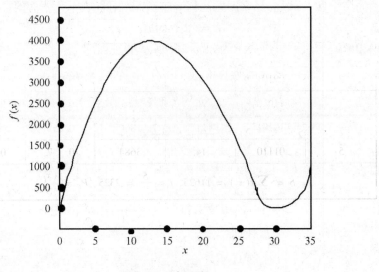

图 2.9　目标函数

2. 简单分析

首先要将决策变量编码为二进制串形式的染色体。染色体的长度取决于编码精度。设染色体长度为 L，问题的定义域为 $[a,b]$，则编码精度 C 可以表示为

$$C = \frac{b-a}{2^L - 1} \tag{2.5}$$

对于本例题，如果要求编码精度为 1，则可计算染色体长度如下：

$$\frac{30-0}{2^L - 1} \leq 1$$

从而得到 $L \geqslant 5$。

所以取染色体长度为 5，即可满足精度要求。

下面，用求导的方法来分析该问题的解。令

$$f'(x) = 3x^2 - 120x + 900 = 3(x-10)(x-30) = 0$$

则可以得到两个极值点：$x_1 = 10$，$x_2 = 30$。

计算 $f(x)$ 的二阶导数

$$f''(x) = 6x - 120$$

当 $x_1 = 10$ 时，$f''(x) < 0$，所以为极大值点。

当 $x_2 = 30$ 时，$f''(x) > 0$，所以为极小值点。

3. 步骤

(1) 产生初始种群。设定参数：种群规模 $NP = 5$，最大代数 $NG = 10$，初始时刻 $t = 0$。

(2) 判断停止准则。即判断最大代数是否达到 NG。

(3) 计算适应值。

(4) 用旋轮法正比选择。

4. 计算生成的列表

在表 2.1 中列出了随机产生的初始种群及相关计算结果。

表 2.1 初始种群及相关计算结果

j	编码	x_j	$f(x_j)$	P_j	PP_j
1	10011	19	2399	0.206	0.206
2	00101	5	3225	0.277	0.483
3	11010	26	516	0.044	0.527
4	10101	21	1801	0.155	0.682
5	01110	14	3684	0.317	0.999
$S = \sum f(x_j) = 11625, \bar{f} = \dfrac{S}{5} = 2325, P_j = \dfrac{f(x_j)}{S}$					

表中相关符号意义如下:

j:染色体编码。

x_j:各个染色体所对应的问题的解。

$f(x_j)$:染色体 j 的目标函数值,也是其适应值。

S:种群中所有个体的适应值和。

$\bar{f}$:种群中所有个体的平均适应值。

P_j:染色体 j 被选中的概率。

用旋轮法进行正比选择,根据初始种群的适应值计算得到的概率,选择时所使用的转轮如图 2.10 所示。

对初始种群中挑选出的染色体进行遗传运算时,交叉运算采用单切点交叉,变异操作采用基本位变异操作。相关参数设置为

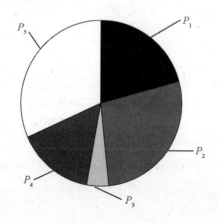

图 2.10 初始种群进行选择操作的转轮示意图

交叉概率:$P_c = 0.9$

变异概率:$P_m = 0.02$

遗传运算后得到的子种群及相关计算结果列于表 2.2 中。

表2.2　第一代种群及相关计算结果

P_1	P_2	切点	变异否	编码	x_j	$f(x_j)$
1	2	4	N	10011	19	2399
5	3	2	N	01010	10	**4100**
5	2	3	N	01101	13	3857
4	2	1	N	10101	21	1801
2	5	4	N	00100	4	2804
$S = 14871, \bar{f} = 2992$						

5. 观察结果

从上述计算结果,可以看到:

(1)整个种群在改善。种群中所有个体的平均适应值从 2325 增长到 2992。

(2)以 0 开始的编码较好,而以 1 开始的编码较差。

(3)"好坏"编码数量的变化。如果将以 0 开始编码的个体称为好的个体,用 S_1 表示,而以 1 开始编码的个体称为差的个体,用 S_2 表示,那么好坏编码的数量变化是:

S_1:从 2 个增长到 3 个

S_2:从 3 个减少为 2 个

这一好坏个体的数量变化可以由表 2.1 中的数据推导得到。

$$\frac{f(S_1)}{\bar{f}} = \frac{\dfrac{f(x_1) + f(x_3) + f(x_4)}{3}}{\bar{f}} = \frac{2399 + 516 + 1801}{3 \times 2325} \approx 0.6761 \tag{2.6}$$

$$0.6761 \times 3 \approx 2$$

同理

$$\frac{f(S_2)}{\bar{f}} = \frac{\dfrac{f(x_2) + f(x_5)}{2}}{\bar{f}} = \frac{3225 + 3684}{2 \times 2325} \approx 1.4858 \tag{2.7}$$

$$1.4858 \times 2 \approx 3$$

可见,好坏个体数量的变化是由其适应值在整个种群中所占比例决定的。这一计算结果符合适者生存的规律。

2.3　改进与变形

前面介绍了遗传算法的基本原理,并以 Holland 的基本 GA 为例说明了算法的具体实现。在实际应用中,针对不同的问题,遗传算法可以有不同的改进和变形。这也是遗传算法内容最丰富的部分。在本节中,将首先介绍遗传算法的实现步骤中常用的改进变形;然后针对两类常见的优化问题,即约束优化问题和多目标优化问题,概述遗传算法对它们的解决方案。

2.3.1 编码方法

这里介绍除了 0 – 1 编码之外的其他三种重要的编码方法。

1. 顺序编码

顺序编码是用 1 到 n 的自然数来编码,此种编码不允许重复,即 $x_i \in 1,2,\cdots,n$,且当 $i \neq j$ 时,$x_i \neq x_j$。又称自然数编码。例如,下面是一个染色体长度为 $n = 7$ 的顺序编码:

$$X = (2\ 3\ 1\ 5\ 4\ 7\ 6)$$

对于有 7 个城市的旅行商问题,城市序号为 $\{1,2,\cdots,7\}$,则上述编码可以表示一个行走的路线。

该编码方法具有广泛的适用范围,如指派问题、旅行商问题和单机调度等问题。但是,在使用过程中,要注意合法性问题,即是否符合所采用的编码规则的问题。满足规定的编码规则的个体称为合法的个体。如下面的编码即为一个不合法的编码:

$$X = (2\ 2\ 1\ 5\ 4\ 7\ 6)$$

因为上述编码的前两个基因的位值相等,违反了顺序编码的规则。

2. 实数编码

对于染色体 $X = (x_1,x_2,\cdots,x_i,\cdots,x_n)$,$1 \leqslant i \leqslant n$,$x_i \in \mathbf{R}$,$\mathbf{R}$ 为实数集,则称该染色体为实数编码。实数编码具有精度高、便于大空间搜索、运算简单的特点,特别适合于实优化问题,但是反映不出基因的特征。

3. 整数编码

对于染色体 $X = (x_1,x_2,\cdots,x_i,\cdots,x_n)$,$1 \leqslant x_i \leqslant n_i$,$n_i$ 为第 i 位基因的最大取值,则称该染色体为整数编码。显然,整数编码的不同位上的基因取值可以相同。例如

$$X = (3\ 2\ 1\ 2\ 3\ 4\ 5)$$

该染色体对于顺序编码来说是不合法的,而对于整数编码来说,是合法的。

整数编码可以适用于新产品投入、时间优化和伙伴挑选等问题。例如,对于 6 个项目的伙伴挑选问题,各个项目的备选数量为

$$n_1 = 5,\ n_2 = 6,\ n_3 = 7,\ n_4 = 8,\ n_5 = 2,\ n_6 = 7$$

则以下即为一个合法的编码:

$$X = (2\ 2\ 4\ 5\ 1\ 7)$$

2.3.2 遗传运算中的问题

在遗传运算的过程中会遇到不合法的编码。比如图 2.11 所示的顺序编码,经交叉后,后代的编码不合法。

切点 切点　　　　　　切点 切点

$P_1 = 21 \vdots 345 \vdots 67$　　　　　　$C_1 = 21 \vdots 125 \vdots 67$

双切点交叉 $\Longrightarrow$

$P_2 = 43 \vdots 125 \vdots 76$　　　　　　$C_2 = 43 \vdots 345 \vdots 76$

图 2.11　顺序编码交叉产生不合法编码

对于这种情况,有两种应对策略:拒绝或者修复。如果使用拒绝策略,那么需要在遗传操作中出现不合法编码的比例很小。如果使用修复策略,那么可能使后代部分丢失父代的基因。

下面就来介绍相关的修复策略,来使上面的编码合法化。

1. 顺序编码的合法性修复

首先介绍如何对顺序编码的不合法情况进行修复。根据导致不合法编码的原因,可以分为交叉修复策略和变异修复策略。

(1) 交叉修复策略

这里介绍三种主要的交叉修复策略:部分映射交叉、顺序交叉和循环交叉。

① 部分映射交叉(PMX)

部分映射交叉(Partially Mapped Crossover, PMX)是用特别的修复程序来解决简单的双切点交叉引起的非法性,所以 PMX 包括双切点交叉和修复程序。PMX 的步骤如下:

a. 选切点 X;

b. 交换中间部分;

c. 确定映射关系;

d. 将未换部分按映射关系恢复合法性。

以上步骤可以用图 2.12 来说明。如果不进行修复,那么子代 C_1 中将出现位值 1,2 的重复,并且丢失位值 3,4;而子代 C_2 中将出现位值 3,4 的重复,并且丢失位值 1,2。按照确定的映射关系,重复的位值被换掉,而交换的子串保持不变。

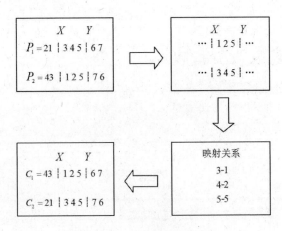

图 2.12　PMX 运算示意图

② 顺序交叉（OX）

顺序交叉（Order Crossover，OX）可以看作是带有不同修复程序的 PMX 的变形。OX 的步骤如下：

a. 选切点 X；

b. 交换中间部分；

c. 从第二个切点 Y 后第一个基因起列出原顺序，去掉已有基因；

d. 从第二个切点 Y 后第一个位置起，将获得的无重复顺序填入。

以上步骤可以用图 2.13 来说明。与 PMX 方式得到的结果对比，可以看到，OX 相当于使用了不同的映射关系。

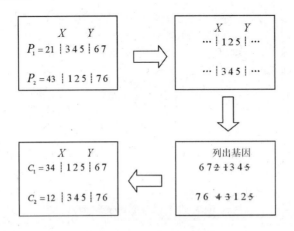

图 2.13　OX 运算示意图

OX 较好地保留了相邻关系、先后关系，满足了 TSP 问题的需要，但是不保留位值特征。

③ 循环交叉（CX）

循环交叉（Cycle Crossover，CX）的基本思想是子串位置上的值必须与父母相同位置上的值相等。CX 的具体步骤如下：

a. 选 P_1 的第一个元素作为 C_1 的第一位；选 P_2 的第一个元素作为 C_2 的第一位；

b. 在 P_1 中找 P_2 的第一个元素赋给 C_1 的相对位置 …… 重复此过程，直到 P_2 上得到 P_1 的第一个元素为止，称为一个循环；

c. 对最前的基因按 P_1、P_2 基因轮替原则重复以上过程；

d. 重复以上过程，直到所有位都完成。

以上步骤可以用图 2.14 来说明。

与 OX 特点不同，CX 较好地保留了位值特征，适合指派问题；而 OX 由于较好地保留了相邻关系而更适合 TSP 问题。

（2）变异修复策略

这里介绍两种主要的变异修复策略：换位变异和移位变异。

① 换位变异

换位变异是随机地在染色体上选取两个位置，交换基因的位值，如图 2.15 所示。

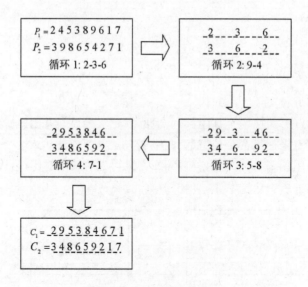

图 2.14　CX 运算示意图

图 2.15　换位变异示意图

② 移位变异

移位是任意选择一位基因,将其移动到最前面,如图 2.16 所示。

图 2.16　换位变异示意图

2. 实数编码的合法性修复

实数编码是用实向量 $X = (x_1, x_2, \cdots, x_i, \cdots, x_n)$, $1 \leq i \leq n$, $x_i \in \mathbf{R}$, 来表示解的染色体。可以使用类似二进制表达的交叉和变异操作,也可以使用特殊的遗传操作,下面详细介绍。

(1) 交叉

① 单切点交叉

使用类似二进制表达的交叉方法对实数编码进行操作,最基本的是单切点交叉。令双亲为

$$P_1: X = (x_1, x_2, \cdots, x_n)$$
$$P_2: Y = (y_1, y_2, \cdots, y_n)$$

随机在第 k 位交叉,则可表示为如图 2.17 所示的示意图。

切点

$$P_1: X = (x_1, x_2, \cdots, x_k, \mid x_{k+1}, \cdots, x_n)$$

$$P_2: Y = (y_1, y_2, \cdots, y_k, \mid y_{k+1}, \cdots, y_n)$$

$$\Downarrow$$

$$C_1: X = (x_1, x_2, \cdots, x_k, \mid y_{k+1}, \cdots, y_n)$$

$$C_2: Y = (y_1, y_2, \cdots, y_k \mid x_{k+1}, \cdots, x_n)$$

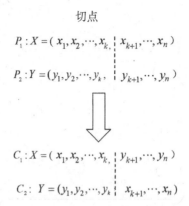

图 2. 17　实数编码单切点交叉示意图

② 双切点交叉

实数编码的双切点交叉与单切点交叉类似,随机选择两个切点 k, l,交换中间部分,可表示为如图 2. 18 所示的示意图。

切点　　切点

$$P_1: X = (x_1, x_2, \cdots, x_k, \mid x_{k+1}, \cdots, x_l, \mid x_{l+1}, \cdots, x_n)$$

$$P_2: Y = (y_1, y_2, \cdots, y_k, \mid y_{k+1}, \cdots, y_l, \mid y_{l+1}, \cdots, y_n)$$

$$\Downarrow$$

$$C_1: X = (x_1, x_2, \cdots, x_k, \mid y_{k+1}, \cdots, y_l, \mid x_{l+1}, \cdots, x_n)$$

$$C_2: Y = (y_1, y_2, \cdots, y_k \mid x_{k+1}, \cdots, x_l, \mid y_{l+1}, \cdots, y_n)$$

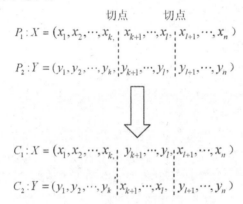

图 2. 18　实数编码双切点交叉示意图

观察实数编码的单切点和双切点交叉,显然产生的子代也是合法的编码。但是,对于实数编码来说进行单切点或者双切点交叉后要注意解的可行性问题。所谓可行性是指染色体解码成为解之后是否在给定问题的可行域范围内的性质。与二进制编码类似的交叉方法在实数编码上进行操作时很容易导致解的不可行性。下面以最简单的二维实数编码为例进行说明,如图 2. 19 所示。

图 2. 19 中弧形区域为问题的可行域,两个父代编码分别为:$P_1(1,\ 3)$ 和 $P_2(5,\ 1)$,单切点交叉后得到两个子代为:$C_1(1,\ 1)$ 和 $C_2(5,\ 3)$,而 C_2 为不可行解。

③ 凸组合交叉

为了克服上面简单交叉操作导致的解的不可行性,可以使用凸组合交叉。这种运算的基本概念源于凸集理论。对于双亲

$$P_1: X = (x_1, x_2, \cdots, x_n)$$

$$P_2: Y = (y_1, y_2, \cdots, y_n)$$

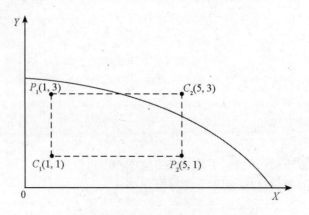

图 2.19　实数编码单切点交叉导致不可行示意图

凸组合交叉是将上述两个染色体进行如下操作：

$$Z_1 = \alpha X + (1 - \alpha) Y$$
$$Z_2 = (1 - \alpha) X + \alpha Y$$

即

$$Z_1 = \begin{bmatrix} \alpha x_1 + (1 - \alpha) y_1 \\ \alpha x_2 + (1 - \alpha) y_2 \\ \vdots \\ \alpha x_n + (1 - \alpha) y_n \end{bmatrix}, \quad Z_2 = \begin{bmatrix} (1 - \alpha) x_1 + \alpha y_1 \\ (1 - \alpha) x_2 + \alpha y_2 \\ \vdots \\ (1 - \alpha) x_n + \alpha y_n \end{bmatrix}$$

这里，$\alpha > 0$。

若约束是个凸集，则可行性将得以保持。但是，这样的交叉操作将导致种群的分散性不好，基因取值向中间汇集的问题需要解决。图 2.20 是这个问题的一个示意图。X_1 和 X_4 进行交叉，由于 $\alpha > 0$，所以得到的子代染色体 X'_1 和 X'_4 将处于 X_1 和 X_4 之间的线段上。同样 X_2 和 X_3 进行交叉得到的子代 X'_2 和 X'_3 将处于 X_2 和 X_3 之间的线段上。新的种群继续进行同样的交叉操作，那么无论是如何进行配对，得到染色体所覆盖的区域都将越来越小。

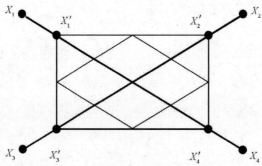

图 2.20　凸组合交叉的中间汇集问题

（2）变异

① 位值变异

二进制编码的染色体，其位值只能有 0,1 两种选择。而实数编码的染色体，其位值可以在一定范围内变化。对于实数编码的染色体 $X = (x_1, x_2, \cdots, x_n)$，位值变异是在其基因中任选一位 $x_k (1 \leqslant k \leqslant n)$，对其进行如下变异：

$$x'_k = x_k + \delta$$

则变异后的染色体为：$Z = (x_1, x_2, \cdots, x'_k, \cdots, x_n)$

这里，δ 称为变异步长，应在一定范围内随机产生，该范围可以取为 x_k 的上下界，一般根据问题的约束域来确定。δ 可以服从均匀分布、指数分布和正态分布等。

② 向梯度方向变异

对于目标函数可微的问题，实数编码的染色体也可以向梯度方向变异。

对于最大化问题，可以采用如下变异操作：

$$Z = X + \nabla f(X) \cdot \alpha$$
$$\alpha \in U(0, a)$$

其中，$\nabla f(X)$ 是目标函数在 X 处的梯度。

对于最小化问题，可以采用如下变异操作：

$$Z = X - \nabla f(X) \cdot \alpha$$
$$\alpha \in U(0, a)$$

向梯度方向的变异使遗传算法运行时考虑了问题本身的性质，所以效率较高。但是，染色体种群也可能因此而趋于聚集，导致种群的多样性较差。

2.3.3　适值函数的标定

1. 标定的目的

在算法的基本原理中介绍了标定是将目标函数映射为适值函数。将个体的适应值规定为非负，从而能够直接将适值函数与群体中的个体优劣相联系。特别是对于最小化问题，必须通过标定使目标函数映射为适值函数，在任何情况下适值函数总是越大越好，理论上最简单的标定方式为

$$F(x) = -\min f(x)$$

即将其转化为最大化问题，从而实现正比选择。这可以看作是标定的第一个目的。

为了说明标定的第二个目的，首先介绍选择压力的概念。

（1）选择压力的概念

选择压力是指种群中好、坏个体被选中的概率之差。如果差别较大，则称选择压力大。

例如，五个染色体构成的一个种群，其目标函数值分别为

$$f_1 = 1010$$
$$f_2 = 1008$$
$$f_3 = 1002$$
$$f_4 = 1005$$
$$f_5 = 1015$$

则，各个染色体被选中的概率为

$$P_1 = \frac{f_1}{S} = \frac{1010}{5040} \approx 0.2$$

$$P_2 = \frac{f_2}{S} = \frac{1008}{5040} \approx 0.2$$

$$P_3 = \frac{f_3}{S} = \frac{1002}{5040} \approx 0.2$$

$$P_4 = \frac{f_4}{S} = \frac{1005}{5040} \approx 0.2$$

$$P_5 = \frac{f_5}{S} = \frac{1015}{5040} \approx 0.2$$

显然在选择过程中,由于目标函数之间的相对差别很小,所以各个染色体被选中的概率差别很小,即选择压力小,这将导致遗传算法的选优功能被弱化。所以要对目标函数进行标定,来调节选择压力。这是要对目标函数进行标定的第二个目的。对于以上例子,可以进行如下标定:

$$F = f - 1000$$

则各个染色体的适值分别为

$$F_1 = f_1 - 1000 = 10$$
$$F_2 = f_2 - 1000 = 8$$
$$F_3 = f_3 - 1000 = 2$$
$$F_4 = f_4 - 1000 = 5$$
$$F_5 = f_5 - 1000 = 15$$

标定后各个染色体被选中的概率为

$$P'_1 = \frac{F_1}{S'} = \frac{10}{40} = 0.25$$

$$P'_2 = \frac{F_2}{S'} = \frac{8}{40} = 0.2$$

$$P'_3 = \frac{F_3}{S'} = \frac{2}{40} = 0.05$$

$$P'_4 = \frac{F_4}{S'} = \frac{5}{40} = 0.125$$

$$P'_5 = \frac{F_5}{S'} = \frac{15}{40} = 0.375$$

显然标定后,各个染色体被选中的概率差别大幅度增加,即选择压力增大了。通过上面的例子可以看出,适值函数的标定可以调节选择压力的大小。而通过调节选择压力的大小能够实现遗传算法中局部搜索和广域搜索的调节。

(2) 局部搜索、广域搜索与选择压力的关系

局部搜索针对一个较小区域进行搜索,致力于找到更好、更精确的解。而广域搜索则进行大面积搜索,希望找到较好解存在的区域。显然,局部搜索和广域搜索是遗传算法中的一对矛盾,只注重局部搜索很可能陷入局优,只注重广域搜索则会导致精确开发能力不强。一个效果良好的算法应该将以上两者综合考虑,即平衡好局部搜索与广域搜索的矛盾。

一般来说,遗传算法在开始时应该注重广域搜索,通过使用较小的选择压力来实现;随着迭代的进行,逐步偏重于局部搜索,通过使用较大的选择压力来实现。

2. 适值的标定方法

下面介绍几种重要的适值标定方法。

(1) 线性标定

线性标定是采用如下的标定方法:

$$F = af + b$$

其中,f 为目标函数,F 为标定后的适值函数。参数 a 和 b 要根据不同的问题进行设定。

① 最大化问题

对于最大化问题 $\max f(x)$,可以令 $a = 1, b = -f_{\min} + \xi$,则适值函数为

$$F = f(x) - f_{\min} + \xi$$

其中,ξ 是一个较小的数,目的是使种群中最差的个体仍然有繁殖的机会,增加种群的多样性。

② 最小化问题

对于最小化问题 $\min f(x)$,可以令 $a = -1, b = f_{\max} + \xi$,则适值函数为

$$F = -f(x) + f_{\max} + \xi$$

其中,ξ 也是一个较小的数,其意义与最大化问题中的设置相同。

(2) 动态线性标定

线性标定中的参数随着迭代次数的增加而变化时就得到了动态线性标定。动态线性标定是最常用的一种适值标定方法。可以表达如下:

$$F = a^k f + b^k$$

其中,上标 k 为迭代指标,表明参数是随着迭代次数的增加而变化的。

① 最大化问题

对于最大化问题,可以令 $a^k = 1, b^k = -f_{\min}^k + \xi^k$,则适值函数为

$$F = f - f_{\min}^k + \xi^k$$

其中,$f_{\min}^k$ 是第 k 代的最小目标函数值;ξ^k 是一个较小的数,目的是使种群中最差的个体仍然有一点点繁殖的机会,从而增加种群的多样性。否则最差的个体因为适值为 0,必然消失在进化的过程中。ξ^k 应该随着 k 的增大而减小,ξ^k 可以采用如下的设置方式:

$$\xi^0 = M$$
$$\xi^k = \xi^{k-1} \cdot r$$
$$r \in [0.9, 0.999]$$

通过调节 M 和 r 可以实现对 ξ^k 的调节。

② 最小化问题

对于最小化问题 $\min f(x)$,可以令 $a = -1, b = f_{\max}^k + \xi^k$,则适值函数为

$$F = -f + f_{\max}^k + \xi^k$$

其中,ξ^k 也是一个较小的数,其意义与最大化问题中的设置相同。

③ ξ^k 对于调节选择压力的作用

ξ^k 的引入能够调节选择压力,即好坏个体选择概率的差,使广域搜索范围宽,保持种群的多样性;而局部搜索细致,保持收敛性,如图 2.21 所示。

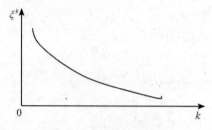

图 2.21　选择压力的调节

在算法开始运行的时候,希望选择压力较小,所以 ξ^k 取值较大,使不同个体间的选择概率相差不大;到种群进化的后期,希望选择压力较大,所以 ξ^k 取值较小,使不同个体间的选择概率相差大,种群将很快达到收敛。

（3）幂律标定

幂律标定是采用如下的构造方式:

$$F = f^\alpha$$

其中,α 可以用来调节选择压力:

$\alpha > 1$ 时,选择压力加大;

$\alpha < 1$ 时,选择压力减小。

当 α 趋近于 0 时,显然将成为随机搜索。幂律标定是比较费时的,要针对具体问题使用。

（4）对数标定

对数标定可以用于缩小目标函数值的差别。其一般形式为

$$F = a\ln f + b$$

参数 a 和 b 根据具体问题而定。例如,对于最小化问题,可以具体设置为

$$F = -\ln f + b$$

并且,$b > \ln(f_{\max})$。

（5）指数标定

指数标定的作用是扩大目标函数值的差别,其一般形式为

$$F = ae^{bf} + c$$

参数 a、b 和 c 根据具体问题而定。

（6）窗口技术

采用窗口技术的适值标定方法如下:

$$F = af - f_w$$

其中,w 是窗口大小;f_w 是前 w 代中的最小目标值;w 的大小可以取为 2～10。

从表述式可以看到,实际上窗口技术也是一种动态线性标定方法。该技术的本质是将记忆引入了适值标定中,考虑了各代 $f_{\min}$ 的波动。

（7）正规化技术

正规化技术的作用是将 f 映射到（0，1）区间,抑制超级染色体。正规化技术也是一种

特殊的动态线性标定技术。对于最大化问题,标定方法如下:

$$F = \frac{f - f_{\min} + r}{f_{\max} - f_{\min} + r}$$

其中,$r \in (0, 1)$。上述方法相当于对公式

$$F = a^k f + b^k$$

进行了如下设置:

$$a^k = \frac{1}{f_{\max} - f_{\min} + r}, \quad b^k = \frac{-f_{\min} + r}{f_{\max} - f_{\min} + r}$$

对于最小化问题可以标定如下:

$$F = \frac{f_{\max} - f + r}{f_{\max} - f_{\min} + r}$$

2.3.4　选择策略

传统遗传算法的选择和遗传是一起进行的,即使后代不如父代,也无法纠正。下面介绍的选择策略都是先遗传后选择。这样,样本空间扩大了,可供选择的个体增多了。

1. 截断选择

选择最好的前 T 个个体,让每个有 $1/T$ 的选择概率,即平均每个得到 NP/T 个繁殖机会。

例如,$NP = 100$,$T = 50$,那么前 50 个染色体每个的选择概率为 $1/50$,每个染色体平均被选中两次。

显然,这种选择策略将要花费较多时间在适应值的排序上。

2. 顺序选择

(1)顺序选择的步骤

① 从好到坏排序 NP 个个体。

② 定义最好个体的选择概率为 q,则第 j 个个体的选择概率为

$$p(j) = q(1 - q)^{j-1}$$

③ 由于 $\sum\limits_{j=1}^{NP} q(1 - q)^{j-1} \xrightarrow{NP \to \infty} q \dfrac{1}{1 - (1 - q)} = 1$。当 NP 有限时,$\sum\limits_{j=1}^{NP} q(1 - q)^{j-1} < 1$,所以要对所有个体的概率和进行归一化。令

$$p_j = \bar{q}(1 - q)^{j-1}$$

其中,$\bar{q} = \dfrac{q}{1 - (1 - q)^{NP}}$。

(2)顺序选择的特点

顺序选择的优点是选择概率可以离线计算,那么可以节省算法执行时间,并且选择压力可控;其缺点是把选择概率固定化,导致在算法的执行过程中选择压力不可调节。

(3)一个计算例子

种群中个体的概率如下:

$$\text{No. } 1 \rightarrow p_1 = q = 0.1$$

$$\text{No. } 2 \rightarrow p_2 = q(1 - q) = 0.09$$

$$\text{No. } 3 \rightarrow p_3 = q(1 - q)^2 = 0.081$$

$$\vdots$$

$$\text{No. } NP \rightarrow p_{NP} = q(1 - q)^{NP-1}$$

$$\sum_{i=1}^{NP} p_i = 1$$

则可以采用旋轮法进行选择,令

$$pp_1 = p_1$$

$$pp_2 = p_1 + p_2$$

$$pp_3 = p_1 + p_2 + p_3$$

$$\vdots$$

$$pp_{NP} = pp_{NP-1} + \dot{p}_{NP}$$

随机产生 $\xi_k \in U(0,1)$,当 $pp_{i-1} \leqslant \xi_k < pp_i$ 时,选择个体 i。

3. 正比选择

具体实现方式同 2.2.3 所述,但是选择操作是在遗传操作之后进行。用动态标定来调节选择压力,采用旋轮法来共同完成种群的选择。

2.3.5 停止准则

在基本遗传算法中,介绍了一般采用最大代数作为算法的停止准则。该方法简单易行,但是并不准确。因为可能在最大代数之前算法已经收敛,也可能在最大代数时算法还未收敛。还可以根据种群的收敛程度,即种群中适应值的一致性来判断是否算法停止。在算法的执行过程中保留历史上最好的个体,观察指标

$$\frac{\overline{F}}{F_{\max}}$$

其中,$\overline{F}$ 为种群中所有个体适应值的平均值;$F_{\max}$ 为所有个体适应值的最大值。当上述指标趋近于 1 时,说明种群收敛。同样也可以使用公式

$$|F_{\max} - \overline{F}| < \varepsilon$$

$$\sum |F_i - \overline{F}| < \varepsilon$$

但是用上述判断适应值一致性的方法较为麻烦,所以较少使用。

2.3.6 高级基因操作

遗传算法中的主要遗传操作是选择、交叉和变异,它们又称为主要算子。另外还有一些人根据生物进化和遗传的机理提出了高级基因操作,或者称为次要算子,例如,倒位操作(Inversion Operation)、显性操作(Dominance Operation)、生态操作(Niche Operation)、迁移操作(Migration Operation)、性别区分(Sexual Differentiation)等。这些基因操作的研究是遗传算法理论研究中最为丰富多彩的内容。

这些基因操作来源于群体遗传学,目前应用尚少,其作用机理尚不明或没有普遍意义,还有待于进一步的研究。下面介绍其中使用相对较多的两种操作:倒位操作和显性操作。

1. 倒位操作

倒位操作是顺序翻转染色体中两个倒位点之间的基因排列顺序,从而形成一个新的染色体。倒位操作的具体过程如下:

(1)在染色体中随机指定两个基因之后的位值为倒位点;

(2)以倒位概率 P_i 顺序翻转两个倒位点之间的基因。

图 2.22 是对二进制编码的染色体进行倒位操作的一个示意图。

倒位点　　倒位点

$A = 101 \vdots 1 0 1 1 0 \vdots 1 0$　倒位操作　$B = 101 \vdots 0 1 1 0 1 \vdots 1 0$

图 2.22　倒立操作示意图

如果染色体很长的话,也可以实施多段的倒位操作,如图 2.23 所示。

倒位点　　倒位点 倒位点　　倒位点

$A = 101 \vdots 1 0 1 1 0 \vdots 1 0 0 \vdots 0 0 0 1 1 \vdots 0 1 1 0$

倒位操作

$B = 101 \vdots 0 1 1 0 1 \vdots 1 0 0 \vdots 1 1 0 0 0 \vdots 0 1 1 0$

图 2.23　多段倒位操作示意图

倒位操作可能使染色体产生较大的变化,对于长度很大的染色体会有积极的意义,通常的交叉或者变异不易取得这种效果。

之前的编码方式往往基于如下假设:基因的功能意义与其位置是相互关联的,各个固定的位置有各自固定的功能。这种假设对于倒位操作有时是不可取的。比如,生物进化过程中,各个基因的位置可能变动,但是各种基因所起的作用却是固定不变的,即基因的功能与位置是相互独立的。所以,有时需要将基因的功能与其位置互相分离,这可以通过如图 2.24 所示的染色体的扩展形式来表示。

倒位点　　倒位点

$1 2 \vdots 3 4 5 6 \vdots 7 8 9$←——基因的位置

$A = 1 0 \vdots 1 1 0 1 \vdots 1 0 1$←——基因的位置

图 2.24　染色体的扩展形式

在染色体的扩展形式中,第一行是基因的位置(或者成为基因型),第二行是基因的位值。在图 2.24 所示位置进行倒位操作之后,则得到如图 2.25 所示的新的个体。

倒位点　倒位点

1 2 ¦ 6 5 4 3 ¦ 7 8 9←——基因的位置

B = 10 ¦ 1 0 1 1 ¦ 1 0 1←——基因的位置

图 2.25　染色体扩展形式的倒位操作结果

从扩展形式的倒位操作结果可以看到,基因的值总是与它们原来的位置(基因型)相关,或者说各个位值保持了其原来的意义。这样,对于扩展形式,单纯的倒位操作将不会对染色体的译码结果有影响。

倒位操作时是对单个染色体进行操作,与其类似的操作还有换序操作、移序操作等,这里不再详述。

2. 显性操作

显性操作要首先从自然界中染色体的二倍体现象说起。自然界中简单生物的染色体形式是单倍体,而高等动植物的染色体形式往往是二(双)倍体或多倍体。所谓二倍体是指含有两个同源基因组的个体。如人的染色体就是 23 对二倍体构成的一种复杂的结构形式。二倍体结构中各个基因有显性基因和隐性基因之分。这两类基因使个体所呈现出的表现型由下述规则决定:在每个基因座上,当两个同源染色体的基因之一是显性时,则该基因所对应的性状表现为显性;而仅当两个同源染色体中对应基因全部为隐性时,该基因对应性状才表现为隐性。二倍体记忆了以前有用的基因及基因组合。显性提供了一种算子,它保护所记忆的基因免受有害选择运算的破坏。

二倍体的应用意义在于记忆能力和显性操作的鲁棒性。前者使基于二倍体结构的遗传算法能够解决动态环境下的复杂系统的优化问题,易于跟踪环境的动态变化过程;后者使得即使随机选择了适应值不高的个体,而显性操作可以利用另一同源染色体对其进行校正,从而提高运算效率,保持好的种群。

这里介绍 Holland 表述的单基因座显性映射方法。在这种方法中,描述基因的字符集为{0,1,1_0},其中 1_0 为隐性的 1,1 为显性的 1,其映射关系如图 2.26 所示。

	0	1_0	1
0	0	0	1
1_0	0	1	1
1	1	1	1

图 2.26　单基因座显性映射方法

使用二倍体的遗传算法结构与基本遗传算法结构差别在于:

(1)显性性状也能进化,所以同源染色体之间也需进行交叉操作。

（2）变异操作考虑隐性性状。

（3）对染色体进行交叉、变异操作后要进行显性操作。

关于显性操作对于动态环境中优化问题的解决具有重要意义，在第 9 章中将进一步讲解。

2.3.7　约束的处理

约束优化（Constrained Optimization）是处理具有等式和（或）不等式约束的目标函数问题，是人们在实践中遇到最多的数学规划问题之一。其一般形式可以表示为

$$\min \quad f(x)$$
$$\text{s. t.} \ g(x) \leqslant 0$$
$$h(x) = 0$$

其中，x 为 $n \times 1$ 向量；g 为 m 维向量函数；h 为 l 维向量函数；f 为标量函数。

可记约束集（可行集）为

$$S = \{x \,|\, g(x) \leqslant 0, h(x) = 0\}$$

一般的约束优化问题的求解难度是很大的，由于其复杂性，无论在理论研究方面还是实际应用方面都有很大难度，因此吸引了很多研究者投入其中，寻求有效地求解方法。遗传算法是其中一种常用的方法。

用于操作染色体的遗传算法常会产生不可行的染色体的问题。因此处理约束对于遗传算法解决约束优化问题非常重要。一般来说，可以将遗传算法处理约束的方法分为以下几类。

1. 拒绝策略

拒绝策略是抛弃进化过程中产生的所有不可行解。这是遗传算法处理约束问题的最简单也是效率最低的方法。当可行解不容易达到时，很难达到一个初始种群。

2. 修复策略

修复策略是在进化过程中获得不可行解后，将其修复为可行解，对于很多优化组合问题创建修复过程相对容易，但是可能导致失去种群多样性。

3. 惩罚策略

惩罚策略是对约束进行处理的最一般的方式，是通过对不可行解的惩罚来将约束问题转化为无约束问题。任何对于约束的违反都要在目标函数中添加惩罚项。这就要设计适当的惩罚函数，但是惩罚函数设计不适当则容易掩盖目标函数的优化。

4. 特殊的编码和遗传策略

也可以使用特殊的编码策略，在编码时就充分考虑约束问题，在编码时产生的都是符合约束的染色体，为了使染色体在遗传操作后仍然保持可行性，也要使用特殊的遗传策略，使遗传操作后染色体仍然保持可行。

在本书的 2.4.1 节中将以背包问题为例，详细说明几种解决约束问题的方法。

2.3.8 多目标的处理

现实的生产和生活中,人们常常遇到存在的目标超过一个,并且需要同时处理的情况,而这些不同的目标又往往是相互冲突的,这就是多目标优化问题。具有 p 个目标的多目标问题的一般形式可以表示为

$$\min f(x) = \min[f_1(x), f_2(x), \cdots, f_p(x)]$$
$$\text{s. t. } g(x) \leqslant 0$$
$$h(x) = 0$$

这里 x 为 $n \times 1$ 向量;g 为 m 维向量函数;h 为 l 维向量函数;f 为 p 维向量函数。

可记约束集(可行集)为

$$S = \{x \mid g(x) \leqslant 0, h(x) = 0\}$$

在大多数情况下,各个目标函数间可能是冲突的。这就使得多目标优化问题不存在唯一的全局最优解,使所有目标函数同时最优。但是,可以存在这样的解:对一个或几个目标函数不可能进一步优化,而对其他目标函数不至于劣化,这样的解称之为非劣最优解。

定义 2.1(非劣解):对于可行集中一个解 ,如果找不到一个解 x^*,如果找不到一个解 $x \in S$ 使 $f(x) \leqslant f(x^*)$,则 x^* 称为非劣解。

非劣解也称有效解,或 Pareto 最优解(Pareto Optimal)。非劣解表明,在可行集中再找不到一个解比它更好。就是说,找不到一个可行解 x,使得 $f(x) = (f_1(x), \cdots, f_p(x))^{\mathrm{T}}$ 的每一个目标都不比 $f(x^*) = (f_1(x^*), \cdots, f_p(x^*))^{\mathrm{T}}$ 的相应目标坏,并且 $f(x)$ 至少有一个目标值要比 $f(x^*)$ 的相应目标值好。

一般非劣解不止一个,非劣解的集合称为非劣解集,用 X^* 表示。非劣解相应的目标向量称为非支配目标向量。由所有非支配目标向量构成多目标问题的非劣最优目标域。

遗传算法正越来越多地被应用于解决多目标问题,遗传算法种群进化特征使其适合于这样的问题。处理多目标问题时,遗传算法遇到的一个主要问题是如何根据多个目标函数值来确定个体的适应值,即适应值分配机制。基本的处理方法包括以下几种。

1. 向量评价方法

采用向量形式评价的适应度量来产生下一代,而不是使用标量适应值度量方式来评价染色体。对于由 q 个目标的给定问题,每代中的选择过程是一个循环,它重复 q 次,每次循环依次使用一个目标,每次循环使用这个目标选出下一代中的一部分个体。

2. 权重和方法

该方法为每个目标函数分配权重并将权重目标组合为单一目标函数。只需要合适的权重就可以实现该方法。权重的调整方法包括:固定权重方法;随机权重方法;适应性权重方法等。

3. 基于 Pareto 的方法

有两种基于 Pareto 的方法:Pareto 排序和 Pareto 竞争。Pareto 基于排序的适应值分配方法是希望对所有 Pareto 个体分配相同的复制概率。它主要包括两个主要步骤:

（1）基于 Pareto 排序对种群进行分类。

（2）根据排序对个体分配选择概率。

Pareto 竞争方法中采用了小生境 Pareto 概念,而不是非支配分类和排序选择。小生境 Pareto 指的是具有最小邻居数量的 Pareto 解赢得竞争。

4. 妥协方法

妥协方法是通过某种距离的度量来确定与理想解最近的解。为了克服找理想点的困难,也可以使用部分已经探索的解空间中的代理理想点来替代整个解空间的理想点。

5. 目标规划方法

该方法是采用基于排序的适应值分配方法来判断个体的价值。具体过程为:根据第一优先目标进行种群排序,如果某些个体具有相同的目标值,根据第二优先目标进行排序,如此进行下去。如果各个目标上各个个体均相同,则随机对其进行排序。然后采用从最好到最差的指数插值进行个体的适应值分配。

上述内容是对多目标处理方法的一个概述,主要来自参考文献[25],欲了解详细内容可以查看相关参考文献。

2.4　应用实例

本节介绍遗传算法的部分应用实例,主要包括三个经典的运筹学问题:背包问题、最小生成树问题和二次指派问题,以及一个实际的应用问题:企业动态联盟中的伙伴挑选问题。解决背包问题,主要是说明遗传算法如何来处理约束;对于最小生成树问题,主要是说明遗传算法中合适的编码方法对于问题表达的重要性;而遗传算法对二次指派问题的处理可以看到合适的编码方法能够有效地消除数学模型中的约束;最后详细介绍企业动态联盟中的伙伴挑选问题模型,给出了模型简化与编码方案,使用了嵌入模糊规则的遗传算法来求解,并给出了计算过程的详细数据。

2.4.1　背包问题

1. 问题的提出

背包问题可描述如下:n 个物品,对物品 i,价值为 p_i,质量为 w_i,背包容量为 W。如何选取物品装入背包,使背包中的物品的总价值最大。从实践的角度看,该问题可以表述成许多工业场合的应用,如资本预算、货物装载和存储分配等问题。背包问题是一个 NP – hard 问题,适合于用遗传算法来求解。

2. 数学模型

背包问题可以用数学模型描述为

$$\max \sum_{i=1}^{n} p_i x_i \tag{2.8}$$

$$\text{s. t. } \sum_{i=1}^{n} w_i x_i \leqslant W \tag{2.9}$$

$$x_i = 0,1 \quad 1 \leqslant i \leqslant n \tag{2.10}$$

上面的模型中采用了二进制编码方法。定义如下：

$$x_i = \begin{cases} 1, 装入物品 i \\ 0, 不装入物品 i \end{cases} \tag{2.11}$$

3. 约束处理

对于这样的编码方法来说，必须要面对如何保持可行性的问题。例如，对于一个 7 个项目的背包问题，背包容量为 $W = 100$，具体数据如表 2.3 所示。考察如下编码：

$$X = (1\ 1\ 0\ 0\ 1\ 1\ 0)$$

这表示项目 1、2、5 和 6 被装入了背包，经过计算可知产生的解不可行。

表 2.3　背包问题示例

i	1	2	3	4	5	6	7
w_i	40	50	30	10	10	40	30
p_i	40	60	10	10	3	20	60
p_i/w_i	1	1.2	0.33	1	0.3	0.5	2

当出现如上情况时，应该采取适当的策略来进行处理。下面将分别采用惩罚策略、解码法和顺序编码的方法来处理上面的背包问题。

（1）罚函数法

定义适值函数为

$$F(x) = f(x)P(x) \tag{2.12}$$

其中，$f(x)$ 为目标函数；$P(x)$ 为罚函数。

令

$$P(x) = 1 - \frac{\left| \sum_{i=1}^{n} w_i x_i - W \right|}{\delta} \tag{2.13}$$

其中

$$\delta = \max \left\{ W, \left| \sum_{i=1}^{n} w_i - W \right| \right\} \tag{2.14}$$

显然，当 $X = (0\ 0 \cdots 0)$ 时，$\delta = W$；当 $X = (1\ 1 \cdots 1)$ 时，$\delta = \left| \sum_{i=1}^{n} w_i - W \right|$。即 W 和 $\left| \sum_{i=1}^{n} w_i - W \right|$ 是 $\left| \sum_{i=1}^{n} w_i x_i - W \right|$ 的两个端点。所以上述适值函数设置的意义如下：

① δ 的作用是为了使 $0 \leqslant \left| \sum_{i=1}^{n} w_i x_i - W \right| \leqslant \delta$ 成立，保证了 $0 \leqslant P(x) \leqslant 1$。

② $P(x)$ 可行也惩罚，只有当 $\left| \sum w_i x_i - W \right| = 0$ 时不惩罚。

③ 罚函数的目的是将解拉向边界,尽量装满。

(2) 解码法

解码法是一段修复程序,将不合法的编码修复为合法编码。其具体步骤如下:

① 将选上的物品按照 $\dfrac{p_i}{w_i}$ 降序排列。

② 按照优先适合启发式(First Fit Heuristic)选择物品装入背包,即选前 k 个物品,使得 $\sum\limits_{i=1}^{k} w_i x_i \leqslant W \leqslant \sum\limits_{i=1}^{k+1} w_i x_i$。

例如,对于表 2.3 中所示的背包问题,有如下编码

$$X = (1\,1\,0\,0\,1\,1\,0)$$

不可行。

考察该编码,被选上的物品为 1, 2, 5, 6。

将这些物品降序排列为 2, 1, 6, 5。

因为 $w_2 + w_1 < W < w_2 + w_1 + w_6$,所以修复为

$$X = (1\,1\,0\,0\,0\,0\,0)$$

(3) 顺序编码方法

使用顺序编码也可以解决背包问题,即对于 n 个问题的背包问题,使用 n 个不同的正整数代表 n 个项目。其编码步骤为:

① 随机产生一个项目顺序 $(x_1, x_2 \cdots x_n)$。

② 按照优先适合启发式来选择项目,即保留项目顺序的前 n 位,使 $\sum\limits_{i=1}^{k} w_i x_i \leqslant W \leqslant \sum\limits_{i=1}^{k+1} w_i x_i$,从而得到可行解。

例如,对于表 2.3 中所示的背包问题,随机产生如下项目顺序 $(3, 2, 5, 1, 4, 6, 7)$。

因为 $w_3 + w_2 + w_5 < W < w_3 + w_2 + w_5 + w_1$,所以得到的可行解为 $(3, 2, 5)$。

显然顺序编码的染色体顺序不同的时候,染色体长度也可能是不同的,那么对于编码长度可变的染色体如何进行遗传运算呢?

① 交叉运算

可以使用插入交叉来进行交叉运算。其步骤如下:

a. 在第一个父代 P_1 上随机地选择一个断点。

b. 在第二个父代 P_2 上随机选择一个基因片段插入 P_1 的断点处。

c. 删去 P_1 上的重复基因。

d. 按优先适合启发式得到可行解。

图 2.27 为插入交叉的示意图。

② 变异运算

对变长的顺序编码进行变异操作可以采用如下步骤:

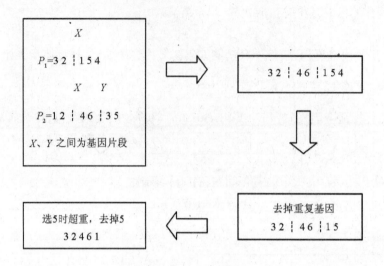

图 2.27　插入交叉示意图

a. 随机删除一个基因。

b. 在染色体中随机插入一个没有的基因。

c. 对于以上原始后代用优先适合启发式方法产生一个可行解。

对于二进制编码来说,7 个项目的背包问题共有编码 $2^7 = 128$ 个,这与解空间是一一对应的,但是不能保证解的可行性;对于变长顺序编码来说,其初始编码(即随机产生的项目顺序)共有 $7! = 5040$ 个,与解空间不是一一对应的,但是能够保证解的可行性。

2.4.2　最小生成树问题

最小生成树(Minimum Spanning Tree)问题是一个经典的组合优化问题,这里首先描述最小生成树问题,然后介绍传统的编码方法,之后重点介绍 Prüfer 数编码的遗传算法来求解最小生成树问题。

1. 问题的提出

为描述最小生成树问题,先来说明相关的基本概念。

定义 2.2(图):一个图示由点集 $V = \{v_i\}$ 和 V 中元素的无序对的一个集合 $E = \{e_k\}$ 所构成的二元组,记为 $G = (V, E)$,V 中的元素 v_i 称为节点或端点,E 中的元素 e_k 称为边。

定义 2.3(树):连通且不含有回路的图称为树。

定义 2.4(生成树):若图 G 的生成子图是一棵树,则称该树为 G 的生成树。节点的度是和该节点相连的边的数量。只有一条边相连的节点称为叶子。显然叶子的度数为 1。

树是图论中结构最简单但又十分重要的图,在自然科学和社会科学的许多领域都具有广泛的应用。

定义 2.5(最小生成树):连通图 $G = (V, E)$,每条边上有非负权,一棵树生成树所有边上权的和称为这个生成树的权,具有最小权的生成树称为最小生成树。

图 2.28 就是一个图和树的示意图。所有的节点和边构成了一个图。

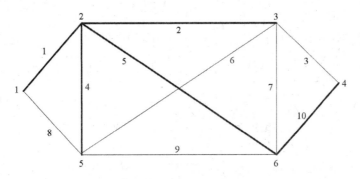

图 2.28　图和树的示意图

粗体的数字为节点,细体的数字为边。其中粗线所示的边及其所连接的节点构成了图的一棵生成树。对于这棵生成树来说,叶子节点为 1,3,4 和 5。为了找到图的最小生成树,首先需要对树进行编码。

2. 传统的编码方法

首先来介绍传统的编码方法:节点编码方法和边编码方法。

(1) 节点编码

使用树的节点的编码来表示树。例如,对于图 2.28 所示的树,可以表示为
$$\{(1,2),(2,3)(2,5),(2,6),(4,6)\}$$

(2) 边编码

使用边的编码来表示树。例如,对于图 2.28 所示的树,可以表示为
$$\{1,2,4,5,10\}$$

以上两种表示方法本质上都是直观地用边来表示一棵生成树(第一种方法是用节点来表示树的边,进而来表示树)。对于一个 n 节点的图,树是连接这 n 个节点的无回路的具有 $n-1$ 条边的子图,而上面的编码方法很难避免回路,并且很难做遗传运算。

3. Prüfer 数编码

为了解决以上问题,有人提出了 Prüfer 数的编码方法。

(1) 定义

用 $n-2$ 位自然数唯一地表达出一棵 n 个节点的生成树,其中每个数字在 1 和 n 之间。这样的一个排列称为 Prüfer 数。使用 Prüfer 数表示一棵树,交叉变异后还是一棵树。Prüfer 数编码本质上也是节点编码的一种。

(2) 应用条件

用 Prüfer 数来表达生成树能够满足生成树的要求:

① 覆盖所有节点。

② 所有节点是连通的。

③ 没有回路。

（3）编码步骤

编码步骤如下：

① 设节点 i 是标号最小的叶子。

② 若边 (i, j) 在树上，则令 j 是编码中的第一个数字（编码顺序从左到右）。

③ 删去边 (i, j)。

④ 转到①，直到剩下一条边为止。

对于图 2.28 中粗线所表示的生成树可以使用上述步骤进行编码，过程如图 2.29 所示，得到的 Prüfer 数编码为 $(2,2,6,2)$。

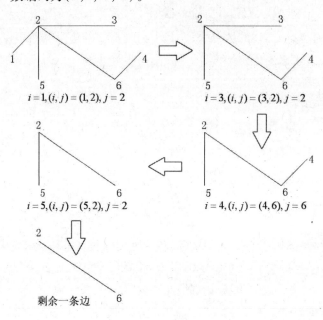

图 2.29　Prüfer 数编码示意图

（4）解码步骤

解码的步骤如下：

① 令 Prüfer 数种的节点集为 P，不包含在 P 中的节点集为 $\overline{P}$。

② 若 i 为 $\overline{P}$ 中最小标号的节点，j 为 P 中最左边的数字，连接边 (i, j)，并从 $\overline{P}$ 中去掉 i，从 P 中去掉 j，若 j 不再在 P 中，将 j 加入 $\overline{P}$ 中。

③ 重复②，直到 P 中没有节点（即 P 为空），$\overline{P}$ 中正好剩下 (s, r) 两个元素。

④ 连接 (s, r)。

图 2.30 所示是上述 Prüfer 数的解码过程示意图，以刚才得到的编码 $(2,2,6,2)$ 为例。

（5）优点

Prüfer 数本质上也是一种节点编码方法，它是最小生成树问题的最合适的编码方法。因为对于 n 个节点的图来说，其生成树的个数为 n^{n-2}，而 Prüfer 数的个数为 n^{n-2}。Prüfer 数

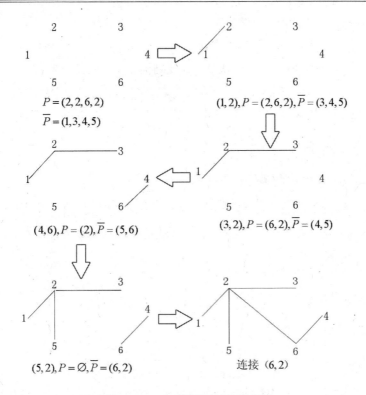

图 2.30 Prüfer 数解码过程示意图

编码实现了解空间和编码空间的一一对应,并且交叉和变异运算不破坏编码的合法性。从此例可以看到,一个好的编码对于遗传算法至关重要。

Prüfer 数编码的遗传算法可以使用前述的交叉和变异方法,如简单的单点交叉和随机变异即可,这里不再详述。

2.4.3 二次指派问题

本小节主要介绍二次指派问题及其遗传算法的求解。

1. 问题的提出

最早是将机器布局问题建模为二次指派问题,所以在描述二次指派问题时,常常以机器布局问题为例。该问题可描述如下:

n 台机器要布置在 n 个地方,机器 i 与 k 之间的物流量为 f_{ik},位置 j 和 l 之间的距离为 d_{jl},如何布置使费用最小。

二次指派问题也可以被用做许多其他不同的实际问题的模型,如大学校园中的建筑物的布局、医院中科室的安排、电子电路中的最短布线问题,以及磁带中相关数据的排序问题等。

2. 数学模型

用 $0-1$ 编码的变量 x_{ij} 来表达机器与位置的关系如下:

$$x_{ij} = \begin{cases} 1, & \text{机器} i \text{ 布置在位置} j \text{上} \\ 0, & \text{其他} \end{cases} \tag{2.15}$$

同理表示 x_{kl}。则该问题可建立二次 0 – 1 规划模型

$$\min \sum_{i=1}^{n} \sum_{j=1}^{n} \sum_{k=1}^{n} \sum_{l=1}^{n} x_{ij} x_{kl} f_{ik} d_{jl} \tag{2.16}$$

$$\text{s. t.} \sum_{i=1}^{n} x_{ij} = 1, \forall j, j = 1, 2, \cdots, n \tag{2.17}$$

$$\sum_{j=1}^{n} x_{ij} = 1, \forall i, i = 1, 2, \cdots, n \tag{2.18}$$

$$x_{i,j} = 0 \text{ 或 } 1, \forall i, j \tag{2.19}$$

二次指派问题是旅行商问题的一般化,也是一个 NP – hard 问题。

3. 遗传算法求解

(1) 编码

可以使用顺序编码:$X = (x_1, x_2, \cdots, x_i, \cdots, x_n), 1 \leqslant i \leqslant n$,其中,$x_i$ 表示机器 x_i 放在位置 i,x_i 为 1 到 n 的整数。如编码:

$$X = (4, 3, 1, 2, 5)$$

表示机器 4 放在位置 1;机器 3 放在位置 2;机器 1 放在位置 3;机器 2 放在位置 4;机器 5 放在位置 5。

该编码的优点是没有重复,保证了编码的合法性。

(2) 目标函数表达式

使用上面的编码方式,可将目标函数简化为

$$\min \sum_{i=1}^{n} \sum_{k=1}^{n} f_{ik} d_{x_i x_k} \tag{2.20}$$

显然,目标函数变得更加简洁,更加便于计算。但是,也导致了变量出现在下标,任何数学规划不可用,而这正适合于使用遗传算法来求解。

(3) 适值标定与遗传运算

可以采用下面的动态线性标定方式

$$F(x) = k[f(x)]^{-1n[f(x)]} \tag{2.21}$$

其中,k 取 10^{12}。

选择策略使用正比选择。遗传运算可以使用循环交叉操作,变异采用换位变异。

2.4.4 准时生产计划的半无限规划模型

自从准时化(JIT)生产技术获得成功之后,以准时化为目标的提前/拖期生产调度问题成为一个十分活跃的研究领域。为了准确描述准时化的生产计划问题,汪定伟等用连续时间函数来描述产品对制造资源的需求,在此基础上建立了一个非线性的半无限规划模型,并开发出一种沿梯度方向变异的遗传算法。实验表明,当种群规模足够大时,该算法能够以很大的概率找到最优解。

1. 问题描述及半无限规划模型

某制造系统在计划期 $[0,T]$ 内接到 n 项订货。订货 i 的制造周期是 L_i，交货期是 d_i。设 x_i 是订货 i 计划的完成时间，其对制造资源的需求是依赖于 x_i 和时间 t 的函数，记为 $R_i(t,x_i)$。定义 $G(t)$ 是 t 时刻的资源可用量，$t \in [0,T]$。按 JIT 思想，计划的生产完成时间应尽可能靠近交货期。于是，采用提前／拖期生产调度的二次型惩罚函数，该问题可用如下非线性的半无限规划来描述。

$$\min \sum_{i=1}^{n} a_i(x_i - d_i)^2 \tag{2.22}$$

$$(\text{SIP}) \text{ s. t. } \sum_{i=1}^{n} R_i(t,x_i) \leq G(t), t \in [0,T] \tag{2.23}$$

$$0 \leq L_i \leq x_i \leq T, i = 1,2,\cdots,n \tag{2.24}$$

其中，a_i 是订货 i 的权重，一般正比于订货额。

由于 t 在 $t \in [0,T]$ 中连续取值，因此式(2.23)中有无限个约束。虽然将时间取离散值可将该问题转化为一个普通的非线性规划问题，但当离散点较多时约束个数较多，计算十分复杂。

资源需求函数可以根据实际情况选取，一般可以取为钟形函数（正态分布密度函数），即

$$R_i(t,x_i) = a_i \exp\left[\frac{-(t - x_i + b_i)^2}{c_i}\right], i = 1,2,\cdots,n \tag{2.25}$$

设 p_i 是订货 i 的总资源需求，按式(2.25)中函数的性质，其参数可按下式确定：

$$b_i = \frac{L_i}{2}, c_i = \frac{L_i^2}{8}, a_i = P_i \sqrt{2\pi}\left(\frac{L_i}{4}\right), i = 1,2,\cdots,n \tag{2.26}$$

假设函数(2.25)式的两个标准差之外的部分（小于 3%）可以忽略不计。

资源拥有量函数 $G(t)$ 一般可用指数增长函数来表示。由于设备检修或其他任务可能占用部分资源，这些已占用资源可用类似式(2.25)的函数表示，并从总资源中扣除。于是有

$$G(t) = g_0 \exp(\beta t) - \sum_{i=1}^{m} q_i \exp\left[-\frac{(t - g_i)^2}{h_i}\right] \tag{2.27}$$

其中，q_i、g_i、h_i 可根据检修的资源占用量和时间长短，类似于式(2.26)来确定。g_0 为资源的初始值，β 为增长率。

分析表明，由于每一对订货都是互相竞争资源的，在资源有限的前提下，一个订货占据一段资源后，另一个订货只有提前或者拖后，因此规划(SIP)的可行域一般是不连通的。最坏情况分析表明，对于 n 个订货问题，可行域可能由 $2^{\frac{n(n-1)}{2}}$ 个分离的区域构成。这就使得传统的优化方法很难应用，于是遗传算法便成为优先考虑的选择。

2. 沿梯度方向变异的遗传算法

（1）基因表达方法

对于本文的问题，最方便的方法是取规划(SIP)的变量，订单完成时间 x_i 作为基因。令 N 为种群规模，对个体 j，其基因表达即为实向量

$$X(j) = [x_1(j), x_2(j), \cdots, x_n(j)]^T, \quad j = 1, 2, \cdots, N \tag{2.28}$$

（2）适应值函数

由于 SIP 规划模型中有无限个约束，为此这里采用非精确算法来进行处理。其基本思想是每步迭代中只处理有限个最不满足约束，直到所有约束都满足为止。

由于 $R_i[t, x_i(j)]$ 是单峰函数，约束（2.23）式的右边最多只有 n 个局部最大点，且这些点位于区间 $[x_i - L_i, x_i]$ $(i = 1, 2, \cdots, n)$ 之内。

对于订单 $i(i = 1, 2, \cdots, n)$，定义

$$t_i^* = \text{argmax}\left\{ \sum_{i=1}^n R_i[t, x_i(j)] - G(t) \,\middle|\, x_i(j) - L_i < t < x_i(j) \right\} \tag{2.29}$$

$$\Phi[t_i^*, x(j)] = \sum_{i=1}^n R_i[t_i^*, x_i(j)] - G(t^*) \tag{2.30}$$

若 $\Phi(t_i^*, x(j)) > 0$，则该约束不能满足。引入资源约束的容差 $\varepsilon_c > 0$，则集合

$$VT(j) = \{t_i^* \mid i = 1, 2, \cdots, n, \Phi[t_i^*, X(j)] > \varepsilon_c\}, \quad j = 1, 2, \cdots, N \tag{2.31}$$

即为个体 j 的最不满足的约束集。个体 j 的扩展目标函数为

$$\Psi(j) = \sum_{i=1}^n a_i(x_i - d_i)^2 + M \sum_{t_i^* \in VT(j)} \Phi[t_i^*, X(j)], \quad j = 1, 2, \cdots, N \tag{2.32}$$

这里，M 是一个充分大的罚因子。注意，经过如上变换后，$\Psi(j)$ 已不再是时间 t 的函数。

定义

$$F_{\max} = \max\{\Psi(j) \mid j = 1, 2, \cdots, N\} \tag{2.33}$$

那么个体的适应值函数 $F(j)$ 可用式（2.34）计算，即

$$F(j) = \gamma F_{\max} - \Psi(j), \quad j = 1, 2, \cdots, N \tag{2.34}$$

这里，$\gamma > 1$，是一个不同适应值函数的个体选择概率的控制系数。实验中 $\gamma = 1.05$，这样最差的个体可以以一个很小的概率产生下一代。

（3）选择策略

使用旋轮法的正比选择。

（4）遗传算子

由于 SIP 规划模型的可行域是非连通的，交叉可能由可行解产生不可行解，于是变异成了唯一的选择。负梯度方向是目标函数的最速下降方向，沿负梯度方向的变异可以更快地达到可行域，并取得最优解。沿负梯度方向变异的遗传算子描述如下：

对于个体 j，其扩展的目标函数（2.32）式的梯度向量为

$$\nabla \psi(j) = [\nabla \psi_1(j), \nabla \psi_2(j), \cdots, \nabla \psi_n(j)]^T \quad j = 1, 2, \cdots, N \tag{2.35}$$

其第 i 个分量为

$$\nabla \psi_i(j) = 2a_i(x_i - d_i) + M \sum_{t_i^* \in VT(j)} \frac{2a_i(t_i^* - x_i(j) + b_i)R_i(t_i^*, x_i(j))}{c_i} \tag{2.36}$$

若按选择策略，第 $k + 1$ 代的某个体（即第 k 代的孩子）选择个体 j 为其父亲，则

$$X^{k+1}(s) = X^k(j) - \rho \nabla \psi(j), \quad s = 1, 2, \cdots, N \tag{2.37}$$

这里，ρ 是按 Erlang 分布产生的一个随机步长，上标 k 是代数指标。

由于 M 远大于 a_i，当 $VT(j)$ 非空时，$-\nabla \psi(j)$ 主要是寻找可行域方向，一旦达到可行

域,$VT(j)$ 则变为空集,该方向变为寻找局部最优点的方向。

　　分析表明,在算法的初始阶段,随机产生的个体大都是不可行的,其适应值函数的大小大致相当,因此各个体都有机会产生下一代,从而达到就近的可行域。随着算法的进行,某些个体的目标函数明显优于其他个体,它们得到更多的机会产生下一代,产生的下一代随机地分布在它们的负梯度方向上。选择策略近似为一个线性搜索程序。因此,负梯度方向变异的遗传算子,使该算法在初始阶段是一个随机抽样算法,随着迭代的进行,算法逐步变为一个多点的最速下降法,算法的这种性质是原问题所需要的。

　　(5) 停止准则

　　遗传算法通常以达到最大的繁殖次数作为停止准则。对于本小节所讨论的问题,除了必须达到最大的代数外,还要检查是否达到了可行解,即检查是否满足

$$VT^{NG}(j^*) = \varnothing \tag{2.38}$$

其中,NG 是最大代数;j^* 是第 NG 代中最优个体的个数;$\varnothing$ 表示空集。

　　由于在算法的初始阶段找可行域时,步长应大一些;而在算法终止前为保证计算的精度,步长应很小。因此,产生随机步长的 Erlang 分布参数,应随着步长的增加而减小。

　　(6) 算法步骤

　　算法的具体计算步骤如下:

　　第 1 步:指定 Erlang 分布的参数 m,μ 和缩减率 r。输入种群规模 N 和最大代数 NG。输入约束容差 ε_c 和计算要求精度 ξ。

　　第 2 步:按下式确定计划水平

$$T = \frac{\max\left\{ \eta\left(\sum_{i=1}^{n} P_i + \sum_{j=1}^{m} q_i \right), \max[d_i | i = 1,2,\cdots,n] \right\}}{g_0} \tag{2.39}$$

其中,η 是一个自由的松弛因子,可取 $\eta = 1.30$。

　　第 3 步:产生初始的种群。对于 $k = 1,2,\cdots,N$,有

$$x_i^0(j) = L_i + \xi_i(T - L_i), i = 1,2,\cdots,n \tag{2.40}$$

其中,$\xi \in U(0,1)$,迭代指标 $k = 0$。令最优个体为 $j^* = 1$。

　　第 4 步:令 $k = k + 1$。如 $k > NG$,则输出停止;否则,按公式 $\mu^{k+1} = r\mu^k$ 缩小 μ。

　　第 5 步:计算所有个体的扩展目标函数和适应值函数,并选择

$$j' = \text{argmax}\{F(j) | j = 1,2,\cdots,N\} \tag{2.41}$$

如果 $\psi(j') < \psi(j^*)$,则令 $j^* = j'$。

　　第 6 步:计算选择概率,并按选择策略为下一代个体选择父亲;按式(2.35)~(2.37)计算产生下一代个体。

　　第 7 步:更新所有个体,即

$$x^k(j) = x^{k+1}(j), j = 1,2,\cdots,N \tag{2.42}$$

转第 4 步。

　　3. 数值结果及分析

　　以上算法用 Fortran 语言编程,在计算机上计算了大量例题,取得了满意的计算结果。这里介绍一个源于实际背景的问题。

某建筑公司接到 10 份建筑工程订单。该公司的主要资源约束是人力,当前的可用人力为 100kh/w(千时/周),该公司的人力将按 0.5% 的速率增长。有两项维修工程已经排定,其人力资源分别为从第 20 周至 40 周需 200kh,第 30 周至 70 周需 300kh。各订单的建筑周期、总人力需求、合同总额及希望的交货期如表 2.4 所示。公司希望根据自己的建筑能力,初排一个尽可能接近客户需求的交货期的建筑计划,以便与客户商定。

表 2.4 订单数据及初排的计划完成时间

订单号 No.	建筑周期 L_i/w	总人力需求 P_i/kh	合同总额 $a_i/10^4\ \$$	需求交货期 d_i/w	计划完成时间 x_i/w
1	20	400	10	25	30.74
2	20	900	18	30	20.76
3	30	800	12	35	41.88
4	40	800	15	40	40.79
5	25	1 000	28	40	52.50
6	20	1 200	20	40	86.77
7	50	2 000	30	50	84.38
8	10	300	18	15	10.00
9	20	400	9	50	75.75
10	60	1 500	30	60	87.28

由于不少客户的交货期集中在第 40 周和 50 周,在第 20 周至 30 周形成一个不可能满足的资源需求高峰。按前面介绍的算法计算,经 737 代遗传找到一个所能得到的最好解,如表 2.4 最后一列所示。该结果在满足资源约束的前提下充分利用了资源。

由于问题的可行域是非凸且非连通的,用一般的非线性规划方法对扩展的目标函数 (2.32) 式做优化,不能取得最优解,即使用遗传算法也可能终止在局部最优解上。例如,对于一个规模较小的问题,从不同的随机数种子出发,经过反复计算,算法终止在 6 个不同的解 $(A, \cdots, E)$ 上。

计算中,逐步增大种群规模,发现当种群规模较小时,算法终止在局部最优解的可能性较大。随着种群规模增大,算法终止在最优解的概率逐步增大,如表 2.5 所示。因此,实际应用中在不超过计算机能力的前提下,尽可能选择较大的种群规模,就能取得较好的结果。

表 2.5 不同种群大小的结果比较

	1	2	3	4	5	6	7	8	9	10	寻优概率
25	E	E	F	A	C	A	E	D	C	C	0.2
50	A	A	A	A	C	A	E	A	C	B	0.6
75	E	A	A	C	A	C	A	A	A	A	0.7
100	A	A	A	A	A	A	A	A	A	A	1.0

问题与思考

1. 对于编码长度为 7 的 0 - 1 编码,判断以下编码的合法性。

(1)[1 0 2 0 1 1 0]

(2)[1 0 1 1 0 0]

(3)[0 1 1 0 0 1 0]

(4)[0 0 0 0 0 0 0]

(5)[2 1 3 4 5 7 6]

2. 对于编码长度为 7 的顺序编码,判断以下编码的合法性。

(1)[7 1 2 0 4 3 5]

(2)[1 3 6 2 4 7]

(3)[2 1 3 5 4 7 6]

(4)[8 1 4 3 2 5 7]

(5)[2 1 3 2 5 7 6]

3. 对于编码长度为 7 的实数编码,判断以下编码的合法性。

(1)[3.5 1.9 2 7 1.8 1.7 0]

(2)[89.05 4.78 2 1 4.3 6.9]

(3)[0 1 1 0 0 1 0]

(4)[0 0 0 0 0 0 0]

(5)[2 1 3 4 5 7 6]

4. 对于背包问题:7 件财宝的价值 p_i,质量 w_i,$i = 1,2,\cdots,7$,参见下表:

i	1	2	3	4	5	6	7
p_i	30	60	25	8	10	40	60
w_i	40	40	30	5	15	35	30

如背包容量为 120,按适合优先启发式(First Fit Heuristic)将以下编码合法化,并计算以下种群中(Pop - Size = 5)各个个体的适值和选择概率。

(1)[6 4 3 5 7 1 2]　　　　(2)[7 2 4 3 5 6 1]

(3)[1 3 4 2 6 5 7]　　　　(4)[2 7 3 1 5 4 6]

(5)[5 3 2 4 7 6 1]

5. 双亲染色体分别为

P_1:[6 1 2 8 9 5 4 7 10 3]

P_2:[10 7 4 1 3 6 2 8 5 9]

两个切点位置分别为 4 和 8。试分别使用 PMX、OX 和 CX 产生两个子代染色体。

6. 写出如下生成树的 Prüfer 数编码。

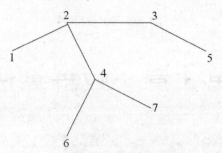

7. 一个7节点的生成树的 Prüfer 编码为[6 3 2 4 4]，试画出该生成树。

第3章 蚁群算法

蚁群算法是20世纪90年代发展起来一种模仿蚂蚁群体行为的新的智能化算法。该算法引入正反馈并行机制,具有较强的鲁棒性、优良的分布式计算机制、易于与其他方法结合等优点。目前,蚁群算法已经渗透多个应用领域,从一维静态优化问题到多维动态优化问题,从离散问题到连续问题,蚁群算法都展现出优异的性能和广阔的发展前景,成为国内外学者竞相关注的研究热点和课题。本章将系统地介绍蚁群算法的理论、方法和应用,基本的蚁群算法,包括分析基本蚁群算法的机制和原理,介绍基本蚁群算法的数学模型、实现方法;介绍改进的蚁群算法,概括性介绍蚁群算法收敛性研究的成果;在分析蚁群算法与其他仿生优化算法异同的基础上,介绍蚁群算法与遗传算法的融合;最后是蚁群算法的典型应用,总结蚁群算法在各个领域的应用,重点介绍蚁群算法在车辆路径问题和车间调度作业问题中的应用。

3.1 导 言

人类在自然界获得启示,发明了许多试图通过模拟自然生态系统机制来求解复杂优化问题的仿生优化方法,如本书中提到的遗传算法、蚁群算法、粒子群算法、捕食搜索算法等。这些与经典的数学规划截然不同的仿生优化算法的相继出现,大大丰富了优化技术,使许多在人类看来高度复杂的优化问题得到更好的解决。

研究群居性昆虫行为的科学家发现,昆虫在群落一级上的合作基本上是自组织的,在许多场合中尽管这些合作很简单,但它们却可以解决许多复杂的问题。每只蚂蚁的智能并不高,看起来没有集中的指挥,但它们却能协同工作寻找食物。据此,意大利学者Dorigo等提出一种模拟昆虫王国中蚂蚁群体觅食行为方式的仿生优化算法——蚁群算法。该算法引入正反馈并行机制,具有较强的鲁棒性、优良的分布式计算机制、易于与其他方法结合等优点。蚁群算法解决了许多复杂优化问题,展现出优异的性能和广阔的发展前景,成为国内外学者竞相关注的研究热点和前沿性课题。

3.1.1 蚁群觅食的特征

在自然界中蚂蚁是如何觅食的呢? 为什么蚁群总能找到一条从蚁巢到食物源的最短路径? 原来蚂蚁会分泌一种叫信息素(Pheromone)的化学物质,蚂蚁的许多行为受信息素的调控,蚂蚁在运动过程中,能够在其经过的路径上留下信息素,而且能感知这种物质的存在及其浓度,以此指导自己的运动方向。蚂蚁倾向于朝着信息素浓度高的方向移动。

举例说明。蚁巢在 A 点,蚁群发现食物源在 D 点,它们总是会选择最短的直径 AD 来搬运食物,如图 3.1(a)所示。如果搬运路线上突然出现障碍物,不管路径长短,蚂蚁按相同的概率选择在图中 B 点、C 点绕过障碍物,如图 3.1(b)所示。由于路径 ABD 的长度小于路径 ACD 的长度,单位时间内通过路径 ABD 的蚂蚁数量大于通过路径 ACD 的蚂蚁数量,则在路径 ABD 上面遗留的信息素浓度比较高,因为蚂蚁倾向于朝着信息素浓度高的方向移动,所以选择路径 ABD 的蚂蚁随之增多,如图 3.1(c)所示。于是,蚁群的集体行为表现出一种信息正反馈现象,即最短路径上走过的蚂蚁越多,则后来的蚂蚁选择该路径的概率就越大,蚂蚁个体之间就是通过这种信息的交流达到寻优食物和蚁穴之间最短路径的目的,如图 3.1(d)所示。

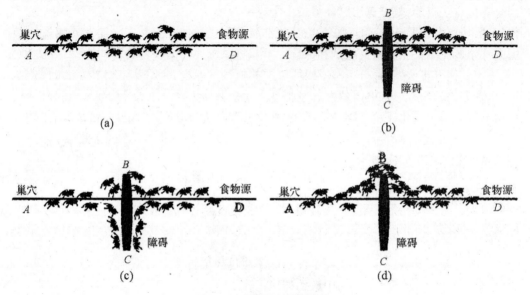

(a) (b) (c) (d)

图3.1　蚁群寻找食物过程

3.1.2　人工蚂蚁与真实蚂蚁的异同

蚁群算法是利用蚁群觅食的群体智能解决复杂优化问题的典型例子。下面看一看人工蚂蚁与真实蚂蚁的异同。

1. 相同点

(1) 两个群体中都存在个体相互交流的通信机制。真实蚂蚁在经过的路径上留下信息素,用以影响蚁群中的其他个体。且信息素随着时间推移逐渐挥发,减小历史遗留信息对蚁群的影响。同样,人工蚂蚁改变其所经过路径上存储的数字化信息素,该信息素记录了人工蚂蚁当前解和历史解的性能状态,而且可被后继人工蚂蚁读写。数字化的信息素同样具有挥发特征,它像真实的信息量挥发一样使人工蚂蚁逐渐忘却历史遗留信息,在选择路径时不局限于以前人工蚂蚁所存留的经验。

(2) 都要完成寻找最短路径的任务。真实蚂蚁要寻找一条从巢穴到食物源的最短路径。人工蚂蚁要寻找一条从源节点到目的节点间的最短路径。两种蚂蚁都只能在相邻节点间一步步移动,直至遍历完所有节点。

(3)都采用根据当前信息进行路径选择的随机选择策略。真实蚂蚁和人工蚂蚁从某一节点到下移节点的移动都是利用概率选择策略实现的。这里概率选择策略是基于当前信息来预测未来情况的一种方法。

2. 不同点

(1)人工蚂蚁具有记忆能力,而真实蚂蚁没有。人工蚂蚁可以记住曾经走过的路径或访问过的节点,可提高算法的效率。

(2)人工蚂蚁选择路径的时候并不是完全盲目的,受到问题空间特征的启发,按一定算法规律有意识地寻找最短路径(如在旅行商问题中,可以预先知道下一个目标的距离)。

(3)人工蚂蚁生活在离散时间的环境中,即问题的求解规划空间是离散的,而真实蚂蚁生活在连续时间的环境中。

3.1.3 蚁群算法的研究进展

1991 年,意大利学者 Dorigo 等在法国巴黎召开的第一届欧洲人工生命会议(European Conference on Artificial Life)上首次提出了蚁群算法,之后的 5 年中并没有受到国际学术界的广泛关注。1996 年,Dorigo 等在《IEEE Transactions on Systems, Man, and Cybernetics—Part B》上发表了"Ant system: optimization by a colony of cooperation agents"一文,奠定了蚁群算法的基础。而这之后的 5 年里,蚁群算法逐渐引起了国际学术界的广泛关注。1998 年,Dorigo 在比利时布鲁塞尔组织召开了第一届蚁群算法国际研讨会,随后每隔两年都要在布鲁塞尔召开一次蚁群算法国际研讨会。2000 年,Gutjahr 发表了题为"A graph-based ant system and its convergence"的学术论文,对蚁群算法的收敛性进行了证明。同年,Dorigo 和 Bonabeau 等在国际顶级学术杂志《Nature》上发表了蚁群算法研究综述,将这一研究推向国际学术界的前沿。

最近几年,国际顶级学术杂志《Nature》曾多次对蚁群算法的研究成果进行报道,《Future Generation Computer Systems》和《IEEE Transactions on Evolutionary Computation》分别于 2000 年和 2002 年出版了蚁群算法特刊。

我国对蚁群算法的研究起步较晚,从公开发表论文的时间来看,国内最先研究蚁群算法的是东北大学的张记会和徐心和。尔后,高尚、汪镭、李艳君、段海滨、陈峻、张勇德和杨勇等都有不俗的工作。段海滨的著作《蚁群算法原理及其应用》则为国内第一本系统介绍研究蚁群算法的学术著作。目前,蚁群算法的研究已经由单一的 TSP 领域渗透到多个应用领域,从一维静态优化问题到多维动态优化问题,从离散问题到连续问题。同时蚁群算法在模型改进及与其他仿生优化算法的融合方面也取得了相当丰富的研究成果,展现出广阔的发展前景。

3.2 基本蚁群算法

这一节首先从深层上对基本蚁群算法的机理进行研究,从 TSP 的角度对基本蚁群算法的数学模型进行分析,并给出具体实现步骤和程序结构框架。然后在引入复杂度概念的基础上,对基本蚁群算法进行复杂度分析。最后讨论参数选择对蚁群算法性能的影响。这节内容是蚁群算法的理论分析部分,也是深入理解蚁群算法、改进蚁群算法、应用蚁群算法的基础。

3.2.1 基本蚁群算法的原理

基本蚁群算法是采用人工蚂蚁的行走路线来表示待求解问题可行解的一种方法。每只人工蚂蚁在解空间中独立地搜索可行解,当它们碰到一个还没有走过的路口时,就随机挑选一条路径前行,同时释放出与路径长度有关的信息素。路径越短信息素的浓度就越大。当后继的人工蚂蚁再次碰到这个路口的时候,以相对较大的概率选择信息素较多的路径,并在"行走路线"上留下更多的信息素,影响后来的蚂蚁,形成正反馈机制。随着算法的推进,代表最优解路线上的信息素逐渐增多,选择它的蚂蚁也逐渐增多,其他路径上的信息素却会随着时间的流逝而逐渐消减,最终整个蚁群在正反馈的作用下集中到代表最优解的路线上,也就找到了最优解。在整个寻优过程中,单只蚂蚁的选择能力有限,但蚁群具有高度的自组织性,通过信息素交换路径信息,形成集体自催化行为,找到最优路径。图 3.2 是一个基于蚁群算法的人工蚁群系统寻找最短路径的例子。

如图 3.2(a)所示,路径 BF,CF,BEC 的路程长度 d 为 1,E 是路径 BEC 的中点。假设在每个单位时间内有 30 只蚂蚁从 A 来到 B,30 只蚂蚁从 D 来到 C,每只蚂蚁单位时间内行进路程为 1,蚂蚁在行进过程中在单位时间内留下 1 个浓度单位的信息素,在一个时间段$(t,t+1)$结束后瞬间完全挥发。

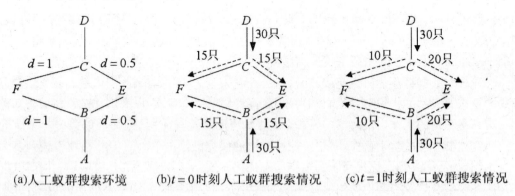

(a)人工蚁群搜索环境 (b)$t=0$时刻人工蚁群搜索情况 (c)$t=1$时刻人工蚁群搜索情况

图 3.2 人工蚁群路径搜索实例

如图 3.2(b)所示,$t=0$ 时,在 B 和 C 点各有 30 只蚂蚁,由于此前路径上没有信息素,它们随机地选择路径,在 BF、BE、CF 和 CE 上各有 15 只蚂蚁。

如图 3.2（c）所示，$t = 1$ 时，又有 30 只蚂蚁到达 B。它们发现在 BF 上信息素浓度为 15，BE 上信息素浓度为 30（是由 15 只 BE 走向和 15 只 EB 走向的蚂蚁共同留下的），因此选择 BE 路径的蚂蚁数的期望值是选择 BF 蚂蚁数的 2 倍。所以，20 只蚂蚁选择 BE，10 只蚂蚁选择 BF。同样的情况发生在 C 点。这个过程一直持续下去，直到所有人工蚂蚁最终选择最短路径 BEC（或 CEB）。

3.2.2　基本蚁群算法的数学模型

很多文献对基本蚁群算法的详细介绍都是从旅行商问题开始的。这是因为蚁群觅食的过程与 TSP 问题的求解非常相似，为了便于读者更好地理解蚁群算法的数学模型和实现过程，以 n 个城市 TSP 问题作为背景介绍基本蚁群算法。TSP 问题属于一种典型的组合优化问题，是组合优化问题中最经典的 NP 难题之一，它在蚁群优化算法的发展过程中起着非常重要的作用。

TSP 问题：给定 n 个城市的集合 $C = \{c_1, c_2, \cdots, c_n\}$ 及城市之间旅行路径的长短 d_{ij}（$1 \leqslant i \leqslant n, 1 \leqslant j \leqslant n, i \neq j$）。TSP 问题是找到一条只经过每个城市一次且回到起点的、最短路径的回路。设城市 i 和 j 之间的距离为 d_{ij}，如式（3.1）所示：

$$d_{ij} = \left[(x_i - x_j)^2 + (y_i - y_j)^2 \right]^{\frac{1}{2}} \tag{3.1}$$

TSP 求解中，假设蚁群算法中的每只蚂蚁是具有下列特征的简单智能体。

（1）每次周游，每只蚂蚁在其经过的支路 (i, j) 上都留下信息素。

（2）蚂蚁选择城市的概率与城市之间的距离和当前连接支路上所包含的信息素余量有关。

（3）为了强制蚂蚁进行合法的周游，直到一次周游完成后，才允许蚂蚁游走已访问过的城市（这可由禁忌表来控制）。

蚂蚁算法中的基本变量和常数有：m，蚁群中蚂蚁的总数；n，TSP 问题中城市的个数；d_{ij}，城市 i 和 j 之间的距离，其中 $i, j \in (1, n)$；$\tau_{ij}(t)$，表示 t 时刻在路径 (i, j) 连线上残留的信息量。在初始时刻各条路径上信息量相等，并设 $\tau_{ij}(0) = \text{const}$（const 为常数）。

蚂蚁 $k(k = 1, 2, \cdots, m)$ 在运动过程中，根据各条路径上的信息量决定其转移方向。$p_{ij}^k(t)$ 表示在 t 时刻蚂蚁 k 由城市 i 转移到城市 j 的状态转移概率，根据各条路径上残留的信息量 $\tau_{ij}(t)$ 及路径的启发信息 η_{ij} 来计算，如式（3.2）所示，表示蚂蚁在选择路径时会尽量选择离自己距离较近且信息素浓度较大的方向。

$$p_{ij}^k(t) = \begin{cases} \dfrac{\left[\tau_{ij}(t) \right]^\alpha \cdot \left[\eta_{ij}(t) \right]^\beta}{\sum\limits_{s \subset allowed_k} \left[\tau_{is}(t) \right]^\alpha \cdot \left[\eta_{is}(t) \right]^\beta}, & j \in allowed_k \\ 0, & \text{其他} \end{cases} \tag{3.2}$$

式中：

$allowed_k = \{C - tabu_k\}$ 表示在 t 时刻蚂蚁 k 下一步允许选择的城市（即还没有访问的城市）；

$tabu_k(k = 1, 2, \cdots, m)$ 表示禁忌表，记录蚂蚁 k 当前已走过的城市；

α 表示信息启发式因子，反映了蚁群在运动过程中所残留的信息量的相对重要程度；

β 表示期望启发式因子,反映了期望值的相对重要程度;

η_{ij} 表示由城市 i 转移到城市 j 的期望程度,被称为先验知识,这一信息可由要解决的问题给出,并由一定的算法来实现,TSP 问题中一般取值为式(3.3)。

$$\eta_{ij}(t) = \frac{1}{d_{ij}} \tag{3.3}$$

对蚂蚁 k 而言,d_{ij} 越小,则 η_{ij} 越大,$p_{ij}^k(t)$ 也就越大。

为了避免残留信息素过多而淹没启发信息,在每只蚂蚁走完一步或者完成对所有 n 个城市的遍历后,要对残留信息素进行更新处理。$(t+n)$ 时刻在路径 (i,j) 上信息量可按式(3.4)式(3.5)所示的规则进行调整。

$$\tau_{ij}(t+n) = (1-\rho) \cdot \tau_{ij}(t) + \Delta\tau_{ij}(t) \tag{3.4}$$

$$\Delta\tau_{ij}(t) = \sum_{k=1}^{m} \Delta\tau_{ij}^k(t) \tag{3.5}$$

式中:

ρ 表示信息素挥发系数。模仿人类记忆特点,旧的信息将逐步忘却、削弱。为了防止信息的无限积累,ρ 的取值范围为 $[0,1)$,用 $1-\rho$ 表示信息的残留系数。

$\Delta\tau_{ij}(t)$ 表示本次循环中路径 (i,j) 上信息素增量,初始时刻 $\Delta\tau_{ij}(t)=0$。

$\Delta\tau_{ij}^k(t)$ 表示第 k 只蚂蚁在本次循环中留在路径 (i,j) 上的信息量。

根据信息素更新策略的不同,Dorigo 提出了三种不同的基本蚁群算法模型,分别称之为蚁周模型(Ant-Cycle Model),蚁量模型(Ant-Quantity Model)及蚁密模型(Ant-Density Model),三种模型的差别在于 $\Delta\tau_{ij}^k(t)$ 求法不同,下面比较三种模型的异同。

蚁周模型(Ant-Cycle Model)

$$\Delta\tau_{ij}^k(t) = \begin{cases} \dfrac{Q}{L_k}, & \text{第 } k \text{ 只蚂蚁在本次循环中经过}(i,j) \\ 0, & \text{其他} \end{cases} \tag{3.6}$$

蚁量模型(Ant-Quantity Model)

$$\Delta\tau_{ij}^k(t) = \begin{cases} \dfrac{Q}{d_{ij}}, & \text{第 } k \text{ 只蚂蚁在 } t \text{ 和 } t+1 \text{ 之间经过}(i,j) \\ 0, & \text{其他} \end{cases} \tag{3.7}$$

蚁密模型(Ant-Density Model)

$$\Delta\tau_{ij}^k(t) = \begin{cases} Q, & \text{第 } k \text{ 只蚂蚁在 } t \text{ 和 } t+1 \text{ 之间经过}(i,j) \\ 0, & \text{其他} \end{cases} \tag{3.8}$$

式中,Q 表示蚂蚁循环一周或一个过程在经过的路径上所释放的信息素总量,它在一定程度上影响算法的收敛速度;L_k 表示第 k 只蚂蚁在本次循环中所走路径的总长度。

区别:式(3.6)利用整体信息,蚂蚁完成一个循环后才更新所有路径上的信息素;式(3.7)和式(3.8)利用局部信息,蚂蚁每走一步就要更新路径上的信息素;式(3.6)蚁周模型在求解 TSP 问题时效果较好,应用也比较广泛。

3.2.3 基本蚁群算法的具体实现

这里的基本蚁群算法是基于蚁周模型(Ant-Cycle Model)的,实现步骤为:

第 1 步:初始化参数。时间 $t=0$,循环次数 $N_c=0$,设置最大循环次数 N_{cmax},令路径 (i,j) 的初始化信息量 $\tau_{ij}(t)=\text{const}$,初始时刻 $\Delta\tau_{ij}(0)=0$。

第 2 步:将 m 只蚁蚁随机放在 n 个城市上。

第 3 步:循环次数 $N_c \leftarrow N_c+1$。

第 4 步:令蚁蚁禁忌表索引号 $k=1$。

第 5 步:$k=k+1$。

第 6 步:根据状态转移概率公式(3.2)计算蚁蚁选择城市 j 的概率,$j\in\{C-tabu_k\}$。

第 7 步:选择具有最大状态转移概率的城市,将蚁蚁移动到该城市,并把该城市记入禁忌表中。

第 8 步:若没有访问完集合 C 中的所有城市,即 $k<m$,跳转至第 5 步;否则,转第 9 步。

第 9 步:根据式(3.4)和式(3.5)更新每条路径上的信息量。

第 10 步:若满足结束条件,循环结束输出计算结果;否则清空禁忌表并跳转到第 3 步。基本蚁群算法的算法框图如图 3.3 所示。

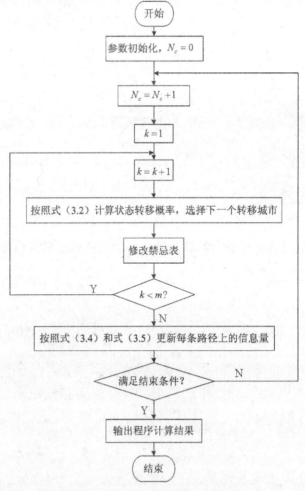

图 3.3　基本蚁群算法的算法框图

3.2.4 基本蚁群算法的复杂度分析

每个组合优化问题都可以通过枚举的方法求得最优解,枚举是以时间为代价的,即使是在计算机软硬件技术高速发展的今天,满足大规模问题求解所要求的计算时间和存储空间仍然是非常棘手的问题,造成一些问题理论可解而在实际中不一定可解。如 TSP 问题采用穷举法,所有的可行路径共有 $\frac{(n-1)!}{2}$ 条,若以路径比较为基本操作,则需要 $\frac{(n-1)!}{2} - 1$ 次比较才能获得最优解。如果以计算机 1 秒可以完成 24 个城市所有路径的枚举为单位,则 25 个城市的枚举需要 24 秒。类似地,城市数与计算时间的关系如表 3.1 所示。当城市数目增加到 30 个时,计算时间约 10.8 年,已经超过可接受的范围。

表 3.1 TSP 问题枚举计算的城市数与计算时间的关系

城市数	24	25	26	27	28	29	30	31
计算时间	1 秒	24 秒	10 分钟	4.3 小时	约 4.9 天	136.5 天	约 10.8 年	约 325 年

鉴于许多问题的求解复杂度可能大于 TSP 问题,因此只有了解所研究问题和算法的复杂度,才能有针对性地设计和改进算法,提高算法的优化效率。

(1) 复杂度的基本概念

基本蚁群算法的复杂度分析是在理论上对蚁群算法的算法效率的分析,可分为算法的时间复杂度分析和空间复杂度分析。

定义 3.1(算法的时间复杂度):指求解该问题的所有算法中时间复杂性最小的算法时间复杂度。

在实际中,衡量一个算法的好坏通常是用算法中所使用的加、减、乘、除和比较等基本运算的总次数以及具体的问题在计算机计算时的二进制输入数据的大小关系来度量。由于对一个问题的二进制输入长度和算法的基本计算总次数是粗略估计的,一般总是给出一个上限。

定义 3.2(算法的空间复杂度):指求解该问题的所有算法中空间复杂性最小的算法空间复杂度。

在实际中,通常把算法执行时间内所占用的存储单元定义为算法的空间复杂度。

下面分析基本蚁群算法的时间复杂度。首先定义数量级的概念。

定义 3.3(数量级):给定自然数 n 的两个函数 $F(n)$ 和 $G(n)$,当且仅当存在一个正常数 K 和一个 n_0,使得当 $n \geq n_0$ 时,有 $F(n) \leq KG(n)$,则称函数 $F(n)$ 以函数 $G(n)$ 为界,记作 $F(n) = O(G(n))$,或称 $F(n)$ 是 $O(G(n))$。此处的"O"表示数量级的概念。

基本蚁群算法的问题规模可表示为 n 的函数,其中时间复杂度记为 $T(n)$。

(2) 基本蚁群算法的时间复杂度分析

对于文中的基本蚁群算法,n 为 TSP 的规模,m 为人工蚂蚁数量,N_c 为算法的循环次数,从蚁周模型的实现过程可以看到该算法各环节的时间复杂度,如表 3.2 所示。

表 3.2　基本蚁群算法时间复杂度分析表

Step	内容	$T(n)$

1	初始化
	　set $t = 0$; $N_c = 0$; //t 为时间计数器, N_c 为循环计数器
	　set $\tau_{ij}(t) = \text{const}$, $\triangle\tau_{ij} = 0$; // 设置信息素初值
	　将 m 个蚂蚁随机置于 n 个节点上
		$O(n^2 + m)$

2	设置蚂蚁禁忌表
	　set $s = 0$; //s 为禁忌表指针
	　for $k = 1$ to m do
	　　置第 k 只蚂蚁的起始城市到禁忌表 $tabu_k(s)$
		$O(m)$

3	每只蚂蚁单独构造解 　循环计算直到禁忌表满 // 共需循环 $(n-1)$ 次 　set $s = s + 1$; 　for $k = 1$ to m do 　　根据转移概率 $p_{ij}^k(t)$ 选择下一城市 　　将城市序号 j 加入禁忌表 $tabu_k(s)$	$O(n^2m)$
4	解的评价和轨迹更新量的计算 　for $k = 1$ to m do 　　将第 k 只蚂蚁从禁忌表 $tabu_k(n)$ 转移到 $tabu_k(1)$ 　　计算第 k 只蚂蚁在本次循环中的路径长度 　　更新最优路径 　　计算各条路径上的信息素反馈量 $\triangle\tau_{ij}$	$O(n^2m)$
5	信息素轨迹浓度的更新 　计算各条路径上在下一轮循环开始前的信息素强度 $\tau_{ij}(t+n)$ 　set $t = t + n$; set $N_c = N_c + 1$	$O(n^2)$
6	判定是否达到终止条件 　如果 $N_c \leqslant N_{c\max}$, 且搜索没有出现停止现象 　　清空全部禁忌表 　　返回 step2 　否则 　　打印最短路径 　结束	$O(nm)$

Dorigo 等曾对经典的 TSP 问题求解复杂度进行了深入研究, 所得到的结果表明, 算法的时间复杂度为 $T(n) = O(N_c \cdot n^2 \cdot m)$; 当参与搜索的蚂蚁个数 m 大致与问题规模 n 相等时, 算法的时间复杂度为 $T(n) = O(N_c \cdot n^3)$。

3.2.5 参数选择对蚁群算性能的影响

探索(Exploration)和开发(Exploitation)能力的平衡是影响算法性能的一个重要方面,也是蚁群算法研究的关键问题之一。探索能力是指蚁群算法要在解空间中测试不同区域以找到一个局优解的能力;开发能力是指蚁群算法在一个有希望的区域内进行精确搜索的能力。那么该如何设定蚁群算法中的各种参数,实现探索和开发能力的平衡呢?这里,探索与开发实际上就是前面章节所说的全局搜索能力和局域搜索能力。

由于蚁群算法参数空间的庞大性和各参数之间的关联性,很难确定最优组合参数使蚁群算法求解性能最佳,至今还没有完善的理论依据。大多数情况下是通过试验的反复试凑得到的。目前已经公布的蚁群算法参数设置成果都是就特定问题所采用的特定蚁群算法而言,以应用最多的蚁周模型(Ant-Cycle)为例,其最好的试验结果为

$$0 \leqslant \alpha \leqslant 5, 0 \leqslant \beta \leqslant 5, 0.1 \leqslant \rho \leqslant 0.99, 10 \leqslant Q \leqslant 10000$$

那么到底有没有确定最优组合参数的一般方法呢?为了回答这个问题,先分析以下参数对蚁群算法性能的影响。

(1)信息素和启发函数对蚁群算法性能的影响

信息素 τ_{ij} 是表征过去信息的载体,而启发函数 η_{ij} 则是表征未来信息的载体,它们直接影响到蚁群算法的全局收敛性和求解效率。

(2)信息素残留因子对蚁群算法性能的影响

参数 ρ 表示信息素挥发因子,其大小直接关系到蚁群算法的全局搜索能力及其收敛速度;参数 $1-\rho$ 表示信息素残留因子,反映了蚂蚁个体之间相互影响的强弱。信息素残留因子 $1-\rho$ 的大小对蚁群算法的收敛性能影响非常大。在 $0.1 \sim 0.99$ 范围内,$1-\rho$ 与迭代次数 N 近似成正比,这是由于 $1-\rho$ 很大,路径上的残留信息占主导地位,信息正反馈作用相对较弱,搜索的随机性增强,因而蚁群算法的收敛速度很慢。若 $1-\rho$ 较小时,正反馈作用占主导地位,搜索的随机性减弱,导致收敛速度快,但易于陷于局优状态。

(3)蚂蚁数目对蚁群算法性能的影响

蚁群算法是通过多个候选解组成的群体进化过程来搜索最优解,所以蚂蚁的数目 m 对蚁群算法有一定影响。蚂蚁数量 m 大(相对处理问题的规模),会提高蚁群算法的全局搜索能力和稳定性,但数量过大会导致大量曾被搜索过的路径上的信息量变化趋于平均,信息正反馈作用减弱,随机性增强,收敛速度减慢。反之,蚂蚁数量 m 小(相对处理问题的规模),会使从来未被搜索到的解上的信息量减小到接近于0,全局搜索的随机性减弱,虽然收敛速度加快,但会使算法的稳定性变差,出现过早停滞现象。经大量的仿真试验获得:当城市规模大致是蚂蚁数目的 1.5 倍时,蚁群算法的全局收敛性和收敛速度都比较好。

(4)启发式因子、期望启发式因子、信息素强度对蚁群算法性能的影响

启发式因子 α 反映蚂蚁在运动过程中所积累的信息量在指导蚁群搜索中的相对重要程度。α 越大,蚂蚁选择以前走过路径的可能性就越大,搜索的随机性减弱;α 越小,易使蚁群算法过早陷入局优。

期望启发式因子 β 反映了启发式信息在指导蚁群搜索过程中的相对重要程度,这些启发式信息表现为寻优过程中先验性、确定性因素。β 越大,蚂蚁在局部点上选择局部最

短路径的可能性越大,虽然加快了收敛速度,但减弱了随机性,易于陷入局部最优。

信息素强度 Q 为蚂蚁循环一周时释放在所经路径上的信息素总量。Q 越大,蚂蚁在已遍历路径上信息素的累积越快,加强蚁群搜索时的正反馈性,有助于算法的快速收敛。

基于以上各种参数对算法收敛性的影响,段海滨提出了设定蚁群算法参数"三步走"的思想。其步骤如下:

第 1 步:确定蚂蚁数目,确定原则:城市规模／蚂蚁数目 ≈ 1.5。

第 2 步:参数粗调,调整取值范围较大的信息启发式因子 α、期望启发式因子 β 以及信息素强度 Q 等参数,以得到较理想的解。

第 3 步:参数微调,调整取值范围较小的信息素挥发因子 ρ。

3.3　改进的蚁群算法

虽然与已经发展完备的一些启发式算法比较起来,基本蚁群算法的计算量比较大,搜索时间长,但在解决某些问题时,蚁群算法有很大的优越性,尤其是 TSP 问题。它的成功运用吸引了国际学术界的普遍关注,并提出了各种有益的改进算法。在了解这些改进研究之前,先了解一下基本蚁群算法的不足。

(1) 每次解构造过程的计算量较大,算法搜索时间较长。算法的计算复杂度主要在解构造过程,比如 TSP 问题时间复杂度为 $O(N_c \cdot n^2 \cdot m)$。

(2) 算法容易出现停滞现象,即搜索进行到一定程度后,所有蚂蚁搜索到的解完全一致,不能对空间进一步进行搜索,不利于发现更好的解。

(3) 基本蚁群优化算法本质上是离散的,只适用于组合优化问题,对于连续优化问题(函数优化)无法直接应用,限制了算法的应用范围。

针对蚁群算法的缺陷,蚁群算法的改进研究主要目的有两点:一是在合理的时间内提高蚁群算法的寻优能力,改善其全局收敛性;二是使其能够应用于连续域问题。

在介绍蚁群算法改进研究之前,先了解蚁群算法收敛性研究的成果。因为收敛性研究可以为改进蚁群算法提供理论依据和指导。

3.3.1　蚁群算法的收敛性研究

所有的仿生优化算法都要考虑收敛性问题,蚁群算法也不例外。虽然蚁群算法已经有多种不同版本的改进算法并成功应用于诸多领域,但大部分是经验性的实验研究,缺乏必要的理论框架及相应的理论基础和依据,只有少部分改进的蚁群算法给出了收敛性证明,这在很大程度上阻碍了蚁群算法的发展。

最先开始蚁群算法收敛性研究的是 Gutjahr,他从有向图论角度对一种改进的蚁群算法 GBAS(Graph-Based Ant System) 的收敛性进行了证明;Stützle 和 Dorigo 针对具有组合优化性质的极小化问题提出了一类改进蚁群算法,并对其收敛性进行了理论分析;针对上述两种改进蚁群算法中的一些缺陷,根据所采用的信息素更新规则的不同,Gutjahr 又提出两种新的 GBAS,即时变信息素挥发系数 GBAS/TDEV 算法(GBAS with Time-Dependent Evaporation

Factor）和时变信息素下界 GBAS/TDLB 算法（GBAS with Time-Dependent Lower Pheromone Bound），证明了可通过选择合适的参数来保证蚁群算法的动态随机过程收敛到全局最优解；Hou 等对一类广义蚁群算法（Generalized Ant Colony Algorithm，GACA）进行的基于不动点理论的收敛性分析；Yoo 等对一类分布式蚂蚁路由随机算法的收敛性研究；Badr 等将蚁群算法模型转化为分支随机过程，从分支随机路径和分支 Wiener 过程的角度推导了蚂蚁路径存亡的比率，并证明了该过程为稳态分布；孙焘等对一类简单蚁群算法的收敛性及有关参数问题做了初步研究；丁建立等对一种遗传－蚁群算法的收敛性进行了 Markov 理论分析，并证明其优化解满意值序列单调不增且收敛；段海滨等对基本蚁群算法进行 Markov 理论分析，运用离散鞅（Discrete Martingale）研究工具，提出蚁群算法首达时间的定义，同时对蚁群算法首次到达时间的期望值作了初步分析。

算法的收敛性研究不仅对深入理解算法机理具有重要的理论意义，而且对改进算法、编写算法程序具有非常重要的现实指导意义。蚁群算法的收敛性研究是一个非常重要的研究内容。

3.3.2　离散域蚁群算法的改进研究

国内外离散域蚁群算法的改进研究成果很多，如自适应蚁群算法、基于信息素扩散的蚁群算法、基于去交叉局部优化策略的蚁群算法、多态蚁群算法、基于模式学习的小窗口蚁群算法、基于混合行为蚁群算法、带聚类处理的蚁群算法、基于云模型理论的蚁群算法、具有感觉和知觉特征的蚁群算法、具有随机扰动特征的蚁群算法、基于信息熵的改进蚁群算法等。这里不能一一列举，仅介绍离散域优化问题的自适应蚁群算法。

什么是自适应蚁群算法？即对蚁群算法的状态转移概率、信息素挥发因子、信息量等因素采用自适应调节策略为一种基本改进思路的蚁群算法。下面介绍自适应蚁群算法中两个最经典的方法，一个是蚁群系统（Ant Colony System，ACS），另一个是最大－最小蚁群系统（MAX-MIN Ant System，MMAS）。

1. 蚁群系统

蚁群系统模型最早是由 Dorigo，Gambardella 等在基本蚁群算法（AS）的基础上提出的。下面介绍 ACS 蚁群系统模型的构成和算法。

ACS 解决了基本蚁群算法在构造解过程中，随机选择策略造成的算法进化速度慢的缺点。该算法在每一次循环中仅让最短路径上的信息量作更新，且以较大的概率让信息量最大的路径被选中，充分利用学习机制，强化最优信息的反馈。ACS 的核心思想是：蚂蚁在寻找最佳路径的过程中只能使用局部信息，即采用局部信息对路径上的信息量进行调整；在所有进行寻优的蚂蚁结束路径的搜索后，路径上的信息量会再一次调整，这次采用的是全局信息，而且只对过程中发现的最好路径上的信息量进行加强。ACS 模型与 AS 模型的主要区别有 3 点：①蚂蚁的状态转移规则不同；②全局更新规则不同；③新增了对各条路径信息量调整的局部更新规则。下面展开介绍。

（1）ACS 的状态转移规则

为了避免停止现象的出现，ACS 采用了确定性选择和随机性选择相结合的选择策略，并在搜索过程中动态调整状态转移概率。即位于城市 i 的蚂蚁 k 按照式（3.9）选择下一个

城市:

$$j = \begin{cases} \arg \max_{s \in J_k(i)} \{ [\tau(i,s)]^\alpha [\eta(i,s)]^\beta \}, & q \leqslant q_0 \\ \text{式}(3.10), & \text{其他} \end{cases} \qquad (3.9)$$

其中, $J_k(i)$ 是第 k 只蚂蚁在访问到城市 i 后尚需访问的城市集合, q 为一个在区间 $[0,1]$ 内的随机数, q_0 是一个算法参数 $(0 \leqslant q_0 \leqslant 1)$; 当 $q \geqslant q_0$ 时, 蚂蚁 k 根据式 (3.10) 确定由城市 i 向下转移的目标城市:

$$p_{ij}^k = \begin{cases} \dfrac{[\tau(i,j)]^\alpha \cdot [\eta(i,j)]^\beta}{\sum_{s \in J_k(i)} [\tau(i,s)]^\alpha \cdot [\eta(i,s)]^\beta}, & j \in allowed_k \\ 0, & \text{其他} \end{cases} \qquad (3.10)$$

式 (3.10) 所确定的蚂蚁移到下一个城市的方法称为自适应伪随机概率选择规则(Pseudo-Random Proportional Rule)。在这种规则下,每当蚂蚁要选择向哪一个城市转移时,就产生一个在 $[0,1]$ 范围内的随机数,根据这个随机数的大小按公式 (3.10) 确定用哪种方法产生蚂蚁转移的方向。

(2) ACS 全局更新规则

在 ACS 蚁群算法中,全局更新不再用于所有的蚂蚁,而是只对每一次循环中最优的蚂蚁使用。更新规则如下式:

$$\tau(i,j) \leftarrow (1-\rho) \cdot \tau(i,j) + \rho \cdot \Delta\tau(i,j) \qquad (3.11)$$

且

$$\Delta\tau(i,j) = \begin{cases} \dfrac{1}{L_{gb}}, & (i,j) \text{为全局最优路径且} L_{gb} \text{是最短路径} \\ 0, & \text{其他} \end{cases} \qquad (3.12)$$

其中, L_{gb} 为蚁群当前循环中所求得最优路径长度; ρ 为一个 $(0,1)$ 区间的参数,其意义相当于蚁群算法基本模型中路径上的信息素挥发系数。

(3) ACS 局部更新规则

局部更新规则是在所有的蚂蚁完成一次转移后执行

$$\tau(i,j) \leftarrow (1-\rho) \cdot \tau(i,j) + \rho \cdot \Delta\tau(i,j) \qquad (3.13)$$

其中, ρ 为一个 $(0,1)$ 区间的参数,其意义也相当于蚁群算法基本模型中路径上的信息素挥发系数。 $\Delta\tau(i,j)$ 的取值方法有下列三种方案:

① $\Delta\tau(i,j) = 0$;

② $\Delta\tau(i,j) = \tau_0, \tau_0$ 为路径上信息量的初始值;

③ $\Delta\tau(i,j) = \gamma \cdot \max_{z \in J_k(j)} \tau(j,z)$, 其中的 $J_k(j)$ 表示第 k 只蚂蚁在访问到城市 j 后尚需访问的城市集合。

上述采用 $\Delta\tau(i,j)$ 取值的第③种方案的 ACS 算法被称为 Ant-Q 强化学习的蚁群算法。实验结果表明,与 AS 基本蚁群算法相比,Ant-Q system 模型具有一般性,而且更有利于全局搜索。

算法的实现过程可以用以下的伪代码来表示。

```
begin
```
初始化过程:

$\quad ncycle = 1;$

$\quad bestcycle = 1;$

$\quad \Delta \tau_{ij}(i, j) = \tau_0 = C; \alpha; \beta; \rho; q_0;$

$\quad \eta_{ij}$(由某种启发式算法确定);

$\quad tabu_k = \varnothing;$

While (not termination condition)

$\quad \{ for(k = 1; k < m; k + +)$

$\qquad$ 将 m 个蚂蚁随机放置于初始城市上;}

$\quad for(index = 0; index < n; index + +)$ ($index$ 为当前循环中经走过的城市个数)

$\quad \{ for(k = 0; k < m; k + +)$

$\qquad$ {产生随机数 q

$\qquad$ 按式(3.9)和式(3.10)规则确定每只蚂蚁将要转移的位置;

$\qquad$ 将刚刚选择的城市 j 加入到 $tabu_k$ 中;

$\qquad$ 按式(3.13)执行局部更新规则;

$\qquad$ }

$\quad$ }

确定本次循环中找到的最佳路径 $L = \min(L_k), k = 1, 2, \cdots, m$;根据式(3.11)和式(3.12)执行全局更新规则;

$\quad ncycle = ncycle + 1;$

$\quad$ }

输出最佳路径及结果;

```
end
```

2. 最大 - 最小蚂蚁系统

通过对蚁群系统的研究表明,将蚂蚁搜索行为集中到最优解的附近可以提高解的质量和收敛速度,从而改进算法的性能。但是这种搜索方式会使算法过早收敛而出现早熟现象。针对这个问题,德国学者 Stützle 和 Hoos 提出了最大 - 最小蚂蚁系统。

MMAS 的基本思想:仅让每一代中的最好个体所走路径上的信息量作调整,从而更好地利用了历史信息,以加快收敛速度,但这样更容易出现过早收敛的停滞现象。为了避免算法过早收敛于非全局最优解,将各条路径上的信息量限制在区间 $[\tau_{min}, \tau_{max}]$ 之内,超出这个范围的值将被限制为信息量允许值的上下限,这样可以有效地避免某条路径上的信息量远大于其他路径而造成的所有蚂蚁都集中到同一条路径上,从而使算法不再扩散,加快收敛速度。MMAS 是解决 TSP、QAP 等离散域优化问题的最好蚁群算法之一,很多对蚁群算法的改进算法都渗透着 MMAS 的思想。

MMAS 蚁群算法在基本蚁群算法(AS)的基础上作了以下三点改进:

(1)首先初始化信息量 $\tau_{ij}(t) = c$ 设为最大值 τ_{max}。

(2)其次各个蚂蚁在一次循环后,只有找到最短路径的蚂蚁才能够在其经过的路径上释放信息素。即

$$\tau_{ij}(t+n) = (1-\rho) \cdot \tau_{ij}(t) + \Delta \tau_{ij}^{\min} \tag{3.14}$$

$$\Delta \tau_{ij}^{\min} = \frac{Q}{L}, \; L = \min(L_k), \; k = 1, 2, \cdots, m \tag{3.15}$$

(3)最后将 $\tau_{ij}(t)$ 限定在 $[\tau_{\min}, \tau_{\max}]$ 之间。如果 $\tau_{ij}(t) < \tau_{\min}$，则 $\tau_{ij}(t) = \tau_{\min}$；如果 $\tau_{ij}(t) > \tau_{\max}$，则 $\tau_{ij}(t) = \tau_{\max}$。

算法的实现过程可以用以下的伪代码来表示。

```
begin
初始化过程:
    ncycle = 1;
    bestcycle = 1;
    τmax; τmin; τij = τmax; Δτij = 0;
    ηij(由某种启发式算法确定);
    tabuk = ∅;
While( not termination condition)
    {for( k = 1; k < m; k ++)
        {将 m 个蚂蚁随机放置于初始城市上;}
    for( index = 0; index < n; index ++)(index 为当前循环中已经走过的城市个数)
        {for( k = 0; k < m; k ++)
            {以概率 pkij(t)选择下一个城市 j, j ∈ allowedk(t);
            将刚刚选择的城市 j 加入到 tabuk 中;
            }
        }
    ncycle = ncycle + 1
    确定本次循环中找到的最佳路径 L = min(Lk), k = 1, 2, ···, m;
    根据式(3.14)和(3.15)计算 Δτijmin(ncycle), τij(ncycle + 1);
    如果 τij(t) < τmin,则 τij(t) = τmin;
    如果 τij(t) > τmax,则 τij(t) = τmax;
    }
输出最佳路径及结果;
end
```

除了以上两种自适应改进蚁群算法外,还有很多离散域改进蚁群算法。虽然这些改进策略的侧重点和改进形式不同,但是其目的是相同的,即避免陷入局优,缩短搜索时间,提高蚁群算法的全局收敛性能。

3.3.3　连续域蚁群算法的改进研究

很多工程上的实际问题通常表达为一个连续的最优化问题,并随着问题规模的增大以及问题本身的复杂度增加,对优化算法的求解性能提出越来越高的要求。而基本蚁群算法优良高效的全局优化性能却只能适用于离散的组合优化问题。因为基本蚁群算法的信息量留存、增减和最优解的选取都是通过离散的点状分布求解方式来进行的,所以基本蚁群算法从本质上只适合离散域组合优化问题,离散性的本质限制了其在连续优化领域中的应用。在连续域优化问题的求解中,其解空间是一种区域性的表示方式,而不是以离散的点集来表示的。因此,将基本蚁群算法寻优策略应用于连续空间的优化问题需要解决以下三点。

(1)调整信息素的表示、分布及存在方式

这是至关重要的一点,在组合优化问题中,信息素存于目标问题离散的状态空间中相邻的两个状态点之间的连接上,蚂蚁在经过两点之间的连接的时候释放信息素,影响其他蚂蚁,从而实现一种分布式的正反馈机制,每一步求解过程中的蚁群信息素留存方式只是针对离散的点或点集分量;而用于连续域寻优问题的蚁群算法,定义域中每个点都是问题的可行解,不能直接将问题的解表示成为一个点序列,显然也不存在点间的连接,只能根据目标函数值来修正信息量,在求解过程中,信息素物质则是遗留在蚂蚁所走过的每个节点上,每一步求解过程中的信息素留存方式在对当前蚁群所处点集产生影响的同时,对这些点的周围区域也产生相应的影响。

(2)改变蚁群的寻优方式

由于连续域问题求解的蚁群信息留存及影响范围是区间性的,非点状分布,所以在连续域寻优过程中,不但要考虑蚂蚁个体当前位置所对应的信息量,还要考虑蚂蚁个体当前位置所对应特定区间内的信息量累计与总体信息量的比较值。

(3)改变蚁群的行进方式

将蚁群在离散解空间点集之间跳变的行进方式变为在连续解空间中微调式的行进方式,这一点较为容易。

近年来,随着蚁群算法的不断发展,拓展蚁群优化算法的功能,使之适用于连续问题已经有了一些成果,分为以下三类。

(1)将蚁群优化框架与进化算法结合,从而实现连续优化算法

第一个连续蚁群算法就是由 Bilchev 等基于这种思路构建的,求解问题时先使用遗传算法对解空间进行全局搜索,然后利用蚁群算法对所得结果进行局部优化,但该种算法在运行过程中常会出现蚂蚁对同一个区域进行多次搜索的情况,降低了算法的效率;杨勇等提出了一种求解连续域优化问题的嵌入确定性搜索蚁群算法,该算法在全局搜索过程中,利用信息素强度和启发式函数确定蚂蚁移动方向,而在局部搜索过程中嵌入了确定性搜索,以改善寻优性能,加快收敛速度。

(2)将连续空间离散化,从而将原问题转化为一个离散优化问题,然后应用基本蚁群优化算法的原理来求解

高尚等提出了一种基于网格划分策略的连续域蚁群算法;汪镭等提出的基于信息量分布函数的连续域蚁群算法;李艳君等提出了一种用于连续域优化问题求解的自适应蚁群算法;段海滨等提出一种基于网格划分策略的自适应连续域蚁群算法;陈峻等提出的一种基于交叉变异操作的连续域蚁群算法,等等。采用这种方式来研究的学者比较多,但当问题规模增大时,经离散化后,问题的求解空间将急剧增大,寻优难度将大大增加。对于较大规模的连续优化问题,这类方法的适应性还有待进一步的验证。

(3)对蚂蚁行为模型进行更加深入的、广泛的研究,从而构造新的蚁群算法,应用于

连续问题的求解。

　　Dréo 等提出了一种基于密集非递阶的连续交互式蚁群算法 CIACA,该算法通过修改信息素的留存方式和行走规则,并运用信息素交流和直接通信两种方式来指导蚁蚁寻优;Pourtakdoust 等提出了一种仅依赖信息素的连续域蚁群算法;张勇德等提出了一种用于求解带有约束条件的多目标函数优化问题的连续域蚁群算法。

　　由于篇幅所限,这里不能一一列举,仅介绍两种,即杨勇等提出的嵌入确定性搜索的连续域蚁群算法和 Dréo 等提出的基于密集非递阶的连续交互式蚁群算法 CIACA。

1. 嵌入确定性搜索的连续域蚁群算法

　　嵌入确定性搜索的连续域蚁群算法在全局搜索过程中,利用信息素强度和启发式函数确定蚁蚁的移动方向;而在局部搜索过程中,嵌入了确定性搜索,以改善寻优性能,加快收敛速率。

　　设优化函数为 $\max Z = f(X)$,m 只蚁蚁随机分布在定义域内,每只蚁蚁都有一个邻域,其半径为 r。每只蚁蚁在自己的领域内进行搜索,当所有蚁蚁完成局部搜索后,蚁蚁个体根据信息素强度和启发式函数在全局范围内进行移动,完成一次循环后,则进行信息素强度的更新计算。

　　(1)局部搜索

　　局部搜索是指每只蚁蚁在自己的邻域空间内进行随机搜索。设新的位置点为 X',如果新的位置值比原来目标函数值大,则取新位置,否则舍去。局部搜索是在半径为 r 的区域内进行的,且 r 随迭代次数的增加而减少。有

$$X_i = \begin{cases} X'_i, & f(X'_i) > f(X_i) \\ X_i, & \text{其他} \end{cases} \tag{3.16}$$

　　(2)全局搜索

　　全局搜索是指每只蚁蚁都经过一次局部搜索后,选择停留在原地、转移到其他蚁蚁的邻域或进行全局随机搜索。设 $Act(i)$ 为第 i 只蚁蚁选择的动作,f_{avg} 为 m 只蚁蚁的目标函数平均值,则有

$$Act(i) = \begin{cases} \text{全局随机搜索}, & f(X_i) < f_{avg} \cap q < q_0 \\ S, & \text{其他} \end{cases} \tag{3.17}$$

其中,q 为一个在区间 $[0,1]$ 内的随机数;q_0 是一个算法参数($0 \leqslant q_0 \leqslant 1$);$S$ 按如下转移规则选择动作:

$$p(i,j) = \frac{\tau(j)\mathrm{e}^{-\frac{d_{ij}}{T}}}{\sum \tau(j)\mathrm{e}^{-\frac{d_{ij}}{T}}} \tag{3.18}$$

其中,$d_{ij} = f(X_i) - f(X_j)$,且当 $i \neq j$ 时,$d_{ij} < 0$;而当 $i = j$ 时,$d_{ij} = 0$。式(3.18)保证了第 i 只蚁蚁按概率向其他目标函数值更大的蚁蚁 j 的邻域移动,其中系数 T 的大小决定了这个概率函数的斜率。

　　蚁蚁向某个信息素强度高的地方移动时,可能会在转移路途中的一个随机地点发现新的食物源,这里将其定义为有向随机转移。第 i 只蚁蚁向第 j 只蚁蚁的邻域转移的公式为

$$X_i = \begin{cases} X_j, & \rho < \rho_0 \\ \alpha X_j + (1-\alpha)X_i, & \text{其他} \end{cases} \tag{3.19}$$

其中，$0 < \rho < 1$；$\rho_0 > 0$；$\alpha < 1$。

（3）信息素强度更新规则

全局搜索结束后，要对信息素强度进行更新。更新规则为：如果有 n 只蚂蚁向蚂蚁 j 处移动（包括有向随机搜索），则有

$$\tau(j) = \beta\tau(j) + \sum_{i=1}^{n} \Delta\tau_i \tag{3.20}$$

其中，$\Delta\tau_i = \dfrac{1}{f(X_i)}$；$0 < \beta < 1$ 是遗忘因子。

以上 3 个步骤模仿了自然界蚂蚁寻食的过程，蚂蚁个体通过局部随机搜索寻找食物源，然后利用信息素交换信息，决定全局转移方向。全局随机搜索的蚂蚁承担搜索陌生新食物源的任务，本质上也是一种随机性搜索算法。

（4）嵌入确定性搜索

随机性搜索算法存在着求解效率较低、求解结果较分散等缺点，因此有必要引入确定性搜索，对其加以改进。这里考虑使用确定性搜索中的直接法。直接法只利用函数信息而不需要利用导数信息，甚至不要求函数连续，适用面较广，易于编程，避免复杂计算。常用的直接法包括网格法、模式搜索法、二坐标轮换法等，文中采用了模式搜索法中的步长加速法。

步长加速法是在坐标轮换法的基础上发展起来的，包括探测性搜索和模式性移动两部分。首先依次沿坐标方向探索，称之为探测性搜索；然后经此探测后求得目标函数的变化规律，从而确定搜索方向并沿此方向移动，称之为模式移动。重复以上两步，直到探测步长小于充分小的正数 ε 为止。

嵌入确定性搜索的蚁群算法，是在局部搜索时以一定的概率利用步长加速法进行确定性搜索。局部搜索规则如下：

$$R = \begin{cases} \text{用步长加速法进行局部确定性搜索}, & v < v_0 \\ \text{按式(3.16)进行随机搜索}, & \text{其他} \end{cases} \tag{3.21}$$

其中，v 是随机数且 $0 < v < 1$，v_0 是算法系数且 $0 < v_0 < 1$。

嵌入确定性搜索的蚁群算法的具体步骤如下：

初始化；
Loop；
    每只蚂蚁处于每次循环的开始位置；
    Loop；
        每只蚂蚁利用式(3.21)进行局部搜索；
    Until 所有蚂蚁完成局部搜索；
    Loop；
        每只蚂蚁进行全局搜索，按式(3.17)~(3.19)选择要进行的动作；

　　　Until 所有蚂蚁完成全局搜索;
　　按式(3.20)进行信息素强度更新;
　　Until 中止条件。

2. 基于密集非递阶的连续交互式蚁群算法

　　基于密集非递阶的连续交互式蚁群算法(Continuous Interacting Ant Colony Algorithm, CIACA)的思想源于对自然界中真实蚁群行为和求解连续域优化问题蚁群算法机理的进一步研究。该算法通过修改蚂蚁信息素的留存方式和蚂蚁的行走规则,并运用信息素交流和直接通信两种方式来指导蚂蚁寻优。CIACA 是一种崭新的蚁群算法。在介绍 CIACA 之前,先了解一下密集非递阶的生物学概念。

　　(1) 密集非递阶的概念和简单的非递阶算法

　　① 密集非递阶的概念

　　"密集非递阶(Dense Heterarchy)"最早由 Wilson 于 1988 年提出。"蚁群是一个特殊的层次结构,可称之为非递阶结构。这意味着较高层次单元的性质在一定程度上影响着较低的一层,而被较高层次影响后的较低层次单元会反过来影响较高层次",这一思想提出了两种通信通道,即基于信息素轨迹交流通信通道和蚂蚁个体间直接通信通道,这两种通道对于蚁群算法非常重要。"密集非递阶"用于描述蚁群从环境中接受"信息流"方式的一个基本概念,每只蚂蚁都可在任意时刻与其他蚂蚁进行联络,而蚁群中的信息流是通过多个通信通道传输的。

　　为了形象说明密集非递阶结构与层次结构的不同,参考图 3.4。层次结构是一种金字塔形的结构,就像是部队中军长传令给师长,师长传令给旅长,其余以此类推。而密集非递阶结构中,"蚁后"并不传令给其他蚂蚁,而是作为蚁群网络中的普通一员,这种没有"层次"的系统具有很强的自组织功能。

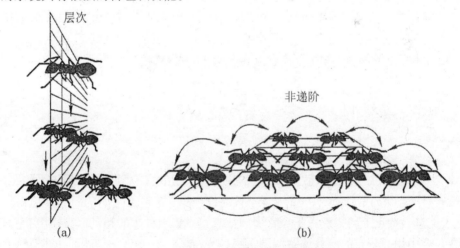

图 3.4　层次结构与非递阶结构示意图

　　② 简单的非递阶算法

　　这里先介绍一个简单的非递阶算法,该算法利用了通信通道的基本思想,一个通信通道是信息素的存放地,可用来传递多种信息,如图 3.5 所示。

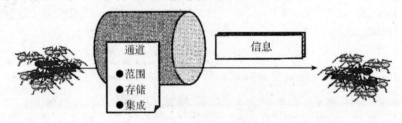

图 3.5　信息通道示意图

信息通道的基本性质如下:

a. 范围:即蚁群中信息素的交流方式,蚁群中的某一子群可与另一子群进行信息交流。

b. 存储:即信息素在系统中的驻留方式,信息素可在某一时间段内被一直保留。

c. 集成:即信息素在系统中的进化方式,信息素可通过一个外部过程被一只或多只蚂蚁更新,也可不更新。

上述性质都集聚于同一信息通道,这样就形成了许多不同种类的信息通道。蚂蚁通信中所传递的信息具有多种形式,有时很难描述某些特殊类别的信息。

(2)CIACA 通信通道

按照采用通信通道的不同,定义了三种版本的 CIACA,即信息素交流的 CIACA,利用个体之间的直接通信的 CIACA 和两者协同的 CIACA。

①信息素交流的 CIACA

第一个版本的 CIACA 与 Bilchev 等率先提出的用于求解连续域优化问题的改进蚁群算法很接近。该算法受蚂蚁的信息素存留启发而设置了一个通信通道,每只蚂蚁在其搜索空间内的某一节点上释放一定量的信息素,节点上的信息量与其所搜索到的目标函数值成正比。这些信息节点能够被蚁群中的所有个体察觉,并逐渐消失。蚂蚁根据路径距离和路径上的信息量来决定是否选择这些信息节点。蚂蚁会向着信息素点集云的重心 G_j 移动,向重心位置依赖于第 i 个节点上第 j 只蚂蚁的"兴趣" ω_{ij},表示如下:

$$G_j = \sum_{i=1}^{n} \left(\frac{x_i \omega_{ij}}{\sum_{i=1}^{n} \omega_{ij}} \right) \tag{3.22}$$

$$\omega_{ij} = \frac{\bar{\delta}}{2} \cdot e^{-\theta_i \cdot \delta_{ij}} \tag{3.23}$$

其中,n 表示节点数目;x_i 表示第 i 个节点的位置;$\bar{\delta}$ 表示蚁群中两只蚂蚁间的平均距离;θ_i 表示第 i 个节点上的信息量;δ_{ij} 表示从第 j 只蚂蚁到第 i 个节点之间的距离。值得注意的是,处于信息素节点上的蚂蚁并不径直地向信息素点集云的重心移动。事实上,每只蚂蚁都有在蚁群中均匀分布的参数调整范围,每只蚂蚁都得到一个允许范围内的随机距离,蚂蚁会以随机距离为度量向着其重心位置移动,但是某些干扰因素可能会影响蚂蚁所到达的最终位置。

从非递阶概念的角度来描述上述行为,该 CIACA 种信息素交流通道的性质如下:

a. 范围:当蚁群中某只蚂蚁留下一定量的信息素后,其他后继蚂蚁都能察觉到该信息素的存在。

b. 存储:某一时间段内信息素将被一直保留于蚁群系统之中。

c. 集成:由于信息素的挥发作用,随着时间的推移信息素将被更新。

②利用个体之间的直接通信的 CIACA

每只蚂蚁都能给另一只蚂蚁发送"消息",这意味着该通信通道的范围是"点对点"式的。蚂蚁可将已经接收到或将要接收到的信息存储到栈中,而栈中的信息可被随机读取。此处所发送的"消息"是信息发送者的位置,即目标函数值。信息接收者会将发送者所发送来的"信息"与其自身的信息相比较,以决定它是否要向信息发送者的位置移动。最终位置将出现在一个以信息发送者为中心、信息接收者范围为半径的超球体内,然后信息接收者将"消息"进行压缩并将其随机发送给另一只蚂蚁。此时,该 CIACA 中的信息通道具有如下性质:

a. 范围:当蚁群中的某只蚂蚁发出"消息"后,仅有一只蚂蚁可以觉察到此"消息"。

b. 存储:某一时间段内信息可以以"记忆"的形式保存在蚁群系统中。

c. 集成:所存储的信息是静态的。

③ 两者协同的 CIACA

信息素交流的 CIACA 和利用个体之间的直接通信的 CIACA 具有很大的不同,自组织的作用可将较低层次的个体整合成较高层次的整体。基于这一思想,可将上述两种版本的 CIACA 算法中的简单通信通道融合于一个系统中,由于通信通道没有并发机制,所以实现起来很容易。

(3)CIACA

CIACA 的程序结构流程如图 3.6 所示,则算法步骤主要包括以下 3 步:

第 1 步:设置参数。

第 2 步:算法开始。

第 3 步:若满足结束条件,则算法结束。

蚂蚁根据其在通信通道系统中所处理的感知信息进行移动,需要设置 4 个参数。

①$\eta \in [0, +\infty)$:系统中蚂蚁的数目,其值可通过式(3.24)获得:

$$\eta = \eta_{\max}(1 - e^{-\frac{d}{p}}) + \eta_0 \qquad (3.24)$$

其中,d 表示目标函数的维数;$\eta_{\max}$ 表示最大蚂蚁数目,一般设置 $\eta_{\max} = 1000$;η_0 表示目标函数维数为 0 时的蚂蚁数目,一般设置 $\eta_0 = 5$;p 表示蚂蚁数目的相对重要性,一般设置 $p = 10$。

②$\sigma \in [0,1]$:搜索空间度的百分比,用来定义蚂蚁移动范围分布的保准偏差,其经验值为 0.9。

③$\rho \in [0,1]$:用来定义信息素的持久性,其经验值为 0.1。

④$\mu \in [0, +\infty]$:"消息"的初始数目,其值可通过公式 $\mu = \frac{2}{3}\eta$ 获得。

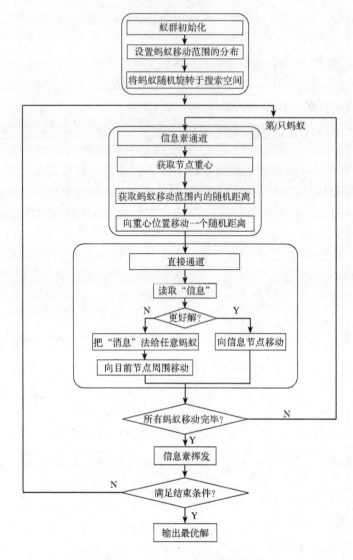

图 3.6　CIACA 的程序结构流程

3.4　蚁群算法与其他仿生优化算法的比较与融合

　　自从 20 世纪 50 年代以来,人们从生物进化的机理中受到启发,构造和设计出许多仿生优化算法,如遗传算法、蚁群算法、粒子群算法、捕食搜索算法等。它们都属于一类模拟自然界生物系统行为或过程的最优化仿生智能算法。它们有着自己的特点,适合不同类型的实际问题,但在某些方面又不谋而合。为了更好地发挥这些仿生优化算法的作用来解决实际问题,学者们将这些算法融合在一起。在介绍这些融合算法之前,先分析这些仿生算法的异同。

3.4.1 蚁群算法与其他仿生优化算法的比较

蚁群算法与遗传算法、粒子群算法、捕食搜索算法都属于仿生优化算法,它们都属于一类模拟自然界生物系统、完全依赖生物体自身本能、通过无意识寻优行为来优化其生存状态以适应环境需要的最优化智能算法。它们有如下相同点。

(1)都是一类不确定的概率型全局优化算法。仿生优化算法的不确定性是伴随其随机性而来的,其主要步骤含有随机因素,有更多的机会求得全局最优解,比较灵活。

(2)都不依赖于优化问题本身的严格数学性质,都具有稳健型。在优化过程中都不依赖于优化问题本身的严格数学性质(如连续性、可导性)以及目标函数和约束条件的精确数学描述。因此用仿生优化算法求解许多不同问题时,只需要设计相应的评价函数,而基本上无需修改算法的其他部分。在不同条件和环境下算法的适用性和有效性很强。

(3)都是一种基于多个智能体的仿生优化算法。仿生优化算法中的各个智能体之间通过相互协作来更好地适应环境,表现出与环境交互的能力。

(4)都具有本质并行性。仿生优化算法的本质并行性表现在两个方面:一是仿生优化计算的内在并行性,即仿生优化算法本身非常适合大规模并行;二是仿生优化计算的内含并行性,这使得仿生优化算法能以较少的计算获得较大的收益。

(5)都具有突现性。仿生优化算法总目标的完成是在多个智能体个体行为运动过程中突现出来的。

(6)都具有自组织性和进化性。在不确定复杂环境中,仿生优化算法可通过自学习不断提高算法中个体的适应性。

遗传算法、蚁群算法、粒子群算法、捕食搜索算法虽然都属于仿生优化算法,但它们在算法机理、实现形式等方面存在许多不同之处。

(1)遗传算法:以决策变量的编码作为运算对象,借鉴了生物学中的染色体概念,模拟自然界中生物遗传和进化的精英策略,采用个体评价函数进行选择操作,并采用交叉、变异算法产生新的个体,使算法具有较大的灵活性和可扩展性。缺点:求解到一定范围时往往做大量无为的冗余迭代,求精确解效率低。

(2)蚁群算法:采用了正反馈机制或称是一种增强型学习系统,通过不断更新信息素达到最终收敛于最优路径的目的,这是蚁群算法不同于其他仿生优化算法最为显著的特点。缺点:蚁群算法需要较长的搜索时间,且容易出现停滞现象,且该算法的收敛性能对初始化参数的设置比较敏感。

(3)粒子群算法:是一种简单容易实现又具有深刻智能背景的启发式算法,与其他仿生优化算法相比,该算法所需代码和参数较少,而且受所求问题维数的影响较小。缺点:粒子群算法的数学基础相对薄弱,缺少深刻的数学理论分析。

(4)捕食搜索算法:不是一种具体的寻优计算方法,本质上是一种平衡局域搜索和全局搜索的策略。捕食搜索的全局搜索负责对解空间进行广度探索,局域搜索负责对较好区域进行深度开发。两者结合起来具有搜索速度快,搜索质量高,有效避免陷入局优等优点。

3.4.2　蚁群算法与其他仿生优化算法的融合

蚁群算法具有较强的鲁棒性、优良的分布式计算机制、易于与其他方法结合等优点。利用蚁群算法的优点,将其与其他仿生优化算法融合,得到很多融合策略,如蚁群算法与遗传算法融合策略、蚁群算法与粒子群算法融合策略等。由于篇幅所限,仅介绍蚁群算法与遗传算法的融合策略。

蚁群算法与遗传算法相融合是蚁群算法与仿生优化算法相互融合方面研究最早且应用最广的一个尝试。最早开始于 Abbattista 等提出的将遗传算法(GA)和蚁群算法相融合的改进策略,并在 Oliver30TSP 和 Eilon50TSP 的仿真试验中得到了较好的结果;随后,大量的研究将蚁群算法与 GA 相融合解决离散域和连续域中的多种优化问题,并取得了较好的应用效果。下面分别对离散域和连续域中蚁群算法与遗传算法典型融合策略作详细介绍。

1. 离散域蚁群遗传算法

Pilat 等采用 GA 对蚁群算法中 3 个参数 β,ρ,q_0 进行优化,但对 β,ρ,q_0 的取值是相对于 α 的一个比值,α 取默认值,所以无法实现对蚁群算法 4 个组合参数 α,β,ρ,q_0 的全局寻优,也就很难求得 TSP 的全局最优解。针对此问题,孙力娟等研究了一种求解离散域优化问题的蚁群遗传算法(Ant Colony Algorithm Genetic Algorithm, ACAGA),其核心是应用 GA 对蚁群算法的 4 个参数(α,β,ρ,q_0)进行优化,并运用 MMAS 改进蚁群算法的寻径行为,以实现对搜索空间高效、快速地全局寻优。

求解离散域优化问题的 ACAGA 算法的伪代码如下:

For iteration $=0$ to Generation do
对参加进化的每个个体的变量 α,β,ρ,q_0 进行随机编码;
从个体中随机地选择 4 个;
根据给出的 4 个变量的值,求适应度函数值,即 4 个个体分别进行 TSP 寻径;
第 1 步:初始化;
$t=0;//t$ 是计时器
$N_c=0;//N_c$ 是循环计数器
对所有的边 (i,j) 上的信息素赋初始值 $\tau_{ij}(t)=\mathrm{const},\Delta\tau_{ij}=0$;
将 4 只蚂蚁随机地放置在 n 个节点上;
第 2 步:$s=1;//$变量 s 是蚂蚁 k 在一次寻径过程中走的步数
for $k=1$ to 4 do
将第 k 只蚂蚁的初始节点放入数组 $tabu_k(s)$;
$J_k(s)=\{1,2,3,\cdots,n\}-tabu_k(s);//J_k(s)$ 是蚂蚁 k 在第 s 步时尚未经过的节点集合
第 3 步:$s=s+1$;
for $k=1$ to 4 do
根据状态转移概率公式选择蚂蚁 k 的下一跳节点 j;//蚂蚁 k 在 t 时刻处在节点 $i=tabu_k(s-1)$
将蚂蚁 k 放置于节点 j,并将节点 j 插入数组 $tabu_k(s)$;
$tabu_k(s)=j;J_k(s)=J_k(s-1)-j$
对链路进行局部信息素更新;
重复第 3 步,直到 $s=n$;

第 4 步:for $k = 1$ to 4 do

将蚂蚁 k 从节点 $tabu_n(n)$ 移到 $tabu_k(1)$;//蚂蚁回到初始节点,完成一次回路寻径

计算蚂蚁 k 的路由长度 L_k,并比较其大小;

求得最短长度 L_{best} 及其对应的 k_{best} 和 $tabu_{kbest}$;

对链路进行全局信息素更新;

得到任意天边的信息素浓度值 $\tau_{ij}(t+n)$;

第 5 步:$t = t + n$;

$N_c = N_c + 1$;

if ($N_c < N_{c\,max}$) and 没有停滞行为

then

　　　清空所有 $tabu$ 列表;

　　　跳转到第 2 步;

else

　　　将寻径后的最短路径长度作为适应度函数;

　　　从被选的 4 个个体中选出 2 个最优个体;

　　　进行交叉和变异操作生成 2 个子个体;

　　　替代 4 个个体中最差的 2 个,放入待进化的个体中;

end for

输出最优结果

上述伪代码流程中,针对参加遗传运算的每只蚂蚁,对蚁群算法中的 4 个参数 α, β, ρ, q_0 进行了 28 bit 编码,其中每一参数占用 7 bit。

2. 连续域蚁群遗传算法

邵晓巍等提出的"利用信息量留存的蚁群遗传算法"将空间进行均匀分割,基于这些子空间选取初始种群,并定义每个子空间的初始信息量,遗传操作中根据信息量的留存情况来控制个体选择。因为在求解优化问题前,通常不会有全局最优点在解空间位置分布的信息,因此希望算法的搜索种群能够均匀地分散在解空间。这样可以降低发生过早收敛的可能性;而采用蚁群算法中"信息量留存"的思想,可保证算法能够快速收敛到具有最优(次优)解的子空间。算法设计如下。

将全局优化问题定义如下:

$$\max f(x)$$
$$\text{s. t. } l \leq x \leq u \qquad\qquad (3.25)$$

其中,$x = \{x_1, x_2, \cdots, x_n\}$ 变量 x_i 的定义域为 $[l_i, u_i]$;$l = \{l_1, l_2, \cdots, l_n\}$;$u = \{u_1, u_2, \cdots, u_n\}$;$f(x)$ 表示目标函数,n 为维数。改进后的连续域蚁群遗传算法的主要步骤如下。

(1)将解空间按一定的原则分解成若干子空间

针对全局最优问题的维数和每一维定义域的大小对解空间加以分解。这里以二维优化问题为例,设 $x = \{x_1, x_2\}$,其定义域分别为 $[l_1, u_1]$ 和 $[l_2, u_2]$,定义域均匀地分解为 $M \times N$ 个子空间 E_{ij},其中 $i = 1, 2, \cdots, M$,$j = 1, 2, \cdots, N$,且子区域的区间长度为

$$\begin{cases} D_{1L} = \dfrac{u_1 - l_1}{M} \\[2mm] D_{2L} = \dfrac{u_2 - l_2}{N} \end{cases} \tag{3.26}$$

E_{ij}的左右边界分别为x_{1iL}, x_{2jL}和x_{1iR}, x_{2iR},即有

$$\begin{cases} x_{1iL} = l_1 + (i-1)D_{1L} \\ x_{2jL} = l_2 + (j-1)D_{2L} \\ x_{1iR} = l_1 + iD_{1L} \\ x_{2iR} = l_2 + iD_{2L} \end{cases} \tag{3.27}$$

(2)确定初始种群并标定各个子空间

①初始种群的产生:在每个子空间中随机产生一个个体,所有个体组成初始种群。与子空间E_{ij}相对应的个体定义为$A_{ij}(1)$,括号中的1表示整个算法的第一代个体,则初始种群可表示为$\{A_{ij}(1)\}$,其中$i=1,2,\cdots,M$,$j=1,2,\cdots,N$,种群规模为$M \times N$。

②子空间的初始标定:每个子空间E_{ij}都由一个信息量Ph_{ij}标定,各个子空间信息量的初始值由其中产生的初始个体的适应度值确定。当$f(A_{ij}(1)) > 0$时,定义$Ph_{ij}(1) = C_1 f(A_{ij}(1))$,其中$C_1$为根据问题而设定的正常数;当$f(A_{ij}(1)) < 0$时,定义$Ph_{ij}(1) = \dfrac{C_3}{C_2 + f(A_{ij}(1))}$,$f(A_{ij})$为个体$A_{ij}$的适应度值。$C_2$和$C_3$的设定同$C_1$。

(3)对种群进行蚁群遗传操作

①选择操作:选择操作的主要目的是为了避免基因缺失,以提高全局收敛性和计算效率。蚁群遗传算法选择操作的基本思想是:第k代中的个体l被选中的概率是其个体适应度值和所处子空间信息量的函数。群体规模为$M \times N$,第k代中个体l的适应值为$f(A_l(k))$,个体l所处子空间的上一代中标定的信息量为$Ph_l(k-1)$,则个体l被选中的概率为

$$P_l(k) = \frac{Ph_l^{\alpha}(k-1)f^{\beta}(A_l(k))}{\displaystyle\sum_{i=1}^{M \times N} Ph_i^{\alpha}(k-1)f^{\beta}(A_i(k))} \tag{3.28}$$

②交叉操作:交叉操作是蚁群遗传算法中产生新个体的主要方法,可以针对具体问题,根据编码方法的不同选择各种常用的交叉操作和交叉概率。

③变异操作:变异操作是产生新个体的辅助方法,同时也决定了蚁群遗传算法的局部搜索能力。与交叉操作相似,可根据具体问题选取具体的变异方法和变异概率。

④子空间信息素的更新:随着种群一代代进化,各子空间的信息量也不断积累,在积累过程中必须对残留的信息量按照式(3.29)进行更新处理,并根据第2步确定第一代中各子空间的信息量。

$$Ph_{ij}(k) = (1-\rho)Ph_{ij}(k-1) + Ph_{ij}'(k) \tag{3.29}$$

其中,$Ph_{ij}(k)$表示第k代子空间ij上的信息量;$Ph_{ij}(k-1)$表示第$k-1$代子空间ij上的信息量;$Ph_{ij}'(k)$表示第k代遗传操作后子空间ij上加入的信息量。不妨设在子空间ij上,第k代以前具有最大适应度值的个体为$A_{ij\max}$,第k代选择、交叉和变异操作后,具有最大适应度值的个体为$A_{ij\max}(k)$。如果$f(A_{ij\max}(k)) > f(A_{ij\max})$,则$A_{ij\max}(k) = A_{ij\max}(k)$;否则,

A_{ijmax} 不变,当 $f(A_{ijmax}) > 0$ 定义

$$Ph'_{ij}(k) = C_1 f(A_{ijmax}) \qquad (3.30)$$

当 $f(A_{ijmax}) < 0$,定义

$$Ph'_{ij}(k) = \frac{C_3}{C_2 - f(A_{ijmax})} \qquad (3.31)$$

其中,C_1、C_2、C_3 为根据问题而设定的正常数,且 $C_2 > C_3$;$f(A_{ijmax})$ 为个体 A_{ijmax} 的适应度值。如果 k 代中某一子空间没有个体,则 A_{ijmax} 保持不变。

子空间 ij 中具有最大适应度值的个体 A_{ijmax} 是随着蚁群遗传操作一代代保留下来的,所以不必每一代都比较 ij 中所有个体的适应度值,只需同该代中交叉和变异产生的新个体的适应度值进行比较即可。结合各子空间内的初始信息量值,利用式(3.29)可保证各子空间内的信息量随遗传进化而不断积累和更新。

(4)结束

当群体中的最优个体满足一定要求或总代数达到一定数量时,结束进化操作。

3.5　蚁群算法的典型应用

以蚁群算法为代表的群智能已成为当今分布式人工智能研究的一个热点,并越来越多地被应用于企业的运转模式、生产计划制定和物流管理的研究。从美国五角大楼的"群体战略",到英国电信公司的基于电子蚂蚁的电信网络管理试验;从英国联合利华公司的基于蚁群算法的生产计划管理软件,到美国太平洋西南航空公司基于蚁群算法的运输管理软件等,很多政府和国际著名公司纷纷采用蚁群算法等群体智能技术来改善其运转机能。

当然以上提到的这些应用只是蚁群算法应用方面的冰山一角。实际中,蚁群算法在诸多的领域都有不俗的表现,如旅行商问题(TSP)、指派问题(QAP)、车辆路径问题(VRP)、车间作业调度问题(JSP)、电力系统、控制参数优化、参数辨识、聚类分析、故障诊断、数据挖掘、网络路由问题、机器人领域、图像处理、航迹规划、空战决策、岩土工程、化学工业、生命科学、布局优化等。由于篇幅所限,不能详尽介绍,仅介绍车辆路径问题和车间作业调度问题,着重强调蚁群算法与实际问题的切入点及算法的改进策略。

3.5.1　车辆路径问题

车辆路径问题(Vehicle Routing Problem, VRP),也称"车辆计划"。即已知 n 个客户的位置坐标和货物需求,在可供使用车辆数量及运载能力条件的约束下,每辆车都从起点出发,完成若干客户点的运送任务后再回到起点,要求以最少的车辆数、最小的车辆总行程完成货物的派送任务。

从本质上说,TSP 问题是 VRP 问题的基本问题,而 VRP 的复杂度远高于 TSP,应用蚁群算法求解 VRP 与 TSP 主要有以下 3 个不同之处。

（1）子路径构造过程的区别

在 TSP 中，每只蚂蚁要经过所有节点；在 VRP 中，每只蚂蚁不需要经过所有节点。因此，在求解 VRP 的每次迭代中，每只蚂蚁移动次数是不确定的，只能将是否已回到原点作为路径构造完成的标志。

（2）$allowed_k$ 的区别

$allowed_k$ 的确定是蚂蚁构造路径过程中一个非常关键的问题。在 TSP 中，蚂蚁转移时只需考虑路径距离和信息量；在 VRP 中，蚂蚁转移时不但要考虑上述因素，还 需考虑车辆容量的限制。

（3）可行解结构的区别

在 TSP 中，每只蚂蚁所构造出来的路径均是一个可行解；在 VRP 中，每只蚂蚁所构造的回路仅是可行解的"零部件"，各蚂蚁所构造的回路可能能够组合成一些可行解，也可能一个可行解都得不到。因此，研究如何设计算法来尽量避免无可行解现象的出现以及如何获取可行解是蚁群算法在 VRP 领域中应用的关键。

下面介绍基于改进的最大 – 最小蚂蚁系统（MMAS）的有时间窗车辆路径问题（Vehicle Routing Problem with Time Window, VRPTW）。

有时间窗车辆路径问题是一个 NP 完全问题，许多学者曾试图进行求解。万旭等应用改进的最大 – 最小蚁群算法求解 VRPTW，利用其并行性与分布性，进行大规模启发式搜索。

VRPTW 可以概述如下：有 n 个货物需求点（或称顾客），已知每个需求点的需求量及位置，用多辆汽车从中心仓库（或配送中心）到达这批需求点。要求必须在它的时间窗口内为每个客户服务，如果汽车提前到了客户所在地，也必须等待，直到允许为该客户服务为止。每辆汽车载重量一定，每条路线不得超过汽车载重量。每个需求点的需求必须且只能由一辆汽车来提供，目标是最小化总的汽车行驶距离和所需的汽车数目。文中将最小化汽车总的行驶路程作为第一目标，最小化车辆数目作为第二目标。

1. 算法设计

MMAS 与 AS 的主要区别于通过将每条轨迹上的信息素限制在 $[\tau_{min}, \tau_{max}]$ 之间，较好地避免了搜索面的局部停滞（即早熟现象）。显而易见，τ_{max} 与 τ_{min} 的设定至关重要。因为每次迭代路径上增加的最大信息素为 $\dfrac{1}{L(s^{gb})}$，其中 $L(s^{gb})$ 为全局最好解路径的长度，所以每当更新最好解时，需要同时更新 τ_{max} 与 τ_{min}。τ_{max} 与信息素的挥发率 $(1-\rho)$ 以及 $L(s^{gb})$ 成反比，而与精英蚂蚁的数量成正比。因此可按以下策略动态地确定 $\tau_{max}(t)$ 与 $\tau_{min}(t)$。

① 在最初信息素还未得到更新时（即产生第一代解前），采用式（3.32）和式（3.33）确定 $\tau_{max}(t)$ 与 $\tau_{min}(t)$。

$$\tau_{max}(t) = \frac{1}{2(1-\rho)} \cdot \frac{1}{L(s^{gb})} \tag{3.32}$$

$$\tau_{min}(t) = \frac{\tau_{max}(t)}{20} \tag{3.33}$$

② 一旦信息素更新之后,采用式(3.34)确定 $\tau_{\max}(t)$,即

$$\tau_{\max}(t) = \frac{1}{2(1-\rho)} \cdot \frac{1}{L(s^{gb})} + \frac{\sigma}{L(s^{gb})} \tag{3.34}$$

式中,σ 为精英蚂蚁的个数。$\tau_{\min}(t)$ 的确定与式(3.33)同。

(1)最大 – 最小蚂蚁算法中路径的构造

每只蚂蚁选择下一个城市时,在满足车辆容量和时间窗约束的前提下,需要考虑两个方面的因素。

① 通往下一个城市的路径长度以及路径上信息素的多少。

②时间窗因素的择优性,由下一个客户 j 的时间窗宽度和所在客户 i 到达下一个客户 j 的时间等因素决定。这种择优性的优先原则为:需等待时间较短优先原则和时间窗较小优先原则。

综合以上两方面的因素,第 k 条路径上的蚂蚁在城市 v_i 选择城市 v_j 的概率由式(3.35)决定,即

$$P_{ij}^{k} = \begin{cases} \overline{\omega}_1 \dfrac{(\tau_{ij})^\alpha (\eta_{ij})^\beta}{\sum\limits_{h \in \Omega} (\tau_{ij})^\alpha (\eta_{ij})^\beta} + \overline{\omega}_2 \dfrac{\dfrac{1}{|t_{ij} - a_j| + |t_{ij} - b_j|}}{\sum\limits_{h \in \Omega} \dfrac{1}{|t_{ih} - a_h| + |t_{ih} - b_h|}}, & v_j \in \Omega \\[6pt] 0, & \text{其他} \end{cases} \tag{3.35}$$

其中,$\Omega = \{v_j \mid v_j$ 为可被访问的城市$\} \cup \{v_0\}$,v_0 为配送中心(depot);$\overline{\omega}_1$ 和 $\overline{\omega}_2$ 为权重系数,满足 $0 \leqslant \overline{\omega}_1, \overline{\omega}_2 \leqslant 1$ 且 $\overline{\omega}_1 + \overline{\omega}_2 = 1$;$[a_j, b_j]$ 为客户 j 的时间窗;t_{ij} 为客户 i 到达客户 j 的时间(即开始为客户 i 服务的时刻 + 客户 i 所需的服务时间 + 从客户 i 到 j 的路程消耗时间);α 和 β 为轨迹上的信息素与该轨迹可见性的权重系数;τ_{ij} 为 v_i 与 v_j 之间轨迹上的信息素;η_{ij} 为轨迹的可见性,这里取 $\eta_{ij} = \dfrac{1}{d_{ij}}$,$d_{ij}$ 为客户 i 与客户 j 之间的距离。

(2) 信息素的更新

信息素的更新有局部更新和全局更新两种方式。这里采用全局更新的方式,只将最好的蚂蚁用于信息素的更新,就是将在路径构造中排名前几位的精英蚂蚁用于信息素更新。更新规则如下:

$$\tau_{ij}^{new} = (1-\rho)\tau_{ij}^{old} + \sum_{u=1}^{\sigma-1} \Delta\tau_{ij}^{\mu} + \sigma \Delta\tau_{ij}^{*} \tag{3.36}$$

仅当轨迹 (v_i, v_j) 被排名第 μ 好的蚂蚁利用时,其信息素才增加 $\Delta\tau_{ij}^{\mu}$。$\Delta\tau_{ij}^{\mu} = \dfrac{\sigma - \mu}{L_u}$,$L_u$ 为排名为 μ 的路径长度。所有属于当前最好路径的轨迹上的信息素都被加强 $\sigma \Delta\tau_{ij}^{*}$,其中 $\sigma \Delta\tau_{ij}^{*} = \dfrac{1}{L^{*}}$,$L^{*}$ 为当前最好解路径的长度。

这种信息素更新方式收敛速度较慢,而且其全局优化性能也不明显。为了加快其收敛速度,同时又不影响全局优化能力,在较短的时间内找到最优解,这里提出一种改进的信息素更新方法。该方法保留全局的最好解,但为了扩大信息素更新的范围,精英蚂蚁取每次迭代结果中的前几位,这时的信息素更新仍然采用式(3.36)。在迭代过程中,对出现优于上代解的本代解给予激励,对劣于上代解的本代解给予惩罚,从而加快了其收敛速度。对更新过的路径具体激励与惩罚措施如下式:

$$\tau_{ij}^{new*} = \tau_{ij}^{new} + \tau_{ij}^{new} \times \frac{L_{new} - L_{old}}{L_{old}} \tag{3.37}$$

(3)局部优化

在蚁群算法中混入局部优化算法,对每代构造的解进行改进,可以进一步缩短解路线的长度,从而加快蚁群算法的收敛速度。这里只对每代最好解进行局部优化,局部优化作用时间为所有的蚂蚁已经构造完解,但信息素还未更新之前。这里采用 2-opt 的局部优化方法。

(4)初始解的构造

在系统初始化时要确定 τ_{min}, τ_{max} 的值。确定它们的值首先要明确 $L(s^{gb})$ 的值,所以在最初就必须有一个较好的可行解。由于 VRPTW 的复杂性,产生一个可行的初始解不是一件容易的事情。这里采用一种基于客户时间窗下限较小优先的快速产生初始解的算法,其时间复杂度为 $O(n^2\log_2 n)$,明显快于节约法 $O(n^4)$。该算法选择下一个客户的策略为,从当前路径的最后一个客户出发,到所有未访问过的客户中开始服务时间最早的那个客户。只有当开始服务时间超过这个客户的时间窗时,才需要新开辟一条路径,并从未访问过的客户中重新选择出发点,将所有未访问过的客户中开始服务时间最早的那个客户作为新路径的第一个客户。算法描述如下:

第1步:初始化。

第2步:将所有未被访问过的客户放入集合 C 中。

第3步:$C = \{c_0, \cdots, c_i, \cdots, c_j, \cdots, c_{|c|-1}\}$,$C$ 中的元素按如下规则有序排列:任意的 $i \leq j$,满足 $W(c_i, 当前路径 R 的最后一个客户) \leq W(c_j, 当前路径 R 的最后一个客户)$;令 $k=1$。

第4步:如果集合 C 为空,转第7步。

第5步:如果 $W(c_k, c_m) = T$,保存当前路径 R;重新开辟一条路径,从当前未被访问过的客户中随机选择一个客户 c_r 作为新路径的出发点,$C = C - c_r$;转第3步。

第6步:如果客户 c_k 为当前路径 R 的合法客户,将 c_k 加入当前路径 R 当中;$C = C - c_k$;$k = k+1$;转第4步。

第7步:输出计算结果,程序结束。

其中,$W(c_i, c_k)$ 的返回值为 $\max(c_m$ 的开始服务时间 $+ c_m$ 的服务所需时间 $+$ 从 c_m 到 c_i 的行驶时间 a_{ci})。若到达 c_i 的时间晚于 b_{ci},则 $W(c_i, c_m)$ 返回一个很大的 T 值,表示该客户不能加入路径。

2. 算例分析

将以上改进的 MMAS 算法应用于 Marius 在文献中所述的基准 VRPTW 实例,这些实例共56个。这56个实例中的每个例子都含有100个客户和一个中心仓库,并规定了车辆负载、客户的时间窗和车辆运行时间。实例分为 6 大类,其中 $R1$ 和 $R2$ 中的客户为随机分布,$C1$ 和 $C2$ 中的客户有聚集趋势,$RC1$ 和 $RC2$ 的客户兼有 R 类和 C 类的特征。

实验开始,在每个城市都放置一只蚁蚁,蚁蚁的个数与客户的数目相同。设置 $\alpha = 1.0$,$\beta = 5.0$;信息素挥发系数 ρ 取值在 0.02 到 0.3 之间;σ 的取值一般在 3 ~ 6 之间较合适;ω_1 和 ω_2 的设定需根据具体情况而定,一般来说,$0.5 < \omega_1 < 1.0$,$0 < \omega_2 < 0.5$,路径上信息素初始化为 $\tau_{\max}$。

在 MMAS 中,一般将路径上的信息素初始化为上限值 $\tau_{\max}$,这样可使系统具有更好的全局搜索能力。为了说明这样做的好处,这里将分别初始化为 $\tau_{\max}$ 和 $\tau_{\min}$ 的结果做了对比,如图 3.7 所示。图 3.7 分别描述了这两种情况下对实例 $RC101$ 所做实验中迭代次数与获得第一目标最好解的关系,可以看出初始化为上限值虽收敛较慢,但可获得更好的解。其中 DV 表示偏离最优目标已知最优解的百分比,N 表示迭代次数。表 3.3 中比较了与原来的 MMAS 与改进后的 MMAS。很明显,采用改进后的信息素更新方式会有更快的收敛速度和更好的结果。

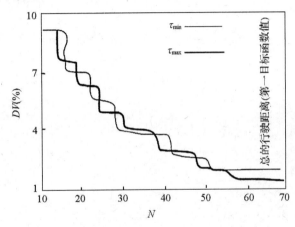

图 3.7　信息素初始化为 $\tau_{\min}$ 和 $\tau_{\max}$ 的结果对比

表 3.3　MMAS 获得的最好结果与历经的迭代次数

实例	未改进的 MMAS		改进后的 MMAS	
	$DV(\%)$	N	$DV(\%)$	N
$RC201$	2.4	64	0.7	51
$RC203$	2.3	57	1.3	48
$RC205$	2.3	69	1.1	63
$RC207$	2.6	55	1.0	53
$C202$	2.2	54	1.3	54
$C204$	1.9	67	1.0	62
$C206$	2.5	68	1.4	64
$C208$	2.3	58	0.9	57

图 3.8 描述了实例 *RC*102 中获得的第一目标值与 CPU 运行时间的关系。从图中可以看出，算法在运行初期就能使当前解得到很好的改善，并且收敛速度较快。实验结果与当前已知最优解的比较如表 3.4 所示，改进后 MMAS 的平均值为对某一实例进行 10 次实验所得解的平均。表 3.4 中给出的解分为两部分，"/"之前为第一目标值，"/"之后为第二目标值。

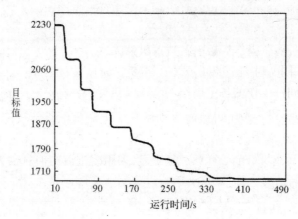

图 3.8　获得的第一目标值与 CPU 运行时间之间的关系

表 3.4　改进后 MMAS 的平均值及实际最优值与已知最优值的比较

实例	*R*101	*R*102	*R*103	*R*104	*R*105	*R*106
已知	1650.80/19	1486.12/17	1292.68/13	1007.31/9	1377.11/14	1252.03/12
平均	1701.58/18	1554.91/17	1338.57/13	1050.72/9	1412.14/13	1303.61/12
实际	1660.71/18	1503.47/17	1307.74/13	1032.29/9	1374.03/13	1266.74/12
实例	*R*107	*R*108	*R*109	*R*110	*R*111	*R*112
已知	1104.66/10	963.99/9	1194.73/11	1124.40/10	1096.72/10	982.14/9
平均	1148.15/10	1002.17/9	1247.32/11	1161.25/10	1133.94/10	1025.88/9
实际	1121.94/10	979.64/9	1217.09/11	1155.43/10	1120.57/10	1004.71/9

由表 3.4 可见，改进的 MMAS 的最好解已经很接近最优解，个别实例（如实例 *R*101 和实例 *R*105）的第二目标值还优于当前最好解，说明采用 MMAS 解决 VRPTW 是非常有效的。该系统有如下优点：

（1）改进的 MMAS 可以方便地解决其他车辆路径问题，若没有时间窗的 VRP，只需将 ω_2 设为 0 即可。

（2）改进的 MMAS 可被用于多供货点 VRP 问题（VRP with Multi-Depot）。

（3）通过实时设定某条路径上信息素的上下限，可以将其用于动态实时的 VRP。

3.5.2　车间作业调度问题

车间作业调度问题（Job-shop Scheduling Problem, JSP）主要是针对一项可分解的工作（如生产制造），探讨在尽可能满足约束条件（如交货期、工艺路线、资源状况）的前提下，通过下达生产指令,安排其组成部分(操作)使用哪些资源、其加工时间及加工的先后顺序,以获得产品制造时间或成本的优化。JSP 问题是典型的 NP-hard 问题,目前已成为 CIMS 领域内的重要研究课题。JSP 问题的特征模型可描述如下:

(1)存在 j 个工作(job)和 m 台机器(Machine)。

(2)每个工作由一系列操作(或者任务/Task/Operation)组成。

(3)操作的执行次序遵循严格的串行顺序。

(4)在特定时间,每个操作需要一台特定机器完成。

(5)每台机器在同一时刻不能同时完成不同的工作。

(6)同一时刻,同一工作的各个操作不能并发执行。

(7)问题是如何求得从第一个操作开始到最后一个操作结束的最小时间间隔。

1. 蚁群算法与混流装配线调度

混流装配线(Sequencing Mixed Model on Assembly Line, SMMAL)是 JIT 生产方式的具体应用之一,它可以在不增加产品库存的条件下满足用户的多样化需求。所谓混流装配线,是指在一定时间内,在一条生产线上生产出多种不同型号的产品,产品的品种可以随顾客需求的变化而变化。

(1)算法设计

采用丰田公司提出的调度目标函数,以汽车组装为例,即在组装所有车辆的过程中,所确定的组装顺序应使各零部件的使用速率均匀化。如果不同型号的汽车消耗零部件的种类大致相同,那么原问题可简化为单级 SMMAL。则问题可描述为

$$\min \sum_{j=1}^{D} \sum_{i=1}^{n} \sum_{p=1}^{m} (k\alpha_p - b_{ip} - \beta_{j-1,p})^2 x_{ji} \tag{3.38}$$

$$x_{ji} = \begin{cases} 1, & \text{车型 } i \text{ 在调度中的 } j \text{ 位置} \\ 0, & \text{其他} \end{cases} \tag{3.39}$$

$$\alpha_p = \frac{\sum_i d_i b_{ip}}{D} \tag{3.40}$$

其中,i 表示车型数的标号;n 表示需要装配的车型数;m 表示装配线上需要的零部件种类总数;p 表示生产调度中子装配的标号;j 表示车型调度结果(即排序位置)的标号;D 表示在一个生产循环中需要组装的各种车型的总和;d_i 表示在一个生产循环中车型 i 的数量;b_{ip} 表示生产每辆 i 车型需要零部件 p 的数量;α_p 表示零部件 p 的理想使用速率;$\beta_{j-1,p}$ 表示组装线调度中前 $j-1$ 台车消耗零部件 p 的数量和,为

$$\beta_{jp} = \beta_{j-1,p} + x_{ji}\beta_{ip} \tag{3.41}$$

其中 $\beta_{0,p} = 0$。

调度的目标函数如式(3.38)所示,采用如图 3.9 所示的搜索空间定义,列表示排序阶段(用 j 表示),行表示每个阶段可供选择的车型(用 i 表示),圆圈的大小表示选择概率的大小,蚁群算法就是不断改变圆圈的大小,最终寻找到满意的可行解。举例说明,混流装配线排序搜索空间的例子。有 3 种车型 A、B、C 排序,每个生产循环需 A 车型 3 辆,B 车型 2 辆,C 车型 1 辆,则每个循环共需生产 6 辆车($D = 6$)。列表示 6 个排序阶段,行表示有 3 种

车型可以选择。图3.9(a)所示的是搜索的初始状态,圆圈由局部搜索值和激素综合而成,图3.9(b)表示经过若干次迭代之后,搜索空间变化。这时候,最可能的可行解是B—A—C—A—B—A。利用这种表示方法可以降低问题描述的维数,该问题规模为$O(n \cdot m)$,其中n是车型数,m是排序长度。

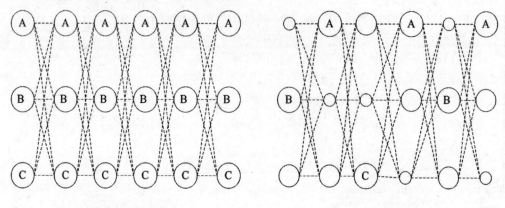

(a) 搜索的初始状态　　　　　　(b) 搜索空间变化

图3.9　简单 SMMAL 排序的搜索空间举例

① 局部搜索的计算

$$\eta_{ij} = \frac{Q}{\sum\limits_{k=1}^{D} \sum\limits_{i=1}^{n} \sum\limits_{p=1}^{m} (k\alpha_p - b_{ip} - \beta_{j-1,p})^2 x_{ki}} \tag{3.42}$$

其中,k表示第k只蚂蚁;Q是一个常数,调节η_{ij}的大小。局部搜索η_{ij}采用贪婪法(与目标追随法一致)。目标追随法的思路是,每一步均从当前可选择策略中选取,使目标函数值增加最少的策略,即在确定第$n+1$台车辆的车型时,如有多种车型可供选择,则从中选取一种车型,使第$n+1$台车辆组装时各零部件的使用速率最均匀。若每步只考虑当前的状态,而不考虑全局状态,这样得到的结果常常为局部最优解。但是蚁群算法为每一个可选择的车型i计算η_{ij},最后再结合信息素的作用,再做出车型的选择。

② 状态转移概率

状态转移概率公式

$$p_{ij}^k(t) = \begin{cases} \dfrac{\alpha\tau_{ij} + (1-\alpha)\eta_{ij}}{\sum\limits_{j \notin tabu_k} [\alpha\tau_{ij} + (1-\alpha)\eta_{ij}]}, & i \notin tabu_k \\ 0, & \text{其他} \end{cases} \tag{3.43}$$

其中,α表示信息素的相对重要性;$\tau_{ij}(t)$在t时刻,i车型位置在j位次上信息激素的数量;η_{ij}是当$j-1$个车型顺序排定后,将i车型放置在j位次上目标函数的值;$tabu_k(t)$表示存放在t时刻,第k只蚂蚁不可以走的节点;$p_{ij}^k(t)$表示在t时刻,第k只蚂蚁选择将i车型放置在j位次上的概率。

③ 信息素更新规则

$$\Delta\tau_{ij}^{k} = \begin{cases} \tau_0\left(1 - \dfrac{Z_{cutr} - LB}{\overline{Z} - LB}\right), & \text{车型 } i \text{ 在调度中的 } j \text{ 位置} \\ 0, & \text{其他} \end{cases} \quad (3.44)$$

其中,$\Delta\tau_{ij}^{k}$ 表示在 t 时刻,第 k 只蚂蚁在 i 车型 j 位次上放置的信息激素;LB 表示目标函数的下限值;$\overline{Z}$ 表示目前目标函数的平均值;Z_{cutr} 是当前的目标函数值。这种动态标记的方法可以在搜索的过程中加大可行解间信息激素的差别,避免过早地收敛,如图 3.10 所示。

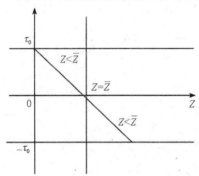

图 3.10 线性动态标注

而 $\Delta\tau_{ij} = \displaystyle\sum_{k=1}^{n-ant} \Delta\tau_{ij}^{k}$。因此可将信息素更新策略表示为

$$\tau_{ij}(t+n) = (1-\rho) \cdot \tau_{ij}(t) + \Delta\tau_{ij} \quad (3.45)$$

式中,ρ 表示信息激素的消散速率。

(2)算例分析

这里采用文献[30]中的算例数据,如表 3.5 所示。经过多种组合试验,得到蚁群算法最优组合参数为 $\rho = 0.9, \alpha = 0.2, Q = 20000, N_{cmax} = 400, n = 5$,目标函数 2859.8,排序结果为 C—A—D—E—B—A—D—E—A—C—A—B—E—D—A—C。表 3.6 列出了文中的蚁群算法与文献中给出的目标追随法、遗传算法和模拟退火算法的比较结果,蚁群算法的求解性能优于其他启发式算法。

表 3.5 各种车型的物料单和需求的子装配数

车型	每个生产循环生产的各种车型数	子 装 配									
		x_1	x_2	x_3	x_4	x_5	x_6	x_7	x_8	x_9	x_{10}
A	5	0	17	9	0	4	0	0	18	0	0
B	2	12	13	0	11	0	0	0	1	17	17
C	3	2	4	0	19	0	12	6	4	9	3
D	3	0	15	0	19	0	15	9	9	0	6
E	3	0	0	5	7	8	10	4	0	0	0
每个生产循环需求的子装配数		30	168	60	157	44	111	57	131	61	61

表 3.6　蚁群算法与其他启发式算法的对比

算法名称	目标函数	结果改善的百分比(%)
目标追随法	3293	13
遗传算法	3073	6
模拟退火算法	3162	10
蚁群算法	2859.8	——

2. 双向收敛蚁群算法与车间作业调度

为了合理高效地调度资源,解决组合优化问题,在 Job-Shop 问题图形化定义的基础上,借鉴精英策略的思路,提出使用多种挥发方式的双向收敛蚁群算法,提高了算法的效率和可用性。

为了便于比较双向收敛蚁群算法与基本蚁群算法求解 JSP 的性能,采用 Muth 和 Thompson 在 1963 年提出的 Job-Shop 6 × 6 基准问题,如表 3.7(表中 t 表示任务所需时间)所示。

表 3.7　Muth & Thompson 6 × 6 基准问题

项目	m,t	m,t	m,t	m,t	m,t	m,t
Job$_1$	3, 1	1, 3	2, 6	4, 7	6, 3	5, 6
Job$_2$	2, 8	3, 5	5, 10	6, 10	1, 10	4, 4
Job$_3$	3, 5	4, 4	6, 8	1, 9	2, 1	5, 7
Job$_4$	2, 5	1, 5	3, 3	4, 3	5, 8	6, 9
Job$_5$	3, 9	2, 3	5, 5	6, 4	1, 3	4, 1
Job$_6$	2, 3	4, 3	6, 9	1, 10	5, 4	3, 1

表 3.7 中,Job$_1$ 的第一个任务 Task$_1$ 需在 Machine$_3$ 上完成,历时 1 个时间单位;第二个任务 Task$_2$ 在 Machine$_1$ 上完成,历时 3 个时间单位,以此类推。Job 中的后续任务不能在前面任务完成之前启动。求解 Job-Shop 问题,就是针对每一个 Machine,调度其上的任务次序。上述问题使用矩阵表示如式(3.46) ~ 式(3.47)。

矩阵 T 表示每个工作的任务调度顺序,矩阵 P 表示相应的时间间隔。采用文献[7]中的定义方法,将以上问题转换成如图 3.11 所示的结构。

$$T = \begin{bmatrix} m_3 & m_1 & m_2 & m_4 & m_6 & m_5 \\ m_2 & m_3 & m_5 & m_6 & m_1 & m_4 \\ m_3 & m_4 & m_6 & m_1 & m_2 & m_5 \\ m_2 & m_1 & m_3 & m_4 & m_5 & m_6 \\ m_3 & m_2 & m_5 & m_6 & m_1 & m_4 \\ m_2 & m_4 & m_6 & m_1 & m_5 & m_3 \end{bmatrix} \quad (3.46)$$

$$P = \begin{bmatrix} t_1 & t_3 & t_6 & t_7 & t_3 & t_6 \\ t_8 & t_5 & t_{10} & t_{10} & t_{10} & t_4 \\ t_5 & t_4 & t_8 & t_9 & t_1 & t_7 \\ t_5 & t_5 & t_5 & t_3 & t_8 & t_9 \\ t_9 & t_3 & t_5 & t_4 & t_3 & t_1 \\ t_3 & t_3 & t_0 & t_{10} & t_4 & t_1 \end{bmatrix} \tag{3.47}$$

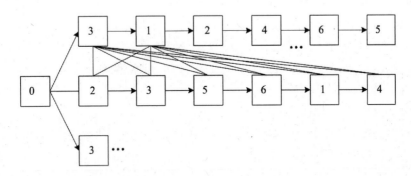

图 3.11　JSP 的图形化定义

图 3.11 所示的结构由 37 个节点组成,增加了一个虚拟起点 0,从点 0 开始可以提供通往 Job_1,Job_2,$\cdots$,Job_6 的单向通路,此外的节点 $P_{i,j}$($1 \leqslant i$, $j \leqslant 6$)表示 Machine 矩阵 T 中相应位置的点,即 T_{ij} 中的 Machine 代号。因此,图 3.11 中的第 i 行(除起始点 0 以外)表示表 3.7 中的第 i 个 Job。每个工作内的各个任务由有向弧连接,各个工作之间的任务由无向弧连接。

对图 3.11 所示的图结构作如下定义。

定义 3.4(操作 Operation):操作用节点表示,定义操作为

$$\text{Operation} = <\text{sTime, eTime, isDone, NEXT}>$$

其中,sTime 和 eTime 分别是本操作的开始和结束时间;isDone 表示本节点代表的操作是否已经完成,或者蚁群是否已经走过节点;NEXT 表示下一步的结构,包含了从本节点能够到达的节点表和到达这些节点的路径上信息素的数量表。

定义 3.5(图 Graph):图为操作的集合

$$\text{Graph} = <\text{Operation, Machine}>$$

其中,Machine 为表 3.7 中表示操作所占用的机器的矩阵。在 Operation 节点中已经包含节点之间的连接,因此不需要定义节点之间的关系。

定义 3.6(虚拟起始点 Start Point:)

$$\text{StartPoint} = <\text{NEXT, nextMachine}>$$

虚拟起始点只连接每个工作的第一个操作。操作所占用的时间从 NEXT 结构中的 Operation 体现,因此虚拟起始点不占用操作时间。

(1)算法设计

双向收敛蚁群算法,将历史最差解看作目前不可接受的解,对其进行惩罚,可以引导

其他蚂蚁尽量远离历史最差解,放弃将最差解的组成部分组合成其他解的机会,从而加速算法的收敛。下面具体介绍该算法。

①生成一代蚂蚁

根据算法规定的数量放出蚂蚁,为保证操作符合工作的调度顺序,在每只蚂蚁寻找路径的过程中,首先判断目的节点的前驱是否已经完成,在前驱已经完成并且本身尚未完成的所有节点中,使用信息素的浓度作为概率选取下一步目标。在目标的选取过程中,借鉴遗传算法中常见的轮盘方法(Roulette Wheel)决定。为保证蚂蚁遍历的次序符合 Job 操作的次序要求,使用下列原则:

a. Job 中同一行的节点完成后不能直接转向自己的非直接后续点。

b. 使用评价函数计算经过的路径代表的时间间隔时,遵守任务的先后次序,使蚂蚁行走时路径不代表任务次序。

c. 次序的含义在计算 Makespan 时被加到路径上。

在双向收敛的蚁群算法中,蚂蚁无需每走出一步都对下一步的机器占用和工序次序做判断,大大降低了计算量,提高了算法的效率。同时,算法在计算状态转移概率的过程中,不按照传统的方法将路径长度考虑在内。假定蚂蚁行走的过程中不会重复已经走过的路径,蚂蚁选择下一条可能路径的状态转换规则是

$$p_{ij}(t) = \frac{\tau_{ij}(t)}{\sum_{j \in allowednodes} \tau_{ij}(t)} \tag{3.48}$$

②评价和激励

当本代蚁群中的所有蚂蚁完成对有向图中所有点的遍历后,使用评价函数对得到的所有路径进行评价,并按以下规则更新信息素:

$$\tau_{ij}(t + \Delta t) = (1 - \rho)\tau_{ij}(t) + \Delta \tau_{ij}(t + \Delta t) \tag{3.49}$$

其中,式(3.49)的第一部分表示每一代蚂蚁走完全程后所有信息素的挥发,初始状态的信息素随机给出;第二部分表示信息素的修改,计算公式为

$$\Delta \tau_{ij}(t + \Delta t) = \begin{cases} \dfrac{Q}{f(bestRoad)}, & t + n \text{ 过程中的最优值} \\ -\dfrac{Q'}{f(bestRoad)}, & t + n \text{ 过程中的最差值} \\ 0, & \text{其他情况} \end{cases} \tag{3.50}$$

其中,Q 表示单位路径上的信息量;Q' 表示单位路径上的用于惩罚最差值的信息量;$f(\ )$ 表示路径评价函数。

基本 ACO 使用参数调节的方法避免算法陷入局部最优,这种方法取决于具体的参数数值,往往导致一套参数对应于一个具体问题,降低了算法的通用性。而双向收敛蚁群算法从两个方向进行反馈,很大程度上避免了对参数的依赖,同时加快了算法的收敛。

③循环执行

如果已经收敛于最优值或者达到最大蚂蚁代数,退出循环并输出算法结果;否则,跳

转步骤①。

④评价函数

评价函数的基本思路是:规定每只蚂蚁经过的路径中,前面节点的开始时间不会落在后面节点之后。由于蚂蚁在寻优过程中已经考虑到了操作在工作中的先后次序,结果中的节点串将表示不同工作的时间次序。具体算法如下:

求时间间隔 Makespan

//初始化第一个操作的时间

$O_1 \cdot \text{startTime} = 0;$

$O_1 \cdot \text{endTime} = O_1 \cdot \text{executeTime};$

$MO_1 \cdot \text{Time} = O_1 \cdot \text{endTime};$

$\text{Makespan} = 0;$

for(int $i = 2; i < m \cdot n; i++$)//根据蚂蚁的路径找到相应操作的起止时间

{

　　$O_i \cdot \text{startTime} = O_{i-1} \cdot \text{endTime};$//本次操作只能在前面操作已经完成的情况下执行

　　找到 O_i 对应的机器 M_{Oi};

　　if ($M_{Oi} \cdot \text{Time} > O_i \cdot \text{startTime}$) then//如果这时机器被占用

　　$O_i \cdot \text{startTime} = M_{Oi} \cdot \text{Time};$//等机器释放后开始

　　$O_i \cdot \text{endTime} = O_i \cdot \text{startTime} + O_i \cdot \text{executeTime};$

　　$M_{Oi} \cdot \text{Time} = O_i \cdot \text{endTime};$

}

for(int $j = 1; i <= \text{NumberOfMachine}; j++$)//求出完成所有工作所需时间

{

if Makespan $< M_j \cdot \text{Time}$ then Makespan $= M_j \cdot \text{Time};$

}

使用双向收敛蚁群算法可以求出每只蚂蚁遍历图的所有节点之后得出的 Job-Shop 的解。根据这个解,对所有蚂蚁路径中最优的一条和最差的一条使用式(3.50)改变信息素。

(2)算例分析

这里采用 Muth 和 Thompson 的 6×6 基准问题作为仿真算例。表3.8 比较了双向收敛蚁群算法和基本蚁群算法所得到的解,所得结果为 5 次求解后的平均值。

表3.8　双向收敛蚁群算法和基本蚁群算法最优解的比较

算法类型	蚂蚁数目	循环次数	蚂蚁数目	ρ	收敛结果
基本蚁群算法	36	3000	108000	0.010	55
双向收敛蚁群算法	200	311	62200	0.017	55

由表3.8 可见,双向收敛蚁群算法使用了较多蚂蚁进行并行搜索,提高了搜索过程的挥发系数,从而在较少的代数中得到了 JSP 的解。

问题与思考

1. 根据基本蚁群算法(AS)的程序结构流程写出基本蚁群算法的伪码表示。

2. 对基本蚁群算法进行空间复杂度分析。

3. 比较 AS(基本蚁群算法)与 ACS(蚁群算法)、MMAS(最大 - 最小蚁群算法)的异同,并在计算机上实现以上三种算法。

4. 在思考题 3 的基础上,通过实验分析信息素 T_{ij} 和启发式因子 η_{ij} 对蚁群算法性能的影响;并改变参数 $\alpha, \beta, \rho, m, Q$ 的大小,分析其对蚁群算法性能的影响。

5. 多旅行商问题,给定 n 个城市的集合,m 个旅行商从不同城市出发,分别走一条旅行路线,使得每个城市有且仅有一个旅行商经过,使总旅行路程最短。试为该问题设计编码方案,并按最大 - 最小蚁群算法(MMAS)设计求解问题的方法。要求写明状态转移概率,信息素的更新策略,并画程序框图。

6. 工作指派问题简述如下:n 个工作可以由 n 个工人分别完成。工人 i 完成工作 j 的时间为 d_{ij}。问如何安排可使总工作时间达到极小。建立数学模型,并按蚁群算法设计求解问题的算法。要求写明状态转移概率,信息素的更新策略,画出程序框图。

第 4 章 禁忌搜索算法

禁忌搜索算法(Tabu Search,TS)是继遗传算法之后出现的又一种元启发式(Meta-Heuristic)优化算法,最早于 1977 年由 Glover 提出。禁忌搜索算法模仿人类的记忆功能,使用禁忌表来封锁刚搜索过的区域来避免迂回搜索,同时赦免禁忌区域中的一些优良状态,进而保证搜索的多样性,从而达到全局优化。迄今为止,禁忌搜索算法已经成功应用于组合优化、生产调度、机器学习、神经网络、电力系统以及通信系统等领域,近年来又出现了一些对禁忌搜索算法的改进与扩展。本章对禁忌搜索算法的基本思想、关键环节、计算流程以及基本改进与应用作一些介绍。

4.1 导　言

早在 1977 年,Glover 就提出了禁忌搜索算法,并用来求解整数规划问题,随后又用禁忌搜索算法求解了典型的优化问题——旅行商问题(TSP)。1989—1990 年 Glover 在《ORSA Journal on Computing》上系统地介绍了禁忌搜索算法以及一些成功的应用,于是禁忌搜索算法开始引起广泛的关注。本节简要介绍禁忌搜索算法的产生背景和基本思想,并用一个简单算例说明禁忌搜索算法中的一些基本概念。

4.1.1 局部邻域搜索

由于禁忌搜索算法植根于局部邻域搜索,因此,首先对后者进行一个简要的介绍。

局部邻域搜索算法基于贪婪思想,持续地在当前邻域中搜索,直至邻域中再也没有更好的解,也称为爬山启发式算法。考虑如下优化问题:

$$(P)\min c(x): x \in X \subset R^n \tag{4.1}$$

其中,目标函数 $c(x)$ 可以是线性的或者非线性的,解空间 X 由 n 维实空间上的有限个离散点构成。实际问题中,解空间 X 可能由各种各样特定的约束条件构成。邻域搜索的过程就是从一个解移动到另外一个解,这里的移动用 s 表示,移动后得到的一个解用 $s(x)$ 表示,从当前解出发的所有移动得到的解的集合用 $S(x)$ 表示,也就是邻域的概念。简单的邻域搜索算法可以描述为:

第 1 步:选择一个初始解 $x \in X$。

第 2 步:在当前解的邻域中选择一个能得到最好解的移动 s,即

$$c(s(x)) < c(x), s(x) \in S(x)$$

如果这样的移动 s 不存在,则 x 就是局部最好解,算法停止;否则 $s(x)$ 是当前邻域中的最好解。

第 3 步:令 $x = s(x)$ 为当前解,转第 2 步,继续搜索。

这种邻域搜索方法容易理解,便于实现,而且具有很好的通用性,但是搜索结果完全依赖于初始解和邻域的结构,而且容易陷入局部最优解。为了实现全局搜索,禁忌搜索等智能优化算法采用允许接受劣解的方式来逃离局部最优解。

4.1.2 禁忌搜索算法的基本思想

禁忌搜索算法的基本思想就是在搜索过程中将历史上的近期搜索过程存放在禁忌表(Tabu List)中,阻止算法重复进入,这样就有效地防止了搜索过程的循环。禁忌表模仿了人类的记忆功能,禁忌搜索因此得名,这也是其智能所在。

具体的思路如下:禁忌搜索算法采用了邻域选优的搜索方法,为了能逃离局部最优解,算法必须能够接受劣解,也就是每一次迭代得到的解不必一定优于原来的解。但是,一旦接受了劣解,迭代就可能陷入循环。为了避免循环,算法将最近接受的一些移动放在禁忌表中,在以后的迭代中加以禁止。即只有不在禁忌表中的较好解(可能比当前解差)才被接受作为下一次迭代的初始解。随着迭代的进行,禁忌表不断更新,经过一定迭代次数后,最早进入禁忌表的移动就从禁忌表中解禁退出。

下面给出一个简单的算例来说明禁忌表的作用。由七种不同的绝缘材料构成一种绝缘体,如何排列这七种材料才能使得绝缘的效果最好? 绝缘效果的好坏以绝缘数值表示,绝缘数值越大,绝缘效果越好。

当算法迭代到某一步的时候,各种材料的排列顺序为 2—4—7—3—5—6—1,交换各种材料对绝缘效果的改善情况如表 4.1 所示,其中正值表示绝缘效果变好,负值表示绝缘效果变坏。可见,交换材料 1 和 3 可以增加绝缘数值 2,对绝缘材料的改善效果最好。交换之后七种材料的排列顺序为 2—4—7—1—5—6—3,绝缘数值为 18,同时将这个交换(1, 3)加入到禁忌表中。

此时,两两交换各种材料对绝缘效果的影响情况如表 4.2 所示,可见交换任意两种材料的排列顺序都不能改善绝缘情况。而各种交换方法中以交换材料 1 和 3 之后绝缘数值的降低最小,如果没有禁忌表,则应该选择这个交换。但是,交换材料 1 和 3 之后各种材料的排列顺序又变为 2—4—7—3—5—6—1,回到了上一次交换之前的状态,搜索陷入循环,无法继续进行。可是禁忌搜索算法中由于使用了禁忌表,交换(1, 3)因为处于禁忌表中而不能选择,只能选择其他的交换。其他交换中,交换材料 2 和 4 之后绝缘数值减低最小,因此被选中。交换之后,各种材料的排列顺序为 4—2—7—1—5—6—3。

虽然交换(2, 4)比(1, 3)使绝缘数值的降低更多,但是能将搜索带入一个全新的状态,继续搜索下去完全可能搜索到更好的排列方法。由于使用了禁忌表,避免了循环搜索,因此禁忌搜索算法不会陷入局部最优解。

表 4.1　第一次交换对绝缘效果的影响

交换的材料	绝缘效果的改善情况
1，3	2
2，3	1
3，4	−1
1，7	−2
1，6	−4
…	…

表 4.2　第二次交换对绝缘效果的影响

交换的材料	绝缘效果的改善情况
1，3	−2
2，4	−4
6，7	−6
4，5	−7
3，5	−9
…	…

由于禁忌表中存放的是移动 s 而不是解 x，某些曾经接受的移动完全可能把解引向新的区域，甚至可能得到优于历史最优解的解。因此，如果完全按照上面的禁忌策略来搜索可能遗漏一些区域，所有提出了一个渴望水平函数 $A(s,x)$ 的概念。如果移动 s 达到了渴望水平，即 $c(s(x)) < A(s,x)$，那么这个移动将不受禁忌表的限制而被接受，这称为"破禁"。这样就可能跳离局部最优解，实现全局搜索。当然，有了禁忌策略和渴望水平，迭代还有可能陷入循环。因此，必要时还需要给出其他改进手段，例如，对从一个解到另一个解的移动被禁忌的次数进行记录，对被禁忌次数较多的移动实行一定的惩罚策略，记录这些次数的表称为中期表；如果经过多次迭代仍然不能更新历史最优解，可以重新给出初始解，在一个新的区域中开始搜索，这种记录多个初始解的表称为长期表。当迭代达到一定次数，或者满足其他的一些终止条件时，迭代终止。

相对于普通邻域搜索而言，禁忌搜索算法最大的特点是可以接受劣解，这是避免陷入局部最优的首要条件。相应的，禁忌搜索算法不能以局部最优为停止准则，而是设定最大迭代次数或者给出其他特殊的停止准则。可以说，禁忌策略和渴望水平是禁忌搜索算法的两个最核心思想，而两者又是对立统一的。如果能很好地协调禁忌策略与渴望水平的关系，便能很好地实现全局寻优。

4.2　算法的构成要素

禁忌搜索算法中很多构成要素对搜索的速度与质量至关重要,下面将依次给出介绍,包括编码方式(Encode)、适值函数(Fitness Function)、解的初始化(Initialization)、移动(Moving)与邻域(Neighborhood)、禁忌表(Tabu List)、选择策略(Selection Strategy)、渴望水平(Aspiration Level)和停止准则(Stopping Rule)等。

4.2.1　编码方法

与第3章所讲的遗传算法一样,使用禁忌搜索算法求解一个问题之前,需要选择一种编码方法。编码就是将实际问题的解用一种便于算法操作的形式来描述,通常采用数学的形式;算法进行过程中或者算法结束之后,还需要通过解码来还原到实际问题的解。

根据问题的具体情况,可以灵活地选择编码方式。例如,上节排序问题中采取了顺序编码,各元素的相邻关系表达了各种绝缘材料的排列顺序。对于背包问题,可以采用 $0-1$ 编码,编码的某一位为 0 表示不选择这件物品,为 1 表示选择这件物品。对于实优化问题,一般可以直接使用实数编码,编码的每一位就是解的相应维的取值。

对于同一个问题,也可能有多种编码方式可供选择。例如分组问题:各不相同的 n 件物品要分为 m 组,满足特定的约束条件,要达到特定的目标函数。以下两种编码方式都是可行的。

1. 编码1

以自然数 $1 \sim n$ 分别代表 n 件物品,n 个数加上 $m-1$ 个分隔符号(例如用 0 表示)混编在一起,随意排列,便得到一种编码方式。例如,$n=9$,$m=3$,下面便是一个合法的编码:

$$1—3—4—0—2—6—7—5—0—8—9$$

这种可以称为带分隔符的顺序编码。

2. 编码2

编码的每一位分别代表一件物品,而每一位的值代表该物品所在的分组。同样是 $n=9$,$m=3$ 的情况,可以给出如下形式的编码:

$$1—2—1—1—2—2—2—3—3$$

这种是一般的自然数编码。

不同编码形式通常是可以互相转化的,例如带分隔符的顺序编码与一般的自然数编码就很容易相互转化的。事实上,上面给出的两个编码表示的是同一个解,也就是物品 1、3、4 分在第一组;物品 2、6、7、5 分在第二组;物品 8、9 分在第三组。

注意到:如果稍微修改编码1中给出的编码举例 $1—3—4—0—2—6—7—5—0—8—9$,交换元素 1 和 3 的位置,得到如下一个新的编码:$3—1—4—0—2—6—7—5—0—8—9$。这两个编码是不同的,但对应的解是相同的。对于编码2,如果各个组是没有区别的,3—

2—3—3—2—2—2—1—1 对应的解和原来编码对应的解也是一样的,只不过是将组的标号做了调换。这种多个编码对应同一个解,即编码空间的大小大于解空间的大小的情况是不希望出现的。实际应用中,希望编码空间尽可能和解空间一样大小,也就是说编码和解具有严格的一一对应关系。然而,对于许多的实际问题,这并不是一件容易的事情。

4.2.2　适值函数的构造

类似于遗传算法,适值函数也是用来对搜索状态进行评价的。将目标函数直接作为适值函数是最直接也是最容易理解的做法。当然,对目标函数的任何变形都可以作为适值函数,只要这个变形是严格单调的。例如,式(4.1)中目标函数为 $c(x)$,设适值函数用 $c'(x)$ 表示,那么

$$c'(x) = \begin{cases} kc(x) + b & k \neq 0 \\ (c(x))^2 & c(x) > 0 \\ a^{c(x)} & a > 0, a \neq 1 \\ \cdots \end{cases}$$

都是可以的,只要在选择的时候注意这个变形应该和原来目标函数的大小顺序保持一致。这和遗传算法的适值函数的标定是同一道理。

适值函数的选择主要考虑提高算法的效率、便于搜索的进行等因素,以上给出的各种变形都是针对特定的目标函数形式为了简化算法而设计的。例如,某些问题中目标函数为多个偏差的均方根,即 $c(x) = \sqrt{\dfrac{\sum_{i=1}^{n} e_i^2}{n}}$,其中 $e_1, e_2, \cdots, e_n$ 为 n 个偏差,那么适值函数可以取为偏差的平方和,即 $c'(x) = n(c(x))^2 = \sum_{i=1}^{n} e_i^2$,因为这样的适值函数与目标函数具有同样的增减性,最小化 $c'(x)$ 的同时也最小化了 $c(x)$,同时避免了不必要的除法与开方运算。再如,某些工业过程的目标函数需要一次仿真才能得到,如果选择其中一些反映目标函数的特征参数作为适值函数,可以大大节省计算时间。

4.2.3　初始解的获得

禁忌搜索算法可以基于随机初始解进行,也可以利用其他启发式算法给出较好解作为初始解。由于禁忌搜索算法主要是基于邻域搜索的,初始解的好坏对搜索的性能影响很大。尤其是一些带有很复杂约束的优化问题,很难通过随机方式生成可行解,这个时候应该针对特定的复杂约束,采用启发式方法或其他方法找出一个可行解作为初始解。

4.2.4　移动与邻域移动

移动是从当前解产生新解的途径,例如问题 (P) 中用移动 s 产生新解 $s(x)$。从当前解可以进行的所有移动构成邻域,也可以理解为从当前解经过"一步"可以到达的区域。适当的移动规则的设计,是取得高效的搜索算法的关键。

邻域移动的方法很多,求解不同的问题需要设计不同的移动规则。例如,前面排序问

题中采用两两交换式的移动规则,而背包问题中可能采用修改解中任意一个元素的值的移动规则。而在另外一些问题中,移动可能被定义为一系列复杂的操作。禁忌搜索算法中的邻域移动规则和遗传算法中的交叉算子和变异算子相似,需要根据特定的问题来设计,在此不一一列举。

4.2.5 禁忌表

在禁忌搜索算法中,禁忌表是用来防止搜索过程中出现循环,避免陷入局部最优的。它通常记录最近接受的若干次移动,在一定次数之内禁止再次被访问采用;过了一定次数之后,这些移动从禁忌表中退出,又可以重新被访问。禁忌表是禁忌搜索算法的核心,它的功能和人类的短期记忆功能十分相似,因此又称为"短期表"。

1. 禁忌对象

所谓禁忌对象就是放入禁忌表中的那些元素,而禁忌的目的就是避免迂回搜索,尽量搜索一些有效的途径。禁忌对象的选择十分灵活,可以是最近访问过的点、状态、状态的变化以及目标值等。例如,上述 7 元素排序问题中,把两两交换的操作作为禁忌对象,也就是禁忌了状态的变化。有些问题中可以将状态本身作为禁忌对象,例如,背包问题中选择"取"或者"不取"某物品为禁忌对象;分组问题中把某元素和它被分到的组联系在一起,构成一个有序数对作为禁忌对象;还有些问题中可以把目标值直接放入禁忌表中作为禁忌对象。

尽管可以有多种方式给出禁忌对象,但是归纳起来,主要有如下三种:

(1)以状态的本身或者状态的变化作为禁忌对象。例如,把移动 s 或者从当前解到新解的改变 $x \rightarrow s(x)$ 放入禁忌表中,禁止以后再做这样的移动,避免搜索出现循环。选择这种禁忌对象比较容易理解,但是禁忌的范围比较小,只有和这些对象完全相同的状态才被禁忌,搜索空间很大。这种方式存储禁忌对象所占的空间和所用的时间比较多。

(2)以状态分量或者状态分量的变化作为禁忌对象。对于一些维数很大的问题,每一次移动可能都有很多状态分量发生变化。如果只取其中一个分量或者少数几个分量作为禁忌对象,那么禁忌的范围比较大,而且存储的空间和时间都比较少。例如,移动 $s = (s_1, s_2, \cdots, s_d)$,其中 d 为这种移动包含的分量个数,可以取 $s_i (1 \leqslant i \leqslant d)$ 作为禁忌对象。

(3)采取类似于等高线的做法,将目标值作为禁忌对象。这种做法将具有相同目标值的状态视为同一个状态,大大增加了禁忌的范围。对于上述例子,可以采用 $c(s(x))$ 作为禁忌对象。

这三种做法中,第一种做法的禁忌范围适中,第二种做法的禁忌范围次之,第三种做法的禁忌范围较大。一般而言,如果禁忌范围比较大,则可能陷入局部最优解;反之,则容易陷入循环。实际问题中,要根据问题的规模、禁忌表的长度等具体情况来确定禁忌对象。

2. 禁忌长度

所谓禁忌长度(Tabu Size),就是禁忌表的大小。一个禁忌对象进入禁忌表后,只有经过一个确定的迭代次数,才能从禁忌表中退出。也就是说,在当前迭代之后的确定次迭代中,这个发生不久的相同操作是被禁止的。禁忌表的长度越小,计算时间和存储空间越少,这是任何一个算法都希望的;但是,如果禁忌长度过小,会造成搜索的循环,这又是要避免的。

禁忌长度不但影响了搜索的时间,还直接关系着搜索的两个关键策略:局域搜索策略和广域搜索策略。如果禁忌表比较长,便于在更广阔的区域搜索,广域搜索性能比较好;而禁忌表比较短,则使得搜索在小的范围进行,局域搜索性能比较好。禁忌长度的设定要依据问题的规模、邻域的大小来确定,从而达到平衡这两种搜索策略的目的。

总结起来,主要有如下一些设定禁忌长度的方法。

(1)禁忌长度 t 固定不变。t 可以取一些与问题无关的常数,例如 $t=5,7,11$ 等值。也有一些有学者认为:禁忌长度应该与问题的规模有关,例如取 $t=\sqrt{n}$,这里 n 为问题的规模。这种方法方便简单,而且容易实现。

(2)禁忌长度 t 随迭代的进行而改变。根据迭代的具体情况,按照某种规则,禁忌长度在区间 $[t_{\min},t_{\max}]$ 内变化。这个禁忌长度的区间可以与问题无关,例如 $[1,10]$;或者与要求解问题的规模有关,例如 $[0.9\sqrt{n},1.1\sqrt{n}]$。而这个区间的两个端点也可以随着迭代的进行而改变。

大量研究表明,动态的设定禁忌长度比固定不变的禁忌长度具有更好的性能。关于禁忌长度的更深入探讨,见本章关于主动禁忌搜索算法的介绍。

4.2.6　选择策略

选择策略就是从邻域中选择一个比较好的解作为下一次迭代初始解的方法,用公式可以表示为

$$x' = \underset{s(x)\in V}{\mathrm{opt}}\, s(x) = \arg\big[\max/\min c'(s(x))\big] \tag{4.2}$$

其中,x 为当前解,x' 为选出的邻域最好解,$s(x)\in V$ 为邻域解,$c'(s(x))$ 为候选解 $s(x)$ 的适值函数,$V\subseteq S(x)$ 称为候选解集,它是邻域 $S(x)$ 的一个子集。要根据问题的性质和适值函数的形式,在候选解集中选择一个最好的解。然而,候选解集的确定,与禁忌长度的大小相似,对搜索速度与性能影响都很大。

(1)候选解集为整个邻域,即 $V=S(x)$。这种选择策略就是从整个邻域中选择一个最优的解作为下一次迭代的初始解。这种策略择优效果好,相当于选择了最速下降方向,但是要扫描整个邻域,计算时间比较长,尤其对于大规模的问题,这种策略可能让人无法接受。在上文的 7 元素示例中,采用的就是这种方法,只是限于篇幅,只列出了比较好的前几个移动,小规模问题中这种策略是可以的。

(2)候选解集为邻域的真子集,即 $V\subset S(x)$。这种策略只扫描邻域的一部分来构成候选解集,甚至是一小部分,$|V|\ll|S(x)|$,这里 $|V|$ 和 $|S(x)|$ 分别表示候选解集和邻域的大小。这种策略虽然不一定取到了邻域中的最好解,但是节省了大量的时间,可以进行更多次迭代,也可以找到很好的解。极限情况下,可以选择第一个找到的改进解,也就是说,只要发现了改进解,马上停止扫描。当然,如果整个邻域中没有改进解,那么只好选择一个最好的劣解了。

注:本节讨论选择策略的过程中没有考虑禁忌表。实际上,其中的邻域应该是邻域中

除了禁忌解之外的区域,可以表示为 $S(x) - T$。

禁忌搜索算法在每一步迭代的过程中,都包含了启发式思想,是启发式的启发式,正是从这个角度才被称为元启发式算法。

4.2.7 渴望水平

在某些特定的条件下,不管某个移动是否在禁忌表中,都接受这个移动,并更新当前解和历史最优解。这个移动满足的这个特定条件,称为渴望水平,或称为破禁水平、特赦准则、蔑视准则等,例如,在7元素排序问题示例中,当迭代到第4步的时候,移动(4,5)虽然在禁忌表中,仍旧选择了它,这是因为这个移动能得到一个超过历史最优解的解,能使历史最优值从18变为20,满足了渴望水平。

渴望水平的设定也有多种形式,总结起来如下:

(1)基于适配值的准则

如果某个候选解的适配值优于历史最优值,也称为"Best so Far"状态,那么无论这个候选解是否处于被禁忌状态,都会被接受。对于开始提到的问题(P),这种渴望水平可以描述为

$$c(s(x)) < c(x^*) \tag{4.3}$$

这个准则最容易理解,应用得也最广泛,例如下述7元素排序问题的示例中应用的就是这个准则。直观上理解,这个准则就是找到了更好的解,那么即使这个移动被禁忌了,也要给它破禁,同时要更新历史最优解。

然而,如果只选用这一种渴望水平,那么可能错过一些有潜力的区域。有一些移动虽然不能立即带来优于历史最优解的解,但是有这个潜力,可能在接下来的几步迭代中超过历史最优,于是出现了其他渴望水平。

(2)基于搜索方向的准则

如果某禁忌对象进入禁忌表的时候改善了适配值,而这次这个被禁忌的候选解又改善了适配值,那么这个移动破禁。对于问题(P),这个准则可以描述为

$$c(s(x)) < c(x) \text{ 且 } c(s(\underline{x})) < c(\underline{x}) \tag{4.4}$$

其中,$\underline{x}$表示该对象上次被禁忌时的解。这种准则也可以很好地避免搜索循环,一般的,如果这次经过某个状态时改善了适配值,下次经过这个状态时恶化了适配值,那么很可能是按原路返回了。例如,上文7元素排序问题中,第二步迭代交换1和3适配值增加2,而紧接着,如果再交换1和3,适配值就减少2,明显是回到了原来的状态,尽管这是当前最好的移动,还是不能接受,避免了搜索循环。直观上看,这种策略可以理解为算法正在按有效的方向继续搜索。

(3)基于影响力的准则

迭代过程中,不同对象对适配值的影响不同,有的较大,有的较小。影响较大的可能是问题的主要因素,影响较小的可能是次要因素。可以结合禁忌对象在禁忌表中的位置,即进入禁忌表时间的长短和对适配值影响力的大小,来制定渴望水平。对于这种策略的直观理解为:解禁一个影响力较大的对象,可能对适配值有较大的影响。这里影响力可以是增加适配值,也可以是减少适配值。当然,这种做法需要额外地制定一个衡量一个对象

影响力大小的策略,增加了算法的复杂性。

（4）其他准则

例如,当所有候选解都被禁忌,而且不满足上述渴望水平,那么可以选择其中一个最好解来解除禁忌,否则,算法将无法继续下去。事实上,这种所有候选解都被禁忌而且不优于历史最优解的情况是应该尽量避免的,比如可以设置禁忌长度小于邻域的大小。

渴望水平的设计比较灵活,实际应用中可以采取上述准则中的一种,或者同时选择其中的几种。而且,渴望水平还要与禁忌长度、候选解集等策略综合考虑,平衡集中强化搜索与分散多样化搜索。

禁忌策略与渴望水平是禁忌搜索算法中两大核心策略,两者是对立统一的,也可以看作是一个统一原则的两个方面。可以通过设置不同的禁忌长度来禁止一些对象,又可以通过设置不同的渴望水平来解除一些对象,从而实现全局搜索。

4.2.8　停止准则

与其他元启发式算法,包括遗传算法、模拟退化算法等一样,禁忌搜索算法不能保证找到问题的全局最优解,而且没有判断是否找到全局最优解的准则。因此,必须另外给出停止准则来停止搜索,常用的包括如下几种。

（1）给定最大迭代步数。这个方法简单容易操作,在实际中应用最为广泛。

（2）得到满意解。如果事先知道问题的最优解,而算法已经达到最优解,或者与最优解的偏差达到满意的程度,则停止算法。这种情况常应用于算法效果的验证,因为只有这种情况下问题的最优解才可能是事先知道的。或者在实际应用中,用其他估界算法已经估算出问题的上界(目标函数是最大化)或者下界(目标函数是最小化),如果搜索得到的历史最优值与这些"界"的偏差满足要求,停止算法,其实这也是得到了满意解。

（3）设定某对象的最大禁忌频率。如果某对象的禁忌频率达到了事先给定的阈值,或者历史最优值连续若干迭代得不到改善,则算法停止。

4.3　算法基本流程

本章前面的部分给出了用禁忌搜索算法求解排序问题的一个简单示例,而后介绍了禁忌搜索算法中的一些基本概念。简单地讲,禁忌搜索算法以禁忌表来记录最近搜索过的一些状态,对于当前邻域中一个比较好的解,如果不在禁忌表中,那么选择它作为下一步迭代的初始解,否则宁愿选择一个比较差的但是不在禁忌表中的解;而如果某个解或者状态足够好,则不论其是否在禁忌表中,都接受这个解;如此迭代,直至满足事先设定的停止准则。

4.3.1　基本步骤

由于禁忌搜索算法的渴望水平、选择策略以及停止准则等都可以有多种设定方式,如果再使用中期表和长期表,禁忌搜索算法的步骤将比较复杂。下面给出一个最基本的步骤(不考虑中期表和长期表)。

第 1 步:初始化。给出初始解,禁忌表设为空。

第 2 步:判断是否满足停止条件。如果满足,输出结果,算法停止;否则继续以下步骤。

第 3 步:对于候选解集中的最好解,判断是否满足渴望水平。如果满足,更新渴望水平,更新当前解,转第 5 步;否则继续以下步骤。

第 4 步:选择候选解集中不被禁忌(不对应于禁忌表中的一个对象)的最好解作为当前解。

第 5 步:更新禁忌表。

第 6 步:转第 2 步。

当然,这样的步骤也不可能概括禁忌搜索算法的各种情况,只是给出一个一般的描述供读者参考。

4.3.2 流程图

以本章开始给出的问题 (P) 为例,如果以整个邻域为候选解集,以目标函数作为适值函数,以给定最大迭代步数 NG 为停止准则,以优于历史最优解为渴望水平,则算法的流程如图 4.1 所示。

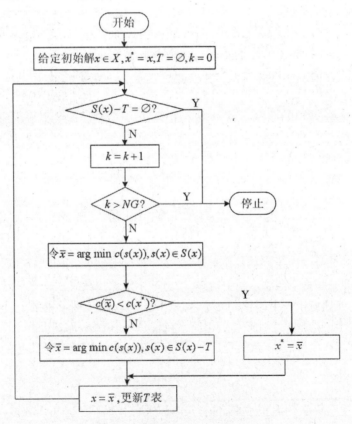

图 4.1　禁忌搜索算法的流程图 1

从图 4.1 中可以看到,这种方法中当所有邻域解都被禁忌时,算法异常终止了。这是禁忌长度过大而邻域过小造成的,设计算法时一般应该避免这种情况的发生。如果以第一个改进解为候选解,当所有邻域解都被禁忌时,选择其中最好的解来破禁,当然发现优于历史最优解时则不考虑禁忌状态,可以得到另外一种流程图,如图 4.2 所示。

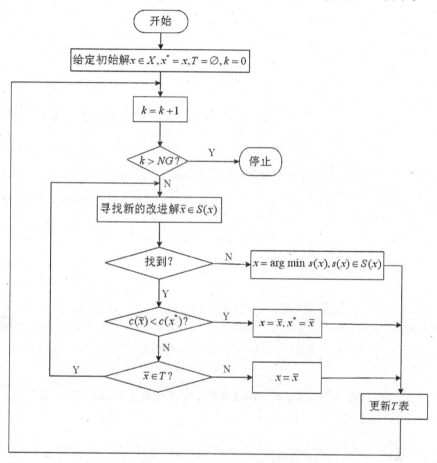

图 4.2　禁忌搜索算法的流程图 2

可见,如果禁忌搜索算法中各环节采取的策略不同,得到的程序流程图也是不同的,究竟采取哪种策略,应该根据问题的具体情况确定。

同传统的优化算法相比,禁忌搜索算法具有如下优点:

(1)能接受劣解,具有很好的爬山能力。

(2)区域集中搜索与全局分散搜索能较好平衡。

但是,以上介绍的基本禁忌搜索也有明显的不足:

(1)对初始解和邻域结构有较大的依赖性,一个好的初始解可能很快迭代得到最优解,一个较差的初始解可能会极大地降低搜索质量。

(2)搜索过程是串行的,不像遗传算法那样具有并行的搜索机制。

为了全面提高禁忌搜索算法的性能可以针对其中的关键策略以及参数设置等方面

进行改进,也可以与其他优化算法相结合。值得指出的是,这些改进后的算法或者混合算法仍然可以称为"禁忌搜索算法",因为禁忌搜索算法并没有规定必须符合上述基本禁忌搜索算法的流程,禁忌搜索算法的核心是使用"禁忌机制"和"赦免准则"引导搜索的思想。与其说禁忌搜索算法是一种方法,不如说是一种技术,或者说是一门艺术。只有应用得好,才能很好地解决实际问题。

4.3.3 一个简单的例子

下面以一个7元素的排序问题为例,来说明禁忌搜索算法的算法流程。问题的背景可以理解为:由7种不同的绝缘材料构成一种绝缘体,如何排列才能使得绝缘的效果更好?

首先确定编码方式,这里采用顺序编码,即 $1 \sim 7$ 共7个数字的一个排列便是一种合法的编码。定义互换操作作为这个问题的邻域结构,任意交换两种材料的位置,便得到一个邻域解。这样,对于每一个解,它的邻域解的个数为 $C_7^2 = 21$ 个。然后,设计禁忌表的结构:以互换的两种材料(以 $1 \sim 7$ 的编码表示)构成的数对作为禁忌表的元素。禁忌表的长度取为3,也就是说:当第4个元素进入禁忌表时,第1个元素从禁忌表中退出。以绝缘效果作为目标函数值,目标函数值越大越好。最后给出渴望水平:如果当前解的某移动得到的解优于历史最优解,则不论该移动是否在禁忌表中,都将接受作为下一次迭代的初始解。设定最大迭代(移动)次数为停止准则,本例中最大迭代次数取为5。

初始状态:随机给出一个初始解为 2—5—7—3—4—6—1,目标函数值为10,历史最优值也为10,禁忌表为空。由给定解计算出目标函数值的具体过程与本算法关系不大,在此不详细介绍,而是直接给出目标函数值的改变情况,交换解的任意两个元素,得到新解的目标函数值与当前目标值之差。限于篇幅,这里只列出最好的5个移动。这个状态如图4.3所示。

移动 $s(x)$	适配值改变 $\Delta c(x)$
4, 5	6
4, 7	4
3, 6	2
2, 3	0
1, 4	−1
…	…

当前解:2—5—7—3—4—6—1;
历史最优值 $c(x^*) = 10$;当前值 $c(x) = 10$。

禁忌表	
1	$\varnothing$
2	$\varnothing$
3	$\varnothing$

图4.3 7元素排序问题初始状态

第1步:当前邻域中目标函数值改善最大的移动是(4, 5),即元素4和5交换,可以增加目标值6,而这个移动不在禁忌表中,所以本次迭代中选择了这个移动。当前解变为 2—4—7—3—5—6—1;目标函数值 $c(x) = 10 + 6 = 16$;历史最优值 $c(x^*) = 16$;将移动

（4，5）加入禁忌表中。针对当前解，交换解的任意两个元素，得到目标函数值改善最大的 5 个移动如图 4.4 所示。

移动 $s(x)$	适配值改变 $\Delta c(x)$
1，3	2
2，3	1
3，4	−1
1，7	−2
1，6	−4
…	…

当前解：2—4—7—3—5—6—1；
历史最优值 $c(x^*) = 16$；当前值 $c(x) = 16$。

禁忌表	
1	4，5
2	∅
3	∅

图 4.4　7 元素排序问题第 1 次迭代后状态

第 2 步：当前邻域中目标函数值改善最大的移动是（1，3），而且不在禁忌表中，故本次迭代选择这个移动。当前解变为 2—4—7—1—5—6—3；目标函数值 $c(x) = 18$；历史最优值 $c(x^*) = 18$；将移动（1，3）加入禁忌表中，同时禁忌表中的原有元素下移一个位置。针对当前解，交换解的任意两个元素，得到目标函数值的改善情况，这个状态如图 4.5 所示。

移动 $s(x)$	适配值改变 $\Delta c(x)$
1，3	−2
2，4	−4
6，7	−6
4，5	−7
3，5	−9
…	…

当前解：2—4—7—1—5—6—3；
历史最优值 $c(x^*) = 18$；当前值 $c(x) = 18$。

禁忌表	
1	1，3
2	4，5
3	∅

图 4.5　7 元素排序问题第 2 次迭代后状态

第 3 步：当前邻域中所有移动都不能改善当前解，证明当前解就是一个局部最优解，如果按照普通的邻域搜索规则，算法就停止了。可是，禁忌搜索算法接受劣解，所以算法才能继续。目标函数值改善最大的（尽管是劣解，为了统一，仍然使用这个说法）移动为（1，3）。但是，这个移动已经在禁忌表中，而且 $c(x) - 2 < c(x^*)$，说明这个移动得到的解不能改善历史最优解，没有达到渴望水平。所以选择次优的移动（2，4），当前解变为 4—2—7—1—5—6—3；当前值为 $c(x) = 14$，而历史最优值不变，修改禁忌表。再一次考察所有移动得到的目标函数值改变情况，相应状态如图 4.6 所示。

移动 $s(x)$	适配值改变 $\Delta c(x)$
4, 5	6
3, 5	2
1, 7	0
1, 3	−3
2, 6	−6
…	…

当前解：4—2—7—1—5—6—3；
历史最优值 $c(x^*) = 18$；当前值 $c(x) = 14$。

禁忌表	
1	2, 4
2	1, 3
3	4, 5

图 4.6 7 元素排序问题第 3 次迭代后状态

第 4 步：邻域中最优移动为 (4, 5)，该移动能使目标值增加 6，则目标函数值变为 $c(x) + 6 > c(x^*)$，优于历史最优值，达到了渴望水平，虽然这个移动在禁忌表中，仍然接受。当前解变为 5—2—7—1—4—6—3；当前值 $c(x) = 20$；相应的，历史最优值 $c(x^*) = 20$，修改禁忌表。考察所有移动对应目标函数值的改善情况，得到状态如图 4.7 所示。

移动 $s(x)$	适配值改变 $\Delta c(x)$
1, 7	0
3, 4	−3
3, 6	−5
4, 5	−6
2, 6	−8
…	…

当前解：5—2—7—1—4—6—3；
历史最优值 $c(x^*) = 20$；当前值 $c(x) = 20$。

禁忌表	
1	4, 5
2	2, 4
3	1, 3

图 4.7 7 元素排序问题第 4 次迭代后状态

第 5 步：邻域中最优移动为 (1, 7)，不在禁忌表中，所以接受。当前解变为 5—2—1—7—4—6—3；最优值不变。由于已经迭代 5 次，达到了预先设定的最大迭代次数，算法停止。最优目标值为 20，由于这次迭代没有改变目标函数值，所以得到两个等价的最优解 5—2—1—7—4—6—3 和 5—2—7—1—4—6—3。

该算例说明了禁忌搜索算法的基本思想：禁忌策略与渴望水平，描述了简单禁忌搜索算法的步骤。

4.4 中期表与长期表

禁忌搜索算法的局域选优能力很好，邻域选优速度快，但是广域搜索能力较差。而且，仅依靠记录状态、状态变化、状态分量变化或者适配值变化等对象的禁忌表，也就是短期表，禁忌搜索算法不能避免较大的搜索循环。为此，禁忌搜索算法中又引入了中期表和长期表的概念。

　　与短期表一起,中期表和长期表在"学习式"搜索和"非学习式"搜索之间起到一个交互式作用。使用中期表和长期表,可以达到在区域内强化搜索和全局多样化搜索的效果,下面分别给出介绍。

4.4.1　中期表

　　中期表也称为频数表或频率表。禁忌频数(频率)是对禁忌属性的一种补充,可以放宽选择决策对象的范围。例如,如果某个适配值频繁出现,可以推测搜索陷入了循环或者达到了某个极值点,或者说算法当前参数很难搜索到更好的状态,需要调整参数,以期望更好的效果。

　　实际应用中,可以根据问题和算法的需要,记录某些状态出现的频率,某些状态变化或者适配值的变化信息,而这些信息可以是静态的,也可以是动态的。

1. 静态信息

　　可以记录搜索过程中某些交换、状态变化或者某些适配值出现的频数、频率(某对象出现的频数与总迭代次数的比)等信息。对那些频繁出现的对象进行惩罚,使算法进行更为有效的搜索。

　　以本章开始时给出的问题(P)为例,在不考虑中期表的情况下,每一次迭代是在候选解集中选择一个目标函数值最小的解,即

$$\text{minc}(s(x)),s(x) \in V \subset S(x) - T \tag{4.5}$$

　　如果考虑了中期表,那么每一次迭代是在候选解集中选择目标函数值小而且被禁忌次数比较少的解,即

$$\text{minc}(s(x)) + \alpha N(s(x)),s(x) \in V \subset S(x) - T \tag{4.6}$$

其中,$N(s(x))$为$s(x)$曾经被禁忌的频数,α是惩罚因子。惩罚因子α的取值应该远小于目标函数值,一般取目标函数值的$1‰ \sim 1\%$。惩罚因子的取值用来平衡中期表和短期表之间的效果,α取值越大,分散的效果越好,但是会破坏邻域搜索的性能。

　　中期表的记录方法也有一些技巧。以n元素排序问题为例,可以将短期表与中期表放在一个矩阵中。建立一个$n \times n$的矩阵,其中右上部分作为短期表,左下部分作为中期表,对角线上元素没有意义。每一次迭代,将短期表中大于1的元素减1(减至0则该元素退出短期表),新加入短期表的元素置为禁忌长度,这样短期表中始终有禁忌长度个元素;而每一次迭代,中期表中新加入的元素加1,记录该元素被禁忌的次数。对于以上7元素排序问题示例,迭代3次和4次后的短期表和中期表用这种矩阵表示分别为

$$
\begin{bmatrix}
- & 2 & & & & \\
& - & 3 & & & \\
1 & & - & & & \\
1 & & & - & 1 & \\
& & & 1 & - & \\
& & & & & -
\end{bmatrix}
和
\begin{bmatrix}
- & 1 & & & & \\
& - & 2 & & & \\
1 & & - & & & \\
1 & & & - & 3 & \\
& & & 2 & - & \\
& & & & & -
\end{bmatrix}
$$

矩阵中没有列出的元素为0。这里主要为了说明这种表示方法,没有考虑引入中期表后对搜索结果的影响。

这种记录方法,短期表和中期表共用一个矩阵,既方便操作又节省了存储空间。当然,当问题规模很大时,矩阵中为零的元素个数大大增加,这个矩阵成为稀疏矩阵,这种记录方法不一定很好,中期表和短期表可能需要分别记录。

2. 动态信息

主要记录从某些状态或者适配值等对象转移到另一些状态或者适配值等对象的变化趋势,例如,记录某些序列的变化。显然,这种中期表需要记录的内容较多,而提供的信息量也较大。常用的有如下几种记录方法:

(1) 记录某个序列的长度。

(2)记录某个元素出发再回到这个元素需要的迭代次数。

(3)记录序列中适配值的平均值,或者序列中各元素的适配值。

(4)记录某个序列出现的频率等。

记录这些信息之后,可以对某些序列进行惩罚,或者采用更复杂的处理方式。

中期表和短期表都是基于已经经历过的搜索给出的策略,属于"学习式"搜索。

4.4.2　长期表

使用短期表的搜索方式可以认为是邻域搜索,而使用中期表的方式可以认为是区域强化式(Regional Intensification)搜索,但仍可能达不到全局搜索。为了实现全局多样化(Global Diversification)搜索,提出了长期表的概念。

长期表用来记录多个初始解,从这些初始解开始分别进行禁忌搜索,即多阶段禁忌搜索。产生一个初始解时,应该尽量与已经产生的初始解保持较远的距离,使得各个初始解在可行域内具有良好的分散性,以更好地在全局进行搜索。

对于一个 n 维问题,其中第 k 个初始解 $x^k = (x_1^k, \cdots, x_n^k)$ 可以取

$$x^k = \arg\max D^k = \operatorname*{argmax} \sum_{l \in L} \sum_{i=1}^{n} (x_i^k - x_i^l)^2 \tag{4.7}$$

其中,$x_i^l, l \in L$ 为已经选定的初始解的第 i 个元素,即 $x^l = (x_1^l, \cdots, x_n^l)$。

不同于短期表和中期表,这种长期表不是基于过去的搜索进行搜索,而是在新的区域内完全随机生成初始解进行搜索,属于"非学习式"搜索策略。使用长期表进行多阶段禁忌搜索,能很好地提高算法的广域搜索能力,同时不丧失禁忌搜索算法的邻域搜索能力。

多阶段禁忌搜索是后来发展的多种并行禁忌搜索中的一种,关于并行禁忌搜索,将在后文详细介绍。

4.5　算法性能的改进

禁忌搜索算法具有全局寻优能力,而且比较容易实现,自从20世纪90年代就引起了广泛的重视。但是应用中也发现,以上基本的禁忌搜索算法有一些缺点,对于给定的实际

工程问题,可能需要大量的调试工作才能得到较好的效果,于是提出一些改进做法。下面介绍几种比较主要的改进,包括并行禁忌搜索算法、主动禁忌搜索算法以及禁忌搜索算法和其他算法的混合策略等。

4.5.1　并行禁忌搜索算法

随着并行计算技术和并行计算机的发展,为满足求解大规模优化问题的需要,禁忌搜索算法的并行实施也得到了研究与发展。

相对于前面介绍的基本禁忌搜索算法,对算法的初始化、参数设置、通信方式等方面实施并行策略,能得到各种不同类型的并行禁忌搜索算法。当前,对并行禁忌搜索算法比较认可的一种分类方法如图 4.8 所示。

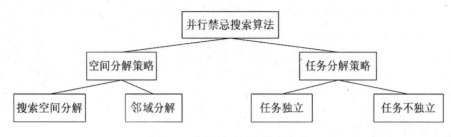

图 4.8　并行禁忌搜索算法分类

1. 基于空间分解策略

基于空间的分解策略包括搜索空间分解和邻域分解两种做法。

搜索空间分解,即通过搜索空间的分解将原问题分解为多个子问题分别进行求解,从而实现并行化。这里求解各个子问题的算法参数可以相同,也可以不同。

前文介绍禁忌搜索算法中基本概念"长期表"时,提到过多阶段禁忌搜索算法。多阶段禁忌搜索算法中,首先产生多个彼此距离比较远的初始解,记录在长期表中,然后从这些初始解出发,分多个阶段对整个问题进行搜索。如果从这些初始解出发,同时进行搜索,就是这里讲的一种并行禁忌搜索算法。

邻域分解策略,即每一步中用多种方法对邻域分解得到的子集进行评价,从而实现对最佳邻域搜索的并行化,这种分解策略对同步的要求比较高。

2. 基于任务分解策略

将待求解问题分解为多个任务,每一个任务使用一个禁忌搜索算法来求解。不同的禁忌搜索算法可以设置不同的参数,包括初始解、邻域结构、选择策略、渴望水平等。在多处理机的情况下,根据这些任务对各处理机的分配情况,又可以分为如下三种:

(1)非自适应方式。任务的数量和定位在编译时就已经确定,各任务在各处理机中的定位在算法进行进程中是不变的,也就是静态的调度方式。例如,根据处理机的个数将搜索空间分解为一些子空间分别进行搜索。这种方法中,很容易造成各处理机之间任务不平衡的情况,因而造成有些处理机长期处于空闲状态,影响搜索的整体效率。但是,由于实现起来比较容易,当前大多数并行禁忌搜索算法采用的都是这种方式。

(2)半自适应方式。任务的数量在编译时给定,而各任务的定位在运行时给定。这种方式相对于非自适应方式有了一定的改进,运行时可以在一定程度上平衡各处理机的负荷,但仍不能实现彻底的平衡。

(3)自适应方式。任务的生成和分配完全是动态的,是在运行时给出的。当某处理机空闲时,则生成新的任务;当处理机繁忙时,则取消某任务。Talbi 等提出了一种并行自适应禁忌搜索算法,算法由并行而独立的子禁忌搜索算法构成,各算法的各种运行参数独立给出而且可以不同,各任务之间没有通信,并通过二次指派问题(QAP)的高效求解验证了算法的有效性。

空间分解策略有较强的问题依赖性,只对某些问题适用,而基于任务分解策略具有较高的适用性。当然也可以结合空间分解策略和任务分解策略,设计混合的并行策略来求解问题。

董宏光等将并行禁忌搜索算法引入到化工行业的精馏分离序列综合问题中。精馏分离序列综合问题是一种混合整数非线性规划问题。由于采用二叉树模式简捷地描述了可行分离序列,算法采用数字串形式编码。算法以相对费用函数为评价指标(适值函数),当某候选解优于历史最优解时,无视其禁忌属性直接选为下一代初始解;当所有候选解都被禁忌时,选择最好的候选解破禁。当搜索达到最大给定代数,或者在给定代数内最优值没有改进时,算法终止。最后给出的 10 组精馏分离序列算例表明,即使随机给出初始解,寻优结果通常也是全局最优的。

4.5.2　主动禁忌搜索算法

1. 基本禁忌搜索算法的困惑

基本禁忌搜索算法相对于传统的优化方法而言,具有很好的爬山能力,能够避免陷入局部最优点。相对于遗传算法等其他优化方法而言,禁忌搜索算法计算速度比较快,因而得到广泛的应用。但是,对于前面介绍的基本禁忌搜索算法,研究人员遇到了以下困惑:

(1)参数调整比较困难。与其他元启发式算法包括遗传算法、模拟退火算法等相似,禁忌搜索算法需要设置或者调整一些参数来进行有效的搜索。然而要得到合适的参数,不仅依赖于待求解的具体问题,而且相当费时。因此,参数调整的困难是各种元启发式算法需要解决的一个突出问题。

基本禁忌搜索算法中,候选解集的大小需要调整,禁忌长度需要设定。仅以禁忌长度为例,尽管已经做了大量的研究工作,从起初的与问题无关的固定常数,如 5、7、11 等;到依赖于问题规模 n 的常数,如 $\sqrt{n}$;到给出禁忌长度的两个极限,形如 $[1, 10]$,或者 $[0.9\sqrt{n}, 1.1\sqrt{n}]$ 等,没有哪一种方法能适合于所有问题,而且没有给出设定这些参数的理论依据。面对一个给定的实际问题,常常是经过各种尝试,最后才得到一种可以接受的方案。

(2)不能避免循环。禁忌表的提出就是为了尽量避免迂回搜索,而禁忌表也确实在很大程度上避免了循环。但是,禁忌搜索算法不能避免较大的循环。即使在引入了中期表和长期表之后,也不能彻底地避免循环。当局部最优点的周围被一些大的"吸引盆"包围的时候,禁忌搜索算法收敛得相当慢。

当禁忌搜索算法得到一个局部最优点时,使用禁忌表禁止刚访问过的点,使得搜索逐渐远离局部最优点。这里有一个隐含的假设:从局部最优点出发,而不是从随机点出发,能更容易地达到全局最优点。但是,研究表明有时候可能不是这样。

2. 主动禁忌搜索算法的基本原理

主动搜索(Reactive Search,RS)是一种反馈机制,是一种适合于求解离散优化问题的启发式算法。Battiti 和 Tecchiolli 将主动搜索机制引入到禁忌搜索算法中来,提出了主动禁忌搜索(Reactive Tabu Search,RTS)算法。

主动禁忌搜索算法利用反馈机制自动调整禁忌表长度,自动平衡集中强化搜索策略和分散多样化搜索策略。算法中给出增大调节系数 N_{IN}($N_{IN} > 1$)和减小调节系数 N_{DE}($0 < N_{DE} < 1$)。搜索过程中,所有访问过的解都被存储起来,每当执行一步移动时,首先检查当前解是否已经访问过。如果已经访问过,说明进入了某个循环,禁忌长度变为原来的 N_{IN} 倍;如果经过给定的若干次迭代后,没有重复的解出现,禁忌长度变为原来的 N_{DE} 倍。

为了避免循环,主动禁忌搜索算法给出了逃逸机制。搜索过程中,当大量解重复出现次数超过给定次数 R_{EP} 时,逃逸机制便被激活。逃逸操作一般通过从当前解执行若干步随机移动实现,执行移动的步长在定义域内随机选择。为了避免很快跳回刚搜索过的区域,所有随机操作都被禁止。

禁忌搜索算法使用历史记忆寻优,用禁忌表指导优化搜索,结合渴望水平,系统地实现了集中强化搜索和分散多样化搜索的平衡。而主动禁忌搜索算法则使用反馈策略和逃逸机制来加强这种平衡。因此,理论上说,主动禁忌搜索算法比一般的禁忌搜索算法效果更好,搜索的质量更高。

3. 主动禁忌搜索算法的基本步骤

主动禁忌搜索算法的核心思想是反馈策略与逃逸机制,上面只是给出了基本思想。实际应用中,反馈策略与逃逸机制有多种实现方法。例如,如果 num_dec 代内没有重复解出现,则禁忌表长度变为原来的 N_{DE} 倍;如果重复解出现的总次数(不是哪一个解重复的次数,而是所有解重复次数的和)达到 num_esc,则执行逃逸操作。主动禁忌搜索算法的基本步骤如下:

第1步:初始化两个计数器:$n\_dec = 0$,$n\_esc = 0$。

第2步:初始化其他参数,给定初始解。

第3步:针对当前解,给出候选解集。

第4步:根据禁忌表情况和渴望水平情况,选出一个解作为下一次迭代的初始解,更新记录表(包括正常的禁忌表和所有访问过的解)。

第5步:如果该选中的解出现过,则禁忌长度 $t = tN_{IN}$,$n\_esc = n\_esc + 1$,$n\_dec = 0$;否则 $n\_dec = n\_dec + 1$。

第6步:如果 $n\_dec = num\_dec$,则 $t = tN_{DE}$,$n\_dec = 0$。

第7步:如果 $n\_esc = num\_esc$,则实施逃逸操作,$n\_esc = 0$,$n\_dec = 0$。

第8步:如果满足停止准则,则算法终止;否则转第3步。

以上步骤主要用来说明主动禁忌搜索算法中提出的反馈机制和逃逸操作,至于常规禁忌搜索算法中包括的渴望水平与选择策略等,这里没有详细描述。主动禁忌搜索算法的流程如图4.9所示。从中可以清楚地看到主动禁忌搜索算法的核心思想、逃逸机制的触发条件以及加大或者缩小禁忌长度的具体方法。

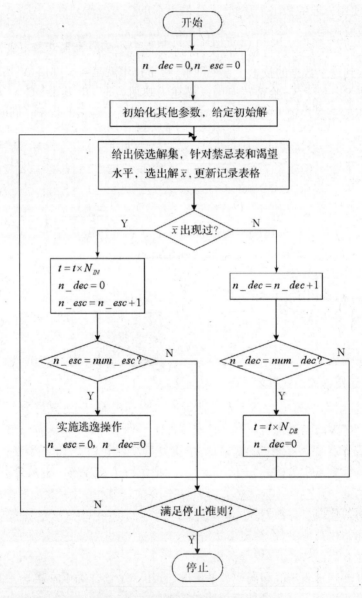

图4.9 主动禁忌搜索算法的流程图

4. 主动禁忌搜索算法的内存管理

基本的禁忌搜索算法中,需要存储的内容比较少,禁忌表的长度一般不会很长。即使是这样的情况下,存储的空间与效率也比较重要,例如上文介绍的频数表和短期表共用一个矩阵的方法。实际上,关于节省存储空间,提高访问速度方面还有很多研究,本书没有详细介绍。

主动禁忌搜索算法中,所有访问过的解都需要存储起来,这避免了搜索的循环,同时可以自动地调整禁忌长度,能很好地平衡集中强化搜索与分散多样化搜索。但是,事物都是具有两面性的,主动禁忌搜索算法中存储了大量的信息。而且对这些信息要频繁地访问,如果只是使用一般的数组来存储,显然是不够的。为了提高搜索的速度,主动禁忌搜索算法中一般使用哈希(Hashing)表来存储这些信息。

哈希技术即对关键字进行数学转换,得到一个位置信息,使得在数组或者文件的这个位置可以检索到这个数据的技术。直观理解,哈希技术就是对关键信息"切碎"而后进行管理的一种技术。数学上,哈希转换可以描述为映射 $f: A \rightarrow B$,其中 $|A| > |B|$,通过对较少的数据 B 检索完成对较大的数据 A 的检索,因此提高了检索的效率。同时,由于 $|A| > |B|$,哈希函数 f 不是一一映射,而是多对一映射,所以有时会引起冲突,哈希技术中有专门关于避免冲突等方面的研究。关于哈希技术的更详细描述超出了本书的范围,有兴趣的读者可以参考相应关于数据结构的文献。

下面给出一个简单的例子来说明哈希函数。很多电台节目中要记录参与者的电话或者手机号码,而这些号码通常为 10 多位,当数据量很大时,检索起来比较困难;通常选取 4 位尾号作为关键字,使用哈希表进行管理,例如手机号码 $130 \times \times \times \times 1589$ 映射为 1589。如果应用得好,哈希技术可以大大提高数据访问的效率。

主动禁忌搜索算法中,存储的是解的表达(编码)方式,即映射中的 A,而如果用解的主要一些配置信息作为关键字构成哈希函数,即映射中的 B。通过检索这些配置信息,可以很快地找到相应的解。

除了使用哈希表来管理这些存储的解之外,还可以使用二叉树等方式,这里不赘述。

5. 主动禁忌搜索算法的应用

Battiti 和 Tecchiolli 提出主动禁忌搜索算法的时候,针对 0 – 1 背包问题和大规模的二次指派问题(QAP)对算法进行测试,取得了很好的效果。国外学者已经将主动禁忌搜索算法成功应用于很多领域,包括旅行商问题(TSP)、车间调度、车辆路径问题(VRP)、神经网络参数调整以及电力系统控制等领域,也有人用来求解函数优化问题,国内关于主动禁忌搜索算法的研究与应用还比较少。

主动禁忌搜索算法的主要思想是利用反馈机制自动调整禁忌长度和逃逸机制来避免循环。事实上,具有这样思想的禁忌搜索算法都可能称为主动禁忌搜索算法,而且主动禁忌搜索算法还可以包括其他方面针对禁忌搜索算法的改进,例如并行的主动禁忌搜索算法等。

虽然主动禁忌搜索算法目前还处于发展阶段,但是可以预见,随着应用领域的扩大和研究的深入,主动禁忌搜索算法作为一种鲁棒性很强的元启发式算法,必将得到长足的发展。

4.5.3　禁忌搜索算法与遗传算法混合的搜索策略

近年来,混合优化策略得到了广泛的应用,并取得了很好的效果,其设计与分析已经成为算法研究的一个热点。本小节首先简要介绍混合优化策略的研究与应用情况,然后给出禁忌搜索算法和遗传算法的混合优化策略。

1. 混合优化策略

随着工程技术的发展和问题范围的拓宽,问题的规模和复杂度越来越大,传统算法的优化效果往往不够理想,同时算法理论研究的滞后也导致了单一算法性能改进程度的局限性。基于这种情况,算法混合的思想已经成为提高算法优化性能的重要且有效的途径。

近年来,有学者分析了遗传算法、禁忌搜索算法以及本书后面章节要介绍的模拟退火算法、蚁群优化算法、粒子群优化算法等元启发式算法的特点,并将上述算法统称为广义邻域搜索算法。广义邻域搜索算法是相对于梯度下降法等传统的邻域搜索算法而言的,为构造新的优化算法提供了一个框架,其中包括如下六个方面的要素:

(1)搜索机制是构造算法框架和实现优化的关键,是决定算法搜索行为的根本点。

(2)搜索方法决定着优化结构,即每步迭代有多少解参与优化。

(3)邻域函数决定了邻域结构和邻域解的产生方式。

(4)状态更新方式即如何从旧状态中确定新的当前状态,是决定算法整体优化特征的关键步骤之一。

(5)控制参数必须以一定的方式进行修改,以适应算法性能的变化。

(6)停止准则决定了算法的最终优化性能。

部分学者通过分析广义邻域搜索的关键要素,又提出了广义邻域搜索的统一结构,这对算法混合策略的研究以及设计新的算法具有一定的指导意义。

当前关于混合优化算法的应用已经比较广泛,其中参与混合的算法包括传统的优化算法以及各种启发式算法和元启发式算法。例如,模拟退火－单纯形算法混合优化策略、遗传－模拟退火算法混合优化策略、禁忌搜索－遗传算法混合优化策略等,还包括三种或者三种以上算法的混合。应用领域包括函数优化、组合优化、神经网络设计等各个领域。

2. 禁忌搜索算法和遗传算法的局限性

禁忌搜索算法的优越性使其得到了广泛的应用,同时禁忌搜索算法的一些局限性也促进了禁忌搜索算法与其他算法混合优化策略的产生与发展。禁忌搜索算法与其他算法的众多混合策略中,这里只介绍禁忌搜索－遗传算法混合策略。介绍之前,首先回顾一下这两种算法的缺陷。

(1)遗传算法的局限性

尽管遗传算法能够胜任任意函数高维空间组合优化问题,但是对于大规模神经网络的结构和权值的优化等超大规模优化问题,遗传算法的应用就受到了限制。究其原因,主要是遗传算法每一代都要维持一个较大规模的种群,对整个种群的存储与访问占用了大量的空间和时间,当问题规模相当大时,这样大的时间和空间开销是无法接受的。

遗传算法还有一个缺点是"早熟"。造成遗传算法早熟的原因有两个:其一便是遗传算法中的交叉算子。交叉算子使得种群中的染色体之间具有局部相似性,可能导致搜索停滞不前。其二是遗传算法中的变异概率一般比较低,变异操作带来的种群多样性一般不够,而主要呈现出的是交叉操作带来的种群相似性。

此外,由于变异操作的"力度不够",遗传算法的爬山能力一般较差,因此如何提高爬山能力也成为遗传算法的一个主要研究方面。

(2)禁忌搜索算法的缺憾

相对于遗传算法,禁忌搜索算法具有较快的收敛速度,但是禁忌搜索算法的搜索性能较大地依赖于给定的初始解。一个较好的初始解往往使禁忌搜索算法能够很快收敛于全局最优解,而一个较差的初始解可能极大地降低算法的收敛速度。因此,应用中往往使用其他启发式算法给出一个较好的初始解,来提高禁忌搜索算法的性能。

禁忌搜索算法的另外一个缺憾是算法的串行性。算法初始时是一个解而不是一个种群,迭代过程也只是从一个解移动到另外一个解,而不是一个种群移动到另外一个种群。相对于遗传算法等并行算法而言,禁忌搜索算法的串行性导致全局搜索能力有待提高,也正因为如此才出现了并行禁忌搜索算法。

3. 禁忌/遗传混合策略的基本思想

最早把记忆功能引入到遗传算法中的是 Muhlenbein,其从一个很宽广的范围对遗传算法和禁忌搜索算法进行了分析和比较,指出了两者进行混合的可能性以及理论基础,但并未提出具体的混合方法。Reeves 把禁忌搜索算法的多样化思想引入到遗传算法的交叉和变异中,并使得搜索过程具有记忆性,收到了很好的效果。而后,禁忌搜索 - 遗传算法混合搜索策略(简称禁忌/遗传混合策略)得到了较为广泛的应用。

禁忌/遗传混合策略中,由于遗传算法的广域搜索能力较强,一般作为"主算法";由于禁忌搜索算法的局部搜索能力较强,一般作为"从算法"。主算法和从算法的概念并不是针对两个算法的重要性,而是这样的混合算法从整体看来比较像一般的遗传算法,而其中的实现方法上又带有禁忌搜索算法的思想。目前应用较多的禁忌/遗传混合策略主要包括两种形式,即嵌入禁忌搜索的遗传算法和引入禁忌搜索思想的遗传算法,下面分别给出介绍。

(1)嵌入禁忌搜索的遗传算法

这种混合策略中,完整的禁忌搜索算法被嵌入在遗传算法中。遗传算法的每一步迭代中,要进行一次或者数次的完整禁忌搜索(而不是一次或数次禁忌搜索迭代)。遗传算法的爬山能力比较弱主要是由于变异操作造成的,所以这种策略中一般使用禁忌搜索算法代替变异操作。使用禁忌搜索取代了标准变异算子之后,这个算子一般称为禁忌搜索变异算子,记为 TSM 算子。

这种使用了 TSM 算子的遗传算法的一般步骤可以描述为:

第 1 步:初始化算法,给出算法中各参数,并初始化种群。

第 2 步:判断遗传算法的停止准则是否满足。如果满足,则停止算法,输出结果;否则继续以下步骤。

第 3 步:基于当前种群进行选择操作,例如使用轮盘赌方法。

第 4 步:进行交叉操作,更新种群和最优状态。

第 5 步:使用 TSM 算子变异。

子步骤 5 - 1:对于每一个染色体,生成 0,1 之间的随机数 r,如果 $r \leq p_m$(其中 p_m 为变异概率),则对该染色体进行 TSM 变异,否则考虑下一个染色体。

子步骤 5 - 2:初始化禁忌搜索算法,当前染色体即为初始解。

子步骤5-3:判断禁忌搜索算法迭代准则是否满足。如果满足则结束禁忌搜索,进入第6步;否则继续以下步骤。

子步骤5-4:产生候选解集。

子步骤5-5:根据设定的渴望水平和禁忌表情况,选择一个解,并更新禁忌表。

子步骤5-6:转子步骤5-3。

第6步:以新的种群返回第2步,继续遗传算法。

嵌入禁忌搜索的遗传算法和一般遗传算法大部分都是一样的,所以上述步骤中没有对其中的编码方式、初始化、选择方法、交叉方法等环节做详细描述,这些环节的确定以及种群大小、迭代次数、交叉和变异概率等参数的给出已经在第3章详细介绍过了。

嵌入禁忌搜索的遗传算法中的禁忌搜索部分和一般的禁忌搜索也是一样的,包括其中的候选解集的确定、禁忌长度的给出以及渴望水平的选择等都没有特殊要求。但是,在这里禁忌搜索只是一个被嵌入的算法,主要用于邻域搜索。因此,算法的参数设置上可以适当加重邻域搜索的力度,例如一般不用中期表和长期表,迭代次数也不宜过大。

(2)引入禁忌搜索思想的遗传算法

与嵌入禁忌搜索的遗传算法不同,这种混合策略只是把禁忌搜索算法的"禁忌"与"特赦"思想引入到遗传算法中来,对遗传算法中的交叉或者变异操作进行一定的改进。遗传算法的选择策略中有"精英保留"策略,主要是为了把性能良好的染色体直接保留到下一代。引入禁忌搜索思想后,不但可以实现"精英保留",而且具有记忆功能,限制了个体被替换的频率。这种思想一般用于改进交叉算子,改进后的交叉算子称为TSR算子。

具有TSR算子的遗传算法可以描述为:

第1步:初始化算法,给出算法中的各参数,并初始化种群。

第2步:判断遗传算法的停止准则是否满足。如果满足,则停止算法,输出结果;否则继续以下步骤。

第3步:基于当前种群进行选择操作,例如使用轮盘赌方法。

第4步:使用TSR算子进行交叉:

子步骤4-1:对于每一个染色体,生成0,1之间的随机数r,如果$r \leqslant p_c$(其中p_c为交叉概率),则该染色体被选中,否则没有选中。如此选出父代染色体。

子步骤4-2:对每对父代染色体进行交叉操作,产生两个子代。

子步骤4-3:以父代染色体平均适配值为渴望水平,以染色体的适配值为禁忌对象,禁忌表具有一定的长度。

子步骤4-4:如果子代染色体适配值优于渴望水平,则破禁,无论其是否被禁忌,该子代染色体都进入下一代;否则进入下一步。

子步骤4-5:如果子代染色体没有被禁忌,则该染色体进入下一代;否则进入下一步。

子步骤4-6:选择最好的父代染色体进入到下一代中。

第5步:进行变异操作。

第6步:以新的种群返回第2步,继续遗传算法。

可见,以上混合策略中,交叉操作采取了"禁忌"与"破禁"的思想,这是禁忌搜索的基本思想；但是又没有嵌入完整的禁忌搜索算法，没有使用诸如邻域移动等操作，所以称为"引入禁忌搜索思想的遗传算法"。

TSR 算子的核心思想就是：交叉产生的子代中，对于比较优秀的，直接进入下一代，无论其禁忌状态如何，即达到了渴望水平（父代适配值的平均值）。对于一般的染色体，即不能达到渴望水平的，那么如果被禁忌了，宁愿选择父代染色体。这样可以保持种群的多样性，避免算法的早熟。至于经典遗传算法中讲的各种交叉算子，根据问题的需要可以随意选择，例如，可以选择单点交叉或者双点交叉、与运算交叉或者或运算交叉等，这样的任何交叉算子引入了禁忌搜索思想后，都可以称作 TSR 算子。

禁忌/遗传混合策略还可以有其他的形式，例如同时使用 TSR 算子和 TSM 算子等。

4. 禁忌/遗传混合策略的应用情况

早在 1993 年，Fox 等就混合禁忌搜索和遗传算法来模拟马尔可夫链，Glover 等认为：尽管禁忌搜索算法和遗传算法有很大的区别，但有一些内在联系，并且可以在很大范围内混合两种算法来进行优化。之后，禁忌/遗传混合优化策略得到了广泛的应用，包括预警卫星传感器调度、防空作战中的目标分配问题、通信系统中的最佳多用户检测问题、带有时间窗的车辆路径问题、可变加工时间的工件调度问题、电力系统的资源分配和电压控制以及聚类分析等领域。当前混合算法日益成为研究的热点，应用范围日益广泛。

4.5.4　其他改进方法

以上介绍了并行禁忌搜索算法、主动禁忌搜索算法以及禁忌/遗传混合优化策略，这些策略很好地改进了禁忌搜索算法的性能，应用的范围也比较广泛。除此之外，还有许多基于禁忌搜索算法的改进算法，这些算法也能较好地改进搜索性能，但大部分问题依赖性都比较强，应用范围因此受到一定限制，下面给出几个例子。

1. 基于其他方法构造初始可行解

上文已经多次提到，禁忌搜索算法的性能在较大程度上依赖于初始解的质量。为了提高算法收敛的速度，提高解的质量，很多场合下初始解不是随机生成的，而是基于其他算法给出的。

例如，方永慧等使用插入法生成高质量的初始解，然后利用禁忌搜索算法寻优；当禁忌搜索算法的最优解经过很多次迭代都不能得到改善时，基于当前解利用插入法重新构造搜索起点，从而能很快地跳出原来的搜索路径而从不同的方向进行搜索。经过典型优化问题（TSP）问题验证，这种基于插入法的混合算法具有很好的收敛性和寻优能力。贾永基等也使用插入法构造初始解，进而使用禁忌搜索算法求解货运车辆调度问题。

这里提到的插入法（Insertion Method, IM）是一种构造性启发式算法，最早是由 Rosenkrantz 等人为构造某一度量空间中的一条访问回路而提出，后来已经从算法复杂性的角度证明这种算法用来生成高质量的初始解时具有很大的优越性。

2. 快速局部搜索结合禁忌搜索的算法

当邻域规模比较大时，如果遍历整个邻域选择最优解然后根据禁忌表和渴望水平来完成一次迭代，则邻域搜索时间将比较长。在这样的情况下，可以将邻域的一部分作为候选解集来加快邻域搜索,也可以引入其他启发式算法来加快邻域搜索。

一种快速局部搜索(Fast Local Search,FLS)算法将邻域空间划分为多个子邻域,并在邻域上设置活动标志。活动标志为 0 的子邻域称为活动子邻域,是待搜索的子邻域;活动标志为 -1 的子邻域称为不活动子邻域,是不用搜索的子邻域。初始时所有子邻域的标志都是 0,如果搜索完某个子邻域没有找到任何更好的邻居,那么该子邻域的活动标志置为 -1,否则该子邻域的活动标志保持为 0。随着解的不断改进,活动的子邻域越来越少,搜索的速度越来越快。直至所有子邻域活动标志都为 -1,则找到了局部最优解,邻域搜索结束。

贾永基等将这种快速局部搜索算法引入到禁忌搜索算法中来,并巧妙地根据带时间窗车辆装卸货问题的特点,在客户和路径的对应关系上设置活动标志,将表示活动标志信息的矩阵和禁忌表合二为一。通过测试,在保证解的质量没有变化的情况下,搜索时间大大减少,表明这种混合禁忌搜索算法的有效性。

3. 带回访功能的禁忌搜索算法

Eugeniusz 提出了一种带回访功能的禁忌搜索算法,主要思想是每当历史最优解得到改进时,保存与这个解有关的信息。当算法迭代了预先给定的一定代数而最优解没有改进时,回跳到已经保存的有改进解的位置,取出与这个解有关的信息,从该点开始对未搜索的邻域进行搜索。重复上述步骤,直至搜索完所有区域。

这一方法的缺点是:在预先给定的步数内找到的很多解是重复的,浪费了很多的时间。为了解决这个问题,童刚等引入了哈希技术保存访问过的解,改进带回访功能的禁忌搜索算法,并针对 job-shop 问题验证了算法的性能。

4. 结合启发式的禁忌搜索算法

衣杨等针对并行多机成组工件极小化通过时间的调度问题,提出了禁忌搜索结合启发式(记为 TSHEU)的算法,并对比了禁忌搜索结合分枝定界(记为 TSB&B)算法,表明两种算法都是有效的,而 TSHEU 算法速度更快。

并行多机成组工件极小化通过时间问题属于一类工件调度问题,其中成组调度的基本思想是:不同工件按其相似性分为若干个组;加工中,一个工件接在同组工件之后不需要重新准备,而接在不同组工件之后必须重新准备。这个问题属于 NP 难题,一般启发式算法难以用到具有实际意义的大型问题中。

针对单机流水时间问题的最优性条件和合理调度的性质,衣杨等提出了效果很好的启发式算法,并将该算法与禁忌搜索算法结合求解上面的多机问题。搜索过程中根据给出的启发式算法可以很容易地判断出某个解是否为邻域最优解,而不需要像一般问题那样通过遍历邻域来判断最优性,极大地节省了搜索时间。

5. 其他改进算法与混合算法

关于禁忌搜索的改进算法还有很多,可以对标准禁忌搜索算法的各个基本环节进行改进,包括初始解的确定方法、各参数的设定与调整方案、邻域搜索策略等。例如,刘江华等将极大似然加速算子引入到禁忌搜索算法中,每迭代一定次数,进行一次极大似然加速操作,也就是基于某种概率进行局部搜索,很大程度上加快了禁忌搜索的收敛。

　　禁忌搜索算法与其他算法的混合算法还有很多,例如禁忌搜索算法与粒子群算法(PSO)混合、禁忌搜索算法与贝叶斯优化算法混合等。限于篇幅,在此不能一一列举,而且与禁忌搜索算法混合的有些算法会在本书后面章节中给出介绍。

　　上述算法主要针对禁忌搜索算法本身的一些缺点进行改进,包括:针对串行搜索引入并行机制,针对禁忌长度的设定缺乏理论依据引入反馈机制,针对不能避免较大循环引入逃逸机制等。这些方面和待求解的优化问题无关,通用性比较好,因此这些改进算法得到了较为广泛的应用,而且应用范围还有扩大的趋势。

　　此外,对于特定的问题而言,通用性好的算法一般不会是性能最好的,因为通用的算法不可能考虑给定问题的特征。如果问题有特殊的要求,例如计算时间要求很短,或者必须求得全局最优解,那么应该针对特殊问题的特殊要求,修改那些比较通用的算法,或者重新设计新的求解算法。例如中国象棋人机博弈中通常就采用穷举搜索,只是穷举方法上使用了分枝定界等技术而不是蛮力搜索而已。如果问题没有特殊的要求,则可以直接使用那些比较通用的优化方法求解。

4.6　禁忌搜索算法的应用案例

　　禁忌搜索算法是一种有效的组合优化求解算法,Glover 最早也是针对组合优化问题提出的这种算法。但是,近年来禁忌搜索算法的应用范围得到了拓展,包括函数优化(实优化)和多目标优化问题的求解等,下面分别给出介绍。

4.6.1　应用于实优化问题

　　1992 年 Hu 首先将禁忌搜索算法扩展到函数优化领域,之后用禁忌搜索算法求解函数优化问题得到了一定的关注,而且现在还在发展之中。

1. 主要技术问题

　　使用禁忌搜索算法求解函数优化问题,首先要解决的问题是邻域的表征。函数优化中,当前解 x 的邻域通常定义为以 x 为中心、r 为半径的球,记为 $B(x,r)$,从而所有满足条件 $\|x'-x\| < r$ 的点 x' 都是 x 的邻域解,其中 $\|\cdot\|$ 表示范数。同时,为了使得 η 个邻域解在整个邻域内分布得比较均匀,可以再定义以 x 为中心、分别以 $r_1, r_2, \cdots, r_{\eta-1}$ 为半径的 $\eta-1$ 个同心球,将邻域分割为 η 个子邻域,在每一个子邻域中产生一个点。这样,x 的 η 个邻域解为 $\{x^i \mid r_{i-1} \leqslant \|x^i - x\| \leqslant r_i, \quad i=1,2,\cdots,\eta\}$,其中 $r_0 = 0, r_\eta = r$。

　　以上使用分割球的方法得到邻域解的过程中,计算量比较大,而且邻域解的个数 η 不好给出。更为简便的做法是采用超立方体代替球,即对当前解 $x = (x_1, \cdots, x_n)^{\mathrm{T}}$($n$ 为解的维数)的分量 $x_i (1 \leqslant i \leqslant n)$ 做如下变换:

$$x_i' = x_i + s \tag{4.8}$$

其中,s 为步长。根据需要,s 可以随迭代步数的变化而变化,也可以针对不同的分量取不同的值。

　　此外,由于状态或状态变化以及适配值(函数值)是连续的,关于是否被禁忌的判断与求解离散问题也不同。这里,通常在禁忌对象的一定范围内都认为是禁忌的,例如禁忌对象的 ±0.01% 等。

2. 简化禁忌搜索算法用于实优化

所谓简化禁忌搜索算法,即不考虑所有邻域解都被禁忌的情况和渴望水平。使用简化禁忌搜索算法求解实优化问题 $\min f(x)$, $x \in E^R$ 的基本步骤可以描述为如下:

第 1 步:随机给出初始解可行解 x ,历史最优解 $x^* = x$,迭代次数 $k = 0$ 。

第 2 步:如果达到最大迭代次数,则输出结果,停止算法,否则继续以下步骤。

第 3 步:产生邻域 D ,并计算邻域解的适配值。

第 4 步:选择不被禁忌的最好解 $\bar{x}$, $x = \bar{x}$, $k = k + 1$,更新禁忌表。

第 5 步:如果 $f(\bar{x}) < f(x^*)$,则 $x^* = \bar{x}$;否则继续以下步骤。

第 6 步:返回第 2 步继续搜索。

从以上步骤可以看出,简化禁忌搜索算法中以设置最大代数为停止准则,以选中的解为禁忌对象,当然,如果某个解与禁忌表中某元素的差小于给定范围,也认为是被禁忌的。这样的算法简单明了,容易实现,而且与用于组合优化的禁忌搜索算法也十分相似,主要的区别是其中邻域的确定。

这个算法中,按式(4.8)给出邻域,其中的步长 s 按

$$s^{k+1} = rs^k \tag{4.9}$$

规律变化,其中, k 为迭代次数, r 为给定常数,第 k 次迭代的 s^k 与模拟退火算法中的 S 的含义类似, $s^k = cs^{k-1}$,其中 $0 < c < 1$ 为步长的减小比例。

施文俊等认为这个算法中的步长 s 下降速度过慢,导致搜索广度大而精度不足。于是将整个迭代过程分为数轮,每经过一轮 s 的值减少一个数量级,采用分轮速降的方法协调广度与精度的矛盾,最后使用化工邻域中的换热网络优化问题进行了验证。

3. 具有自适应机制的禁忌搜索算法用于实优化

集中性搜索与多样性搜索始终是禁忌搜索算法运行的焦点,这在上文已经多次提到。集中性搜索用于对当前搜索到的较好解的邻域进行进一步的搜索,以便达到全局最优解;多样性搜索用于拓宽搜索区域,尤其是没有搜索过的区域。当搜索陷入局部最优时,多样性搜索能改变搜索方向,跳出局部最优解。集中性搜索与多样性搜索是重要的,但又是矛盾的,如何协调这对矛盾是应用禁忌搜索算法的一个难点。针对这个问题,已经开展了大量的研究工作,例如前文介绍的主动禁忌搜索算法利用反馈机制调整禁忌长度来协调集中性与多样性。

贺一等提出了另一种协调集中性与多样性的策略。这种自适应策略中,将邻域和候选解集分为两个部分:一部分是集中性元素,用于集中搜索;另一部分是多样性元素,用于多样性搜索。邻域中集中性元素的产生办法和一般禁忌搜索算法中邻域的产生办法相似,而多样性元素则不同,常常是随机产生。候选解集中的集中性元素按最优性选取,而多样性元素则仍随机选取。

算法开始之前,候选解集中的集中性元素占元素总数的一半。迭代过程中,集中性元素个数 DL 动态地改变。如果本次迭代得到的当前最优解优于上一次迭代得到的最优

解,则 $DL = DL + 1$;如果本次迭代得到的最优解等于或劣于上一次迭代得到的最优解,则 $DL = DL - 1$。另外,无论什么时候,候选解集中都要存在集中性元素和多样性元素,至少保留一个。

当解的质量有提高时,候选解集中的集中性元素增多,相应的进行集中性搜索的概率也增大;反之,当解的质量没有提高时,候选解集中的多样性元素增多,相应的多样性搜索的概率也增大。这样,根据搜索中的解的具体情况动态地调整集中性搜索与多样性搜索的比例,较好地解决了这一对矛盾。针对 TSP 问题,将具有这种自适应能力的禁忌搜索算法与其他文献上的神经网络的算法进行了比较,多数情况下这种禁忌搜索算法优于神经网络算法。

由于这种策略不需要问题的特殊信息,很容易应用于其他问题的求解。贺一等用带这种策略的禁忌搜索算法优化神经网络中的权值和阈值。其中一些关键环节介绍如下:

(1)禁忌对象:优化问题的目标函数为神经网络实际输出与目标输出的相对平均偏差,即

$$f = \frac{1}{n} \sum_{i=1}^{n} \frac{|T(i) - O(i)|}{|T(i)|} \times 100\% \tag{4.10}$$

其中,n 为样本点个数,$T(i)$ 和 $O(i)$ 分别为第 i 个样本点的目标函数值和实际输出值。以目标函数值 f 为禁忌对象,当候选解的目标函数值在禁忌表中某元素周围的一个很小的区间(例如 $\pm 0.01\%$)时即被禁忌。

(2)邻域结构:在神经网络当前权值和阈值(当前解)每一个元素的基础上加上一个修正量,形成一个邻域解。最大修正量记为 max_affset,修正量在这个最大值之内均匀地随机生成。

(3)自适应策略:对于集中性元素,最大修正量取很小的值,例如 $\pm 0.05 \sim \pm 0.1$,便于在该区域集中搜索;对于多样性元素,最大修正量取较大值,例如取 $\pm 0.4 \sim \pm 2.0$。其他方面完全按上述自适应策略实现。

使用这种禁忌搜索算法训练神经网络,与用 BP 算法训练神经网络做了比较,测试函数为 $\sin(x)$ 和函数 $f(x) = \sin(x)/x$,结果这种算法的优越性十分明显。

这种禁忌搜索算法的核心思想是引入了集中性元素和多样性元素的概念,并根据搜索的具体情况自动调整两种元素的比例,很好地解决了集中性与多样性之间的矛盾。

4. 增强连续禁忌搜索算法

Chelouah 等提出了一种增强连续禁忌搜索算法(ECTS)。与前文介绍的具有自适应机制的禁忌搜索算法相似,ECTS 也强调集中搜索和分散化搜索的重要性。简单地讲,ECTS 框架包括三个主要部分,即分散搜索、最有希望区域搜索、集中强化搜索。因此,增强连续禁忌搜索算法的主要步骤可以描述为如图 4.10 所示的流程图。算法的这三个主要步骤是连续的,前一个步骤的结果为后一个步骤做准备,或者可能就是后一步要搜索的范围(定义域),后一步搜索是前一步的继续和强化。算法的三个主要步骤又比较相似,每一个主要步骤都可以认为是一个独立的禁忌搜索算法。下面对这三个主要部分分别做介绍。

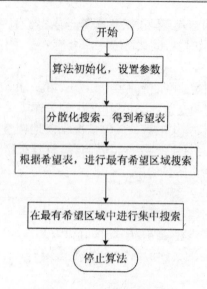

图 4.10 ECTS 的基本流程图

(1)分散化搜索

分散化搜索中除了禁忌表外,又引入了"希望表"的概念。禁忌表中存放过去一定次数迭代中接受的邻域解,而希望表中存放搜索到的有希望区域。首先给定初始解,按前面介绍的分割超方体的方法得到规定个数的邻域解,选择那些既不在禁忌表中又不在希望表中的最优邻域解,作为下一次迭代的当前解。如此反复搜索,当目标函数出现了不可接受的恶化时,便开始搜索新的有希望区域,而这时当前解就被认为是这个有希望区域的中心,记录在希望表中,希望表和禁忌表相似,也有一个给定的长度,当新的有希望区域进入希望表时,最差的(注意:不是最早的)有希望区域从希望表中退出。如果规定步数内没有发现新的有希望区域,则停止分散化搜索,进入最有希望区域搜索。

注意:产生邻域时使用的超方体方法,便于实现;而判断一个解是否被禁忌时使用的是禁忌球方法,即判断该解与禁忌对象的距离是否在给定距离之内,这两者是有区别的。

可以看到,这个过程就是一个禁忌搜索,而且是比较复杂的禁忌搜索。其中希望表中存储的可以理解为算法的结果,只是这里不只保留一个结果,而是保留了规定个数(希望表长度)的最优结果。禁忌表和希望表的同时使用,有效地激励搜索远离初始点,避免迂回搜索,从而很好地实现了分散化搜索。

(2)最有希望区域搜索

分散化搜索中已经得到了一个希望表,这是"最有希望区域搜索"的开始区域,禁忌表已经没有意义。最有希望区域搜索的主要步骤如下:

第1步:计算希望表中所有解的目标函数值的平均值。

第2步:删除希望表中目标函数值高于平均值的解,即比较差的解。

第3步:将禁忌球半径和超方体邻域大小减半,对留下来的有希望解执行"产生邻域解,选出最优解"的操作过程。如果最优解优于产生它的那个有希望解,则使用该最优解替换当初的有希望解,否则不替换。如此对整个希望表扫描完毕。

第 4 步：如果还剩下多个有希望区域，转第 1 步继续搜索；否则结束。

（3）集中搜索

集中搜索是针对"最有希望区域搜索"得到的最有希望区域进行的，是又一轮的搜索。集中搜索的步骤可以描述如下：

第 1 步：清空禁忌表，初始化迭代步数等参数。

第 2 步：对当前解执行"产生邻域解，选出最优非禁忌解，更新禁忌表"的操作。

第 3 步：如果目标函数值在规定迭代次数内得到了改善，转第 2 步反复搜索；否则继续以下步骤。

第 4 步：如果目标函数值在规定迭代次数内没有改善或者达到了规定的迭代步数，则算法停止；否则将超方体邻域大小和禁忌球半径减半，转第 1 步反复搜索。

可以看到，这只是一个非常简要的描述，其中一句话"产生邻域解，选出最优非禁忌解，更新禁忌表"几乎相当于标准禁忌搜索算法的全过程。因此，分散化搜索，最有希望区域搜索、集中搜索都是很复杂的禁忌搜索过程，而整个的 ECTS 框架的复杂程度可想而知。

当然，ECTS 框架中具有为数众多的参数，包括一些初始化参数和控制参数，而这些参数中有些需要用户给出，有些需要通过计算得到，有些需要根据问题规模设定等。关于这些参数的详细设置方法本书不展开讨论，有兴趣的读者可以查阅相关文献。

禁忌搜索算法用于实优化，可以是非常简单的基本禁忌搜索算法，也可以是很复杂的 ECTS 框架。对于特定的问题，读者需要根据具体情况灵活运用禁忌搜索算法来解决。

4.6.2　应用于多目标优化问题

现实生活中，很多问题都具有不止一个目标函数，称为多目标优化问题，本小节介绍禁忌搜索算法应用于多目标优化的情况。

1. 多目标优化问题

一般的，多目标优化问题可以描述为

$$\min/\max F(X) \tag{4.11}$$

$$\text{s.t.}\quad X \in S = \{X \mid X \in A^n,\ g_i(X) \leqslant a_i, h_j(X) \leqslant b_j\},\ i = 1, 2, \cdots, m;\ j = 1, 2, \cdots, n$$

其中，决策变量 X 为 n 维向量，$F(X) = (f_1(X), \cdots, f_k(X))$ 为 k 维目标函数向量，S 为可行解的集合，带有 m 个不等式约束和 n 个等式约束，a_i 和 b_j 为常数。对于连续型变量，$A = R$；对于离散型变量，A 为可行取值的集合。目标函数 $F(X)$ 可以是极大化，也可以是极小化，但是两者容易转化，为了讨论问题方便，下面讨论中只考虑极小化情况，即 $\min F(X)$，除非有特殊说明。

多目标优化问题中的目标通常是矛盾冲突的，这导致问题的最优解通常不止一个，而是多个，而这样的"最优解"也不是通常意义上的最优解，而是 Pareto 最优解（优化解）。Pareto 最优解，也称为非受控（Non-Dominated）解，定义如下：

一个解 $X^* \in S$ 是 Pareto 最优解，当且仅当不存在 $X \in S$ 满足

（1）$f_i(X) \leqslant f_i(X^*)$，$i = 1, 2, \cdots, k$；且

（2）$f_i(X) < f_i(X^*)$，$\exists i \in \{1,2,\cdots,k\}$

换句话说，如果没有一个解能改善目标函数的某个分量而不破坏任何一个分量，那么这个解就是 Pareto 最优解。既然没有哪个解能比 Pareto 最优解更优，求解多目标优化问题时就应该寻找尽可能多的 Pareto 最优解。

2. 多目标问题求解方法

传统的求解多目标问题的方法具有一定的局限性，这是这些方法的本质所决定的。传统方法通常依赖于目标函数的类型（如线性或非线性等）以及决策变量的类型（如整数或者实数）等。影响算法性能的因素很多，包括解空间的规模、约束和决策变量的个数，以及解空间的结构（如凸的或非凸的）等。到目前为止，没有一种传统的方法能求解任何变量类型、任何约束和目标函数形式的多目标问题。例如，单纯形法只能求解目标函数和约束变量都是线性的情况，几何规划只能求解多项式形式或者符号变量目标函数的问题。然而，现实中的多目标问题常常具有多种变量形式、复杂的目标函数以及约束条件，传统的方法不能满足实际问题的需要。

在过去，实际问题必须描述成一种特定的传统方法能够求解的形式，然而这是不容易的。为了能够求解，很多实际问题需要经过大量的假设或者修改，例如，变量的取整（离散化）、放松约束、某种程度上做近似处理等，这必然会影响到解的质量。为了解决传统优化方法中的这些问题，提出了一系列不依赖于问题的启发式算法，例如本书介绍的禁忌搜索算法、遗传算法、模拟退火算法等。这个时候，只需要对这些算法做少许修改，就可以解决各种实际问题，Adil 等把这个过程描述为图 4.11 所示的形式。

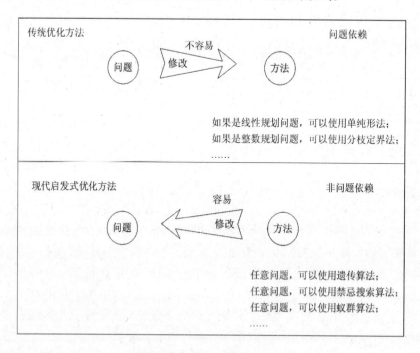

图 4.11　现代算法与传统算法的区别

使用禁忌搜索算法求解多目标问题,最简单的一个思路就是通过引入权重机制,将多目标问题化为单目标问题,然后求解。这种做法完全属于多目标问题的处理,求解所用的禁忌搜索算法与普通的禁忌搜索算法没有任何区别。Gandibleux 等提出了一种基于权重和分级函数(Scalarizing Functions)的多目标禁忌搜索算法,并用来求解组合优化问题。Hansen 提出一种包含多个解向量的禁忌搜索算法,每个解向量都有自己的禁忌表,并引入权重来引导搜索达到非受控面。Ehrgott 和 Gandibleux 关于应用禁忌搜索算法求解多目标问题给出了精彩的综述,这里不展开讨论,只在下面介绍一种非常巧妙的多目标禁忌搜索 MOTS 算法。

3. 多目标禁忌搜索 MOTS 算法

禁忌搜索算法在每一步迭代过程中,都要产生多个邻域解,从中根据禁忌准则和渴望水平来产生下一步迭代的初始解,正是受这个特点的启发,Baykasoglu 等提出了一种新的多目标禁忌搜索 MOTS 算法。Baykasoglu 等认为:类似禁忌搜索算法是这样,凡是在求解的过程中要同时处理多个解的算法,包括每代都保留一个种群的遗传算法,都可以很容易用来求解多目标优化问题。

MOTS 中,除了基本禁忌搜索算法中的禁忌表之外,引入了另外两个表,分别是 Pareto 表(Pareto List)和候选表(Candidate List)。Pareto 表用来收集搜索到的 Pareto 最优解,其中的 Pareto 最优解都曾经用来作为种子解(Seed Solution)来产生邻域解。候选表用来暂时存放搜索到的其他非受控解,如果在后续的迭代中,它们仍然保持"非受控"状态,可能作为种子解而进入 Pareto 表。MOTS 算法与一般禁忌搜索算法的其他主要区别是解的选择与更新策略,下面对 MOTS 算法中几个关键环节给出介绍。

(1)初始解

与其他禁忌搜索算法一样,随机给出或用其他算法产生一个可行初始解。

(2)邻域解的产生

根据变量性质的不同,例如连续的、离散的、0-1 变量等,邻域解的产生方法不同,这与一般禁忌搜索算法没有什么区别。但是有一点不同,产生的这给定个数的邻域解必须是不受控于种子解(当前解)的,因为搜索的目标就是要寻找 Pareto 解,当然这些邻域解也要非禁忌的。要达到这一点,可以使用最简单的产生方法,也可以使用其他复杂的策略,如变结构策略等。

这种邻域产生原则相当于不接受劣解,而用下面介绍的候选表来避免循环。这一点与普通禁忌搜索算法是不同的,普通禁忌搜索算法的一个主要特点就是接受劣解。

(3)种子解的选择

选择种子解的核心策略是 Pareto 最优性策略。Pareto 最优性是一个经济学上的概念,直观地可以这样理解:如果一个解是 Pareto 最优的,那么没有如下这样的解存在:至少有一个分量比这个解更优,而没有一个分量比这个解更差。种子解的选择包括如下步骤:

第 1 步:对于每个邻域解,计算目标函数值。

第 2 步:从邻域解中选择候选解,候选解要求相对于所有其他邻域解、Pareto 表中的解和候选表中的解是 Pareto 最优的。

第 3 步:从候选解中随机选择一个作为种子解。如果没有候选解,则从候选表中选择一个最"老"的(最早进入候选表的)解作为种子解。

（4）各种表的更新

当搜索开始时,初始解作为 Pareto 最优解放入 Pareto 表中。迭代过程中,相对于其他邻域解而言,不再具有 Pareto 最优性的解从 Pareto 表或候选表中移除。选中的种子解加入到 Pareto 表中,而如果还有其他候选解,则加入到候选表中。以种子解为禁忌对象,关于禁忌表的设置和操作与普通禁忌搜索一样。

Pareto 表和候选表的长度没有限制,这一点与禁忌表是不同的。任何一个解不会因为在这两个表中时间太长而退出,凡是被移除的解,都是因为已经不再是 Pareto 最优解了,Pareto 表和候选表以及邻域中都是这样。

（5）渴望水平

一般的禁忌搜索用于离散问题的时候,禁忌对象不是解本身,而是解的某些属性,或者称为状态改变。这种情况下,同样的禁忌对象,作用于不同的当前解,得到的是不同的新解,完全可能带来优于历史最优解的解。为了避免漏掉这样的解或者称为搜索区域,需要设置渴望水平。而如果将整个解作为禁忌对象,同样的解不可能带来不同的目标函数值,没有必要设置渴望水平,禁忌搜索算法用于实优化时通常都是这样。

（6）停止准则

如果达到了预先设定的最大迭代次数,或者候选表为空算法无法找到下一个种子解,则算法停止。

为了进一步说明种子解的产生和各种表的更新,给出一个简单的例子。两个目标函数需要最大化,决策变量为二维实数,邻域大小取 3。设当前种子解向量为(4.8, 4.6),目标函数值向量为(52.40, 40.93);产生的 3 个邻域解为(6.3, 6.1)、(6.0, 6.0)和(6.4, 6.0),对应目标函数值分别为(60.08, 47.09)、(58.79, 46.54)和(60.39, 46.86),可见所有邻域解相对于种子解都是 Pareto 最优的。下面选择候选解。从 3 个邻域解来看,目标函数值为(58.79, 46.54)的解不是 Pareto 最优的(两个分量都劣于其他解),划掉;另外两个不相互受控,如果再对照 Pareto 表和候选表,目标值为(60.08, 47.09)和(60.39, 46.86)的邻域解还是 Pareto 最优的,则这两个都是候选解。将 Pareto 表和候选表中所有不再具有 Pareto 最优性的解移除,从这两个候选解中任意选择一个作为种子解加入Pareto表中,另一个加入候选表中。此外,选出的种子解还要加入禁忌表中,禁忌表中最"老"的元素退出禁忌表,这和一般禁忌搜索算法一样。

MOTS 算法的计算流程如图 4.12 所示。

与其他应用禁忌搜索算法求解多目标优化问题的方法不同,这个 MOTS 算法框架不需要任何关于各目标函数之间的权重信息,不需要将多目标函数化为单一目标函数,而是直接利用禁忌搜索算法的结构进行搜索。而且,其他应用于多目标的禁忌搜索算法都比普通禁忌搜索算法(单目标)额外需要一些参数,而 MOTS 算法没有任何额外的参数需要设置。

如果 MOTS 算法用于实优化,则生成邻域的步长和邻域的大小对算法性能很重要。如果变量范围很宽而步长很小,则搜索时间会明显增加。相反,如果步长很小,则容易跳过最优解。实际上,这对于单目标的实优化也是相似的。

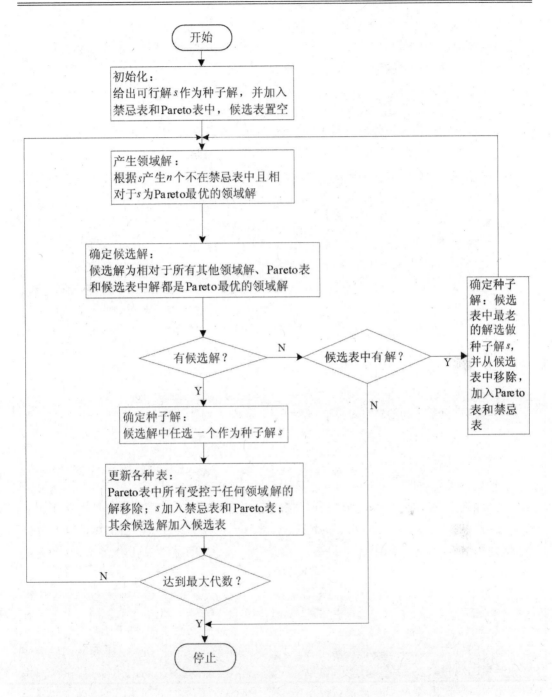

图 4.12　多目标禁忌搜索算法的流程图

　　有一点值得关注：当算法收敛时，会出现邻域中找不到具有 Pareto 最优性的候选解且候选表也为空的情况而自动停止。因此，可以放心地设置足够大的迭代次数来保证算法收敛。

　　Baykasoglu 等提出 MOTS 算法时是应用于离散多目标的，而后又应用于连续优化，并经函数测试,取得了比用遗传算法求解多目标问题更好的效果。这种 MOTS 算法在国外已经有一些应用,但国内应用得还比较少。但是,作为一种新颖高效的解决多目标优化问题的方法,这个框架很可能会得到很好的发展。

4.6.3 电子超市网站链接设计中的应用

禁忌搜索算法作为一种不依赖于问题的高效寻优算法,在工程实践中已经得到广泛的应用。下面给出一两个实际应用的例子,以加深读者对禁忌搜索算法的理解。

1. 电子超市网站链接结构的优化问题

电子超市是 B2C 电子商务的一种表现形式,经营电子超市的公司主要通过网站进行产品的宣传和交易。为满足不断变化的需求,网站需要跟踪顾客的行为,并适时调整网站的链接结构,才能在竞争中保持有利地位。关于网站结构的设计已经有一些学者进行了研究,下面给出一个更新和优化网站结构的模型,并使用禁忌搜索算法进行求解。

电子超市网站中的链接主要分为两类,反映商品目录结构的链接称为基本链接,方便顾客浏览的链接称为附加链接。如果将网页和链接分别视为顶点和弧,则网站结构可以抽象为一个带标号的有向图。设网站中共有 N 个网页,标号为 $0 \sim N-1$,其中主页的标号为 0。定义布尔矩阵 $B = \{b_{ij} | i, j = 0, 1, \cdots, N-1\}$,其中 $b_{ij} = 1$ 表示链接 (i, j) 为基本链接,$b_{ij} = 0$ 表示其他情况。定义布尔矩阵 $X = \{x_{ij} | i, j = 0, 1, \cdots, N-1\}$ 代表网站的一种链接结构,其中 $x_{ij} = 1$ 代表链接 (i, j) 存在,$x_{ij} = 0$ 代表链接 (i, j) 不存在。

链接不存在长短的差异,所以网站结构图为一个无权图。网页的层次定义为从主页到达网页经过的最少链接个数。

2. 相关的基本概念

(1)链接的可达性

链接的可达性取决于其所在网页的情况,定义为顾客点击链接的可能性。在不对链接进行特殊处理且不考虑顾客偏好的情况下,某网页上各个链接被点击的可能性是相同的,这样链接 (i, j) 的可达性为

$$H_{ij}(X) = \frac{x_{ij}}{\sum\limits_{k=0}^{N-1} x_{ik}}, i, j = 0, 1, \cdots, N-1 \tag{4.12}$$

(2)网页可达性

网页的可达性定义为用户沿所有路径到达此网页的可能性之和。由于实际网站中网页和链接的数目众多,计算所有可能的路径几乎是不可能的,这里考虑主要的路径,即用户按照网页层次由浅入深的路径,这样的路径一定包含了由主页到达页面的最短路径。为得到这样定义的到达每个网页的所有路径,可以使用路径树生成算法生成路径树。

根据得到的路径树,可以计算下列物理量:

$$N_i = f_i(X), i = 1, 2, \cdots, N-1 \tag{4.13}$$

$$L_{il} = g_{il}(X), i = 1, 2, \cdots, N-1; l = 1, 2, \cdots, N_i \tag{4.14}$$

$$J_{il} = h_{ilj}(X), i = 1, 2, \cdots, N-1; l = 1, 2, \cdots, N_i; j = 1, 2, \cdots, (L_{il}+1) \tag{4.15}$$

其中，N_i 为用户可以到达网页 i 的路径条数；L_{il} 为到达网页 i 的第 l 条路径所需的步数；J_{ilj} 为到达网页 i 的第 l 条路径的第 j 个网页的标号。于是网页 i 的可达性计算公式为

$$P_i(X) = \sum_{l=1}^{N_i} \prod_{j=1}^{L_{il}} H_{J_{ilj}J_{ilj+1}}(X), i = 1, 2, \cdots, N-1 \tag{4.16}$$

假设顾客都是首先到达网站主页，因此不定义主页的可达性。

（3）平均载入时间

设 $\tau_i(i = 0, 1, \cdots, N-1)$ 为网页 i 的平均下载时间，它与网页大小和网络的平均传输速度有关。网页 i 的平均载入时间 T_i 与到达此网页的路径条数和路径上所有网页的载入时间有关，计算公式为

$$T_i(X) = \frac{1}{N_i} \sum_{l=1}^{N_i} \sum_{j=1}^{L_{il}+1} \tau_{J_{ilj}}, i = 1, 2, \cdots, N-1 \tag{4.17}$$

（4）网页访问率

根据网络服务器在过去一段时间内统计的每一网页被访问的次数，可以按式（4.18）计算网页访问率

$$Q_i = \frac{V_i}{\sum_{i=1}^{N-1} V_i}, i = 1, 2, \cdots, N-1 \tag{4.18}$$

其中，Q_i 为网页 i 的访问率；V_i 为过去一段时间内网页 i 被访问的次数。

3. 数学模型

（1）模型的建立

按照方便顾客的原则，访问率高的网页应该具有较大的可达性和较小的载入时间，这里采用相关性来度量两组量 $U_i, V_i(i = 1, 2, \cdots, N-1)$ 的相关程度：

$$\mathop{\mathrm{cov}}_{i=1}^{N-1}(U_i, V_i) = \frac{\sum_{i=1}^{N-1}(U_i - \overline{U})(V_i - \overline{V})}{\sqrt{\sum_{i=1}^{N-1}(U_i - \overline{U})^2 \cdot \sum_{i=1}^{N-1}(V_i - \overline{V})^2}} \tag{4.19}$$

为保持网站整体结构的稳定性，在每个页面上增加或减少的链接个数不能太多，同时，应该避免新增加的链接过多地集中于某些网页，或者减少链接时将指向某些网页的链接过多地删除。另外，新增加的链接在内容上应该具有相关性。于是建立如下多目标数学模型：

$$\max f_1(X) = \mathop{\mathrm{cov}}_{i=1}^{N-1}(Q_i, P_i(X)) \tag{4.20}$$

$$\max f_2(X) = \mathop{\mathrm{cov}}_{i=1}^{N-1}(Q_i, (T_i(X)^{-1}) \tag{4.21}$$

$$\mathrm{s.t.} \sum_{j=0}^{N-1} |x_{ij} - a_{ij}| \leqslant R_i, i = 0, 1, \cdots, N-1 \tag{4.22}$$

$$\sum_{j=0}^{N-1} |x_{ji} - a_{ji}| \leqslant C_i, i = 0, 1, \cdots, N-1 \tag{4.23}$$

$$x_{ij} - b_{ij} \geqslant 0, i, j = 0, 1, \cdots, N-1 \tag{4.24}$$

$$u_{ij} - x_{ij} \geqslant 0, i, j = 0, 1, \cdots, N-1 \tag{4.25}$$

其中,式(4.20)表示最大化网页可达性与网页访问率的相关性,网页访问率 Q_i 为常数,调整后网站链接结构 X 为决策变量;式(4.21)表示最大化网页载入时间的倒数与网页访问率的相关性;式(4.22)表示增加或减少指向某个网页的链接的个数约束,常数 a_{ij} 为网站的当前链接结构,R_i 为常数;式(4.23)表示某网页上增加或减少的链接个数约束,C_i 为常数;式(4.24)表示基本链接不可以删除,常数 b_{ij} 表示基本链接情况;式(4.25)表示增加的链接内容上应该具有相关性,常数 $u_{ij} = 1$ 表示网页 i 和 j 内容上相关,$u_{ij} = 0$ 表示网页 i 和 j 内容上不相关。

(2)转化为单目标问题

设多目标问题式(4.20)~(4.25)的理想点为 (f_1^*, f_2^*),并设 $E(X)$ 为式(4.22)~(4.25)构成的可行域。采用处理多目标问题的极大模理想点法,上述问题可以转化为单目标问题:

$$\min \lambda \tag{4.26}$$
$$\text{s.t. } X \in E(X) \tag{4.27}$$
$$f_1^* - f_1(X) \le \lambda \tag{4.28}$$
$$f_2^* - f_2(X) \le \lambda \tag{4.29}$$
$$\lambda \ge 0 \tag{4.30}$$

根据极大模法相关定理,问题式(4.26)~(4.30)的最优解为原问题式(4.20)~(4.25)的弱有效解。于是,求解原多目标问题变为求解其理想点和新的单目标问题。

4. 求解算法

网站链接结构优化问题的模型中,要用到路径树生成算法,使得网页的可达性和载入时间无法用解析形式来表达,故难以用传统的优化方法求解。这里使用禁忌搜索算法来求解原多目标问题的理想点以及转化后的单目标问题。求解过程中的相关环节比较相似,集中说明如下。

(1)编码方式:决策变量为 0-1 变量,所以直接采用 0-1 编码方式。

(2)初始解:算法的初始解取网站的当前链接结构,即 $X = A = \{a_{ij}\}$。容易知道,这样的初始解是可行的。

(3)邻域结构:任意改变当前解 X 中的一个元素的值形成的解构成当前解的邻域,只保留满足约束条件的邻域解,即可行邻域解。

(4)禁忌表:以发生改变的元素 (i, j),即增加或删除的链接为禁忌对象,禁忌长度取常数 7。此外,引入中期表来记录修改(增加或删除)链接 (i, j) 的频数,并施加频数惩罚,$f'(X) = f(X) - w \cdot penalty(i, j)$。

(5)渴望水平:当优于历史最优解时,就认为达到了渴望水平。

(6)停止准则:设置最大迭代次数为停止准则。

当然,完全可以使用本章介绍的多目标禁忌搜索 MOTS 算法直接求解这个多目标问题。只是为了说明简单的禁忌搜索算法就能很好地求解如此复杂的优化问题。传统的优化方法只能求解特定类型的问题,例如线性的、二次的等;而禁忌搜索算法能求解的问题没有这样的限制,其中变量甚至可以不是解析的,只要能用程序得到变量的取值就可以了,充分显示出禁忌搜索算法极大的灵活性。

5. 计算举例

图 4.13 所示的为一个网站的基本链接结构,附加链接如表 4.3 所示,在过去一段时间内每个网页的访问次数如表 4.4 所示,平均加载时间如表 4.5 所示。表 4.6 中给出了矩阵 U 中为 0 的元素集合,即不相关网页对。

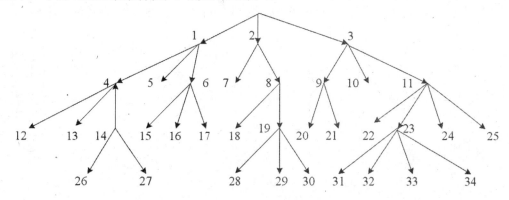

图 4.13　网站的基本链接结构

用 Java 语言实现了以上算法,在每个网页上最多增、减两个链接($R_i = C_i = 2, i = 0, 1, \cdots, N-1$)的情况下进行了仿真实验,得到的仿真结果如表 4.7 所示。结构调整后目标函数值 f_1 由 0.381 增加到 0.736,f_2 由 0.251 增加到 0.672,改进效果明显。

表 4.3　优化前网站的附加链接

(0,4)	(0,18)	(0,23)	(0,26)	(2,6)	(2,17)	(8,16)	(9,14)	(15,27)	(17,30)
(20,31)	(21,34)	(23,30)	(25,26)	(26,0)	(26,3)	(27,1)	(27,3)	(28,1)	(28,4)
(29,3)	(30,0)	(30,5)	(31,5)	(31,7)	(32,5)	(32,7)	(32,8)	(33,9)	(34,6)

表 4.4　网页的访问次数

v_i	0	1	2	3	4	5	6	7	8	9
—	120	19	38	36	72	52	61	33	15	23
10 +	23	13	55	63	34	43	15	16	7	12
20 +	21	38	14	64	24	35	92	51	11	22
30 +	62	41	32	22	36					

表 4.5　网页的平均加载时间

τ_i / s	0	1	2	3	4	5	6	7	8	9
—	5.28	3.64	0.26	6.20	1.50	9.94	2.76	5.44	0.88	8.56
10 +	1.24	16.04	4.14	0.78	0.74	0.78	7.26	0.88	27.64	0.54
20 +	1.44	0.90	2.62	3.88	2.54	2.50	2.92	2.96	1.56	1.66
30 +	2.18	2.90	1.72	3.20	2.14					

表4.6　不相关网页对

源网页	目标网页	源网页	目标网页
1	2,3,718,20,22,2425,29,30,33	16	17,28,30
2	3,5,6,9,11,14,15,21,26,27,31,32	17	18,19,21,24,26,29,34
3	4,6,7,13,17,18,19,28,30	18	20,23,28,31
4	5,7,9,13,16,18,20,23,30,31,32,34	19	23,30,32
5	7,10,11,17,23,29,32,33	20	22,23,24,26,29,31
6	7,8,12,18,21,30,32	21	24,29,32
7	9,11,15,17,21,29,30,33	22	26,33,34
8	11,13,21,22,23,25,27	23	27
9	17,19,23,26,29,30,31,33,34	24	25,26,29
10	15,20,22,28,29,31,32	25	29,30,33
11	14,19,29,30	26	29,33,34
12	14,17,19,28	27	30,32,34
13	16,27	28	29,30,31,32
14	15,32	29	33,34
15	26,29,32	30	31,33,34

表4.7　理想点和弱有效解

函数 　　　　项目	初始解	理想点	弱有效解	与理想点之差
$f_1(x)$	0.381	0.796	0.736	0.060
$f_2(x)$	0.251	0.757	0.672	0.085

对应于弱有效解，网页可达性和载入时间的倒数和网页访问率的对应关系分别如图 4.14 和图 4.15 所示。

优化前后附加链接的变化情况如表 4.8 所示，其中"＋"和"－"分别表示增加和减少的链接。以上算法的平均运行时间为 88.4s，这在中、小型网站的优化中是可以接受的。考虑到 Java 的运行效率较低，而且网站的链接结构可以使用邻接表来存储，尚有提高算法运行效率的余地。

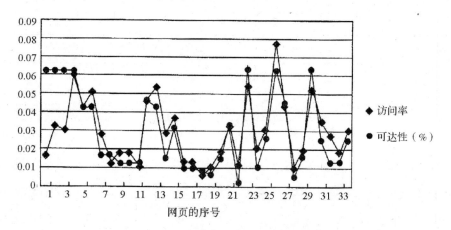

图 4.14　网页可达性与访问率的对应关系

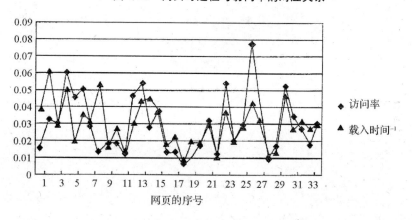

图 4.15　网页载入时间的倒数与访问率的对应关系

表 4.8　优化前后附加链接的变化情况

+(0,30)	+(1,34)	+(2,13)	+(3,8)	+(3,21)	+(5,8)	+(6,1)	+(6,24)	+(7,12)
+(7,32)	+(8,0)	+(8,1)	+(10,9)	+(10,33)	+(11,17)	+(11,28)	+(12,2)	+(12,3)
+(13,25)	+(16,5)	+(16,6)	+(17,4)	+(17,6)	+(18,29)	+(20,5)	+(20,7)	+(21,4)
+(21,9)	+(22,29)	+(23,21)	+(24,7)	+(24,10)	+(25,11)	+(25,13)	+(26,12)	+(26,31)
+(27,11)	+(27,14)	+(28,15)	+(28,19)	+(29,16)	+(29,18)	+(30,15)	+(31,23)	+(31,26)
+(32,23)	+(32,26)	+(33,19)	+(33,24)	+(34,31)	+(34,32)	-(0,18)	-(2,17)	-(9,14)
-(23,30)	-(30,0)							

4.6.4　多盘刹车设计中的应用

1. 问题的描述

这里直接给出多盘刹车设计问题的多目标优化模型：

$$\min f_1(x) = 4.9 \times 10^{-5}(x_2^2 - x_1^2)(x_4 - 1)$$

$$\min f_2(x) = \frac{9.82 \times 10^{-6}(x_2^2 - x_1^2)}{x_3 x_4(x_2^3 - x_1^3)}$$

$$\min f_3(x) = x_3$$

$$\text{s. t.} \quad x_2 - x_1 - 20 \geqslant 0$$

$$30 - 2.5(x_4 + 1) \geqslant 0$$

$$0.4 - \frac{x_3}{3.14(x_2^2 - x_1^2)} \geqslant 0$$

$$1 - \frac{2.22 \times 10^{-3} x_3(x_2^3 - x_1^3)}{(x_2^2 - x_1^2)^2} \geqslant 0$$

$$\frac{2.66 \times 10^{-2} x_3 x_4(x_2^3 - x_1^3)}{x_2^2 - x_1^2} - 900 \geqslant 0$$

$$55 \leqslant x_1 \leqslant 80$$

$$75 \leqslant x_2 \leqslant 110$$

$$1000 \leqslant x_3 \leqslant 3000$$

$$2 \leqslant x_4 \leqslant 20$$

模型中包括 4 个决策变量,其中 x_1、x_2 和 x_3 为 3 个位连续型,x_4 为离散型;3 个目标函数,包括线性的和非线性的(高次);除变量取值范围之外,包括 5 个约束条件,其中包括高次的,这是一个混合多目标规划模型。

2. MOTS 参数设置及运行环境

Baykasoglu 使用 4.6.2 节中介绍的多目标禁忌搜索 MOTS 算法对该多目标模型进行求解,参数设置如下:

(1)邻域大小:20。

(2)邻域移动策略:简单策略。

(3)禁忌表长度:20。

(4)连续型变量步长:0.01。

(5)整数变量步长:1。

(6)最大迭代步数:20000。

MOTS 算法使用 C++语言实现,运行环境为 Pentium Ⅳ 个人计算机,CPU:1.60 Hz,内存:256 MB。

3. MOTS 算法计算结果

按以上配置参数和运行环境,MOTS 算法运行了大约 10min,求得 5964 个 Pareto 最优解。在此之前,Osyczka 和 Kundu 也求解了这个模型,使用简单随机搜索(Plain Stochastic)得到了 19 个 Pareto 最优解,使用遗传算法迭代 20000 次得到了 133 个最优解。可见,相对于简单随机搜索和遗传算法,MOTS 算法得到了相当多的高质量 Pareto 最优解。

同时,使用这三种方法求得的极限(Extreme)点,即单一目标函数的最优值,列出如表 4.9 所示,其中加粗部分对应得到优化的目标函数分量。可以看到,大部分情况下,MOTS

算法的结果比其他两种方法好得多,只是 $\min f_2(x)$ 对应情况稍差一点点。

表 4.9　各方法求得极限点比较

求解方法	目标函数	$F(X)=[f_1(x),f_2(x),f_3(x)]^{\mathrm{T}}$
一般随机 搜索	$\min f_1(x)$	$[1.79,2.77,2920.9]$
	$\min f_2(x)$	$[3.76,2.24,2948.4]$
	$\min f_3(x)$	$[3.25,2.80,2309.2]$
遗传算法	$\min f_1(x)$	$[1.66,2.87,2982.4]$
	$\min f_2(x)$	$[3.25,2.11,2988.3]$
	$\min f_3(x)$	$[3.91,2.86,2255.1]$
MOTS 算法	$\min f_1(x)$	$[0.131156,41.3532,1183.29]$
	$\min f_2(x)$	$[2.16656,2.15,2981.64]$
	$\min f_3(x)$	$[1.15309,10.8508,1000.03]$

本节给出了两个禁忌搜索算法的应用实例,4.6.3 节的实例应用的是基本禁忌搜索算法,成功地求解了模型中有些变量不能解析化的模型,充分体现出禁忌搜索算法相对于传统算法的优越性。4.6.4 节的实例为扩展后的应用于多目标的禁忌搜索 MOTS 算法,模型中包括连续变量和离散变量,目标函数与约束都是非线性的,搜索到的结果从各方面优越于文献中的其他方法。体现出禁忌搜索算法不但能求解单目标的组合优化,而且完全能求解连续的、多目标的优化问题。

问题与思考

1. 对于背包问题:7 件财宝的价值为 a_i 和质量为 $w_i(i=1,2,\cdots,7)$,某人能背动的质量为 120。设 $x_i=1$ 表示选择财宝 i,$x_i=0$ 表示不选择财宝 i。试用禁忌搜索算法求出最好解。初始解 $X=[1010101]$,邻域搜索选为加 1 减 1 运算,做 5 次迭代,禁忌长度取3(只用短期表)。

2. 某公司拟在 4 个地点建 4 个工厂。4 个工厂的设计占地面积分别为 $R_1=9,R_2=8,R_3=4,R_4=5$;4 个地点的地价分别为 $P_1=3,P_2=2,P_3=4,P_4=1$。公司的可用资金量为70。设状态 $X=[x_1,x_2,x_3,x_4]$,$x_i=k$ 表示工厂 i 选在地点 k,初始解为 $X=[1324]$,用基本禁忌搜索作 3 次迭代,找出最优解,禁忌长度取 3(只用短期表)。

3. 旅行商问题可简述如下:找一条经过 n 个城市的巡回(经过每个城市且只经过一次),极小化总路程。其中,城市 i,j 间的距离用 d_{ij} 表示。设计用禁忌搜索算法求解该问题的算法。要求写明编码方式、邻域选择策略、禁忌对象、渴望水平以及停止准则,并给出程序流程图。

4. 工作指派问题简述如下：n 个工作可以由 n 个工人分别完成。工人 i 完成工作 j 的时间为 d_{ij}。问如何安排可使总工作时间达到极小？试建立数学模型，并按禁忌搜索设计求解问题的算法（包括编码方式、邻域选择策略、禁忌对象、渴望水平、停止准则），并画出程序流程图。

5. 禁忌搜索算法与传统优化算法的最主要区别是什么？

6. 禁忌搜索算法与其他智能优化算法的最主要区别是什么？

7. 以旅行商问题为例，编写程序实现禁忌搜索算法，并体会禁忌表长度对算法性能的影响。你认为禁忌长度应该如何设置？

第 5 章　模拟退火算法

模拟退火(Simulated Annealing, SA)算法是一种通用的随机搜索算法,是对局部搜索算法的扩展。与一般局部搜索算法不同,SA 以一定的概率选择邻域中目标值相对较小的状态,是一种理论上的全局最优法。模拟退火算法是对热力学中退火过程的模拟,在某给定初温下,通过缓慢下降温度参数,使算法能够在多项式时间内给出一个近似最优解。本章将对模拟退化算法的基本思想、算法构造、实现技术、收敛性分析及实际应用进行一一介绍。

5.1　导　言

1953 年 Metropolis 等就提出了原始的 SA 算法,但是并没有引起反响,直到 1983 年,Kirkpatrick 等提出了现代 SA 算法,并成功地利用它来解决大规模的组合优化问题。由于现代 SA 算法能够有效地解决 NP – hard 问题,避免陷入局部最优,克服初值依赖性等优点,目前已在工程中得到了广泛应用,诸如生产调度、控制工程、机器学习、神经网络、图像处理等领域。模拟退火算法的基本思想源于热力学中的退火过程,因此首先介绍一下热力学中的退火过程。

5.1.1　热力学中的退火过程

金属物体被加热到一定温度后,它的所有分子在状态空间自由运动,随着温度的逐渐下降,分子停留在不同的状态,分子运动逐渐趋于有序,最后以一定的结构排列。这种由高温向低温逐渐降温的热处理过程就称为退火。退火是一种物理过程,在退火过程中系统的熵值不断减小,系统能量随温度的降低趋于最小值,也就是说,金属物体从高能状态转移到低能状态,变得较为柔韧。一个退火过程一般由以下三个部分组成。

1. 加温过程

加温目的是增强分子的热运动,使其偏离平衡位置。当温度足够高时,固体将溶解为液体,分子的分布从有序的结晶态转变成无序的液态,从而消除系统原先可能存在的非均匀态,使随后进行的冷却过程以某一平衡态为起点。溶解过程与系统的熵增过程相联系,系统能量也随温度的升高而增大。

2. 等温过程

这个过程是为了保证系统在每一个温度下都能达到平衡态,最终达到固体的基态。

根据热平衡封闭系统的热力学定律——自由能减少定律:"对于与周围环境交换热量而温度不变的封闭系统,系统状态的自发变化总是朝自由能减少的方向进行,当自由能达到最小时,系统就达到了平衡态"。

3. 冷却过程

其目的是使分子的热运动减弱并渐趋有序,系统能量逐渐下降,当温度降至结晶温度后,分子运动变成了围绕晶体格点的微小振动,液体凝固成固体的晶态,从而得到低能的晶体结构。

金属物体被加热到一定温度后,若急剧降低温度,则物体只能冷凝为非均匀的亚稳态,这就是热处理过程中的淬火效应。淬火也是一种物理过程,由于物体在这个过程中并没有达到平衡态,所以系统能量并不会达到最小值,也就是说,金属依然保持在高能状态,虽然能提高其强度和硬度,但韧性会减弱。

退火与淬火过程如图 5.1 所示。

退火	淬火
缓慢下降	快速下降
金属:高温——低温	金属:高温——低温
高能状态——低能状态	高能状态——低能状态

图 5.1 退火与淬火过程

5.1.2 退火与模拟退火

金属物体的退火过程实际上就是随温度的缓慢降低,金属由高能无序的状态转变为低能有序的固体晶态的过程。在退火中,需要保证系统在每一个恒定温度下都要达到充分的热平衡,这个过程可以用 Monte Carlo 的方法加以模拟,该方法虽然比较简单,但需要大量采样才能获得比较精确的结果,计算量较大。鉴于物理系统倾向于能量较低的状态,而热运动又妨碍它准确落到最低态的物理形态,采样时只需着重取那些有贡献作用的状态即可较快达到较好的结果。

1953 年,Metropolis 等提出了一种重要性采样法,以概率来接受新状态。具体而言,在温度 t,由当前状态 i 产生新状态 j。两者的能量分别为 E_i 和 E_j,若 $E_i > E_j$,则接受新状态 j 为当前状态;否则,以一定的概率

$$P_r = \exp\left[\frac{-(E_j - E_i)}{kt}\right]$$

来接受状态 j,其中 k 为 Boltzmannn 常数。这里,$\exp[x]$ 即为指数函数 e^x。当这种过程多次重复,即经过大量迁移后,系统将趋于能量较低的平衡态,各状态的概率分布将趋于一定的正则分布。这种接受新状态的方法被称为 Metropolis 准则,它能够大大减少采样的计算量。

对于一个典型的组合优化问题,其目标是寻找一个 x^*,使得对于 $\forall x_i \in \Omega$,存在 $c(x^*) = \min c(x_i)$,其中 $\Omega = \{x_1, x_2, \cdots, x_n\}$ 为由所有解构成的解空间,$c(x_i)$ 为解 x_i 对应的目标

函数值。利用爬山算法来求解这类优化问题时,在搜索过程中很容易陷入局部优点,具有相当的初值依赖性。Kirkpatrick 等人根据金属物体的退火过程与组合优化问题之间存在的相似性,并且在优化过程中采用 Metropolis 准则作为搜索策略,以避免陷入局部最优,并最终趋于问题的全局最优解。

在 SA 中,优化问题中的一个解 x_i 及其目标函数 $c(x_i)$ 分别可以看成物理退火中物体的一个状态和能量函数,而最优解 x^* 就是最低能量的状态。而设定一个初始高温、基于 Metropolis 准则的搜索和控制温度参数 t 的下降分别相当于物理退火的加温、等温和冷却过程。表 5.1 就描述了一个组合优化问题的求解过程与物理退火过程之间的对应关系。

表 5.1　组合优化问题的求解与物理退火

优化问题	物理退火
解	状态
目标函数	能量函数
最优解	最低能量的状态
设定初始高温	加温过程
基于 Metropolis 准则的搜索	等温过程
温度参数 t 的下降	冷却过程

5.2　退火过程的数学描述和 Boltzmann 方程

5.1 节指出,退火过程是一个变温物体缓慢降温从而达到分子间能量最低状态的过程。设热力学系统 S 中有 n 个状态,注意这里的状态数是有限且离散的,其中状态 i 的能量为 E_i。在温度 T_k 下,经一段时间达到热平衡,这时处于状态 i 的概率为

$$P_i(T_k) = C_k \exp\left(\frac{-E_i}{T_k}\right) \tag{5.1}$$

式(5.1)中,C_k 是一个参数,能够根据已知条件计算获得。由于 S 中一共存在 n 个状态,故在温度 T_k 下,S 必然处于其中的一个状态,也就是说:

$$\sum_{j=1}^{n} P_j(T_k) = 1 \tag{5.2}$$

代入式(5.1),则

$$\sum_{j=1}^{n} C_k \exp\left(\frac{-E_j}{T_k}\right) = 1 \Rightarrow C_k \sum_{j=1}^{n} \exp\left(\frac{-E_j}{T_k}\right) = 1$$

由此得到待定系数

$$C_k = \frac{1}{\sum_{j=1}^{n} \exp\left(\frac{-E_j}{T_k}\right)}$$

于是,式(5.1)可以表示为

$$P_i(T_k) = \frac{\exp(\frac{-E_i}{T_k})}{\sum\limits_{j=1}^{n} \exp(\frac{-E_j}{T_k})} \tag{5.3}$$

根据式(5.1),对于任意两个能量状态 E_1 和 E_2,若 $E_1 < E_2$,同一个温度 T_k 下,有:

$$\frac{P_1(T_k)}{P_2(T_k)} = \frac{C_k \exp\left(\frac{-E_1}{T_k}\right)}{C_k \exp\left(\frac{-E_2}{T_k}\right)} = \exp\left(-\frac{E_2 - E_1}{T_k}\right)$$

由于 $E_2 - E_1 > 0$,有

$$\exp\left(-\frac{E_2 - E_1}{T_k}\right) < 1, \forall T_k > 0$$

所以必有

$$P_1(T_k) > P_2(T_k), \forall T_k > 0 \tag{5.4}$$

这表明在同一温度下,式(5.4)表示 S 处于能量小的状态的概率比处于能量大的状态的概率要大,也就是说,在同一温度下,随着能量函数的减小,其状态出现概率将会增大,两者之间存在着反向变化的关系。

式(5.1)和式(5.3)又称为 Boltzmann 方程,用于描述系统 S 在给定温度下,处于某一状态的概率分布。根据 Boltzmann 方程来分析状态概率随温度变化的规律,对 $P_i(T_k)$ 求对温度的导数,得到

$$\frac{\partial P_i(T_k)}{\partial T_k} = \frac{\partial\left[\exp\left(\frac{-E_i}{T_k}\right)\bigg/\sum\limits_{i=1}^{n}\exp(\frac{-E_i}{T_k})\right]}{\partial T_k}$$

$$= \frac{\exp(\frac{-E_i}{T_k}) \cdot \frac{E_i}{T_k^2} \cdot \sum\limits_{j=1}^{n}\exp(\frac{-E_j}{T_k}) - \exp(\frac{-E_i}{T_k}) \cdot \sum\limits_{j=1}^{n}\exp(\frac{-E_j}{T_k}) \cdot \frac{E_j}{T_k^2}}{\left[\sum\limits_{j=1}^{n}\exp(\frac{-E_j}{T_k})\right]^2}$$

$$= \frac{\exp(\frac{-E_i}{T_k})}{T_k^2 \cdot \left[\sum\limits_{j=1}^{n}\exp(\frac{-E_j}{T_k})\right]^2}\left[\sum\limits_{j=1}^{n}(E_i - E_j) \cdot \exp\left(\frac{-E_j}{T_k}\right)\right] \tag{5.5}$$

设 i^* 为 S 中最低能量的状态,则 $\forall j$,存在 $E_{i^*} - E_j \leqslant 0$,而

$$\frac{\exp(\frac{-E_i}{T_k})}{T_k^2 \cdot \left[\sum\limits_{j=1}^{n}\exp(\frac{-E_j}{T_k})\right]^2} > 0, \exp\left(\frac{-E_j}{T_k}\right) > 0$$

故有

$$\frac{\partial P_{i^*}(T_k)}{\partial T_k} < 0, \ \forall T_k$$

因此,$P_{i^*}(T_k)$ 关于温度 T_k 是单调递减的。又有

$$P_{i*}(T_k) = \frac{\exp(\frac{-E_{i*}}{T_k})}{\sum_{j=1}^{n} \exp(\frac{-E_j}{T_k})} = \frac{1}{\sum_{j=1}^{n} \exp\left[\frac{-(E_j - E_{i*})}{T_k}\right]} \qquad (5.6)$$

接着，分两种情况来讨论当 $T_k \to 0$ 时，如何计算 $P_{i*}(T_k)$。

（1）当 S 中仅存在一个最低能量状态 i^* 时，也就是说，在解空间中存在唯一的全局最优解时，则当 $T_k \to 0$ 时，对于 $\forall j \neq i^*$，存在

$$E_j - E_{i*} > 0 \Rightarrow \frac{-(E_j - E_{i*})}{T_k} \to -\infty \Rightarrow \exp\left[\frac{-(E_j - E_{i*})}{T_k}\right] = 0$$

所以

$$P_{i*}(T_k) = \frac{1}{\sum_{j=1}^{n} \exp\left[\frac{-(E_j - E_{i*})}{T_k}\right]} = \frac{1}{\exp\left[\frac{-(E_j - E_{i*})}{T_k}\right]} = 1 \qquad (5.7)$$

（2）当 S 中存在 n_0 个最低能量状态时，假设 i^* 是其中的一个状态，这相当于，在解空间中存在若干个全局最优解。根据上面的推导，能够获得，当 $T_k \to 0$ 时，有

$$P_{i*}(T_k) = \frac{1}{\sum_{j=1}^{n} \exp\left[\frac{-(E_j - E_{i*})}{T_k}\right]} = \frac{1}{n_0} \qquad (5.8)$$

可见，当 $T_k \to 0$ 时，S 处于 i^* 状态的概率是 $\frac{1}{n_0}$。由于 S 中存在 n_0 个最低能量状态，所有，当 $T_k \to 0$ 时，S 处于最低能量状态的概率趋向 1。

因此，根据式(5.7) 和式(5.8) 可知，当 $T_k \to 0$ 时 S 处于最低能量状态的概率趋向于 1。用 $\overline{E}(T_k)$ 来表示温度 T_k 下的平均能量，则

$$\overline{E}(T_k) = \sum_{j=1}^{n} E_j \cdot P_j(T_k)$$

由式(5.7) 和式(5.8)，易知当 $T_k \to 0$ 时，$\overline{E}(T_k) \to E_{i*}$。

根据式(5.1) 可知，当温度 T_k 很大时，$\frac{E_i}{T_k} \to 0$，此时 $P_i(T_k) \approx \frac{1}{n}$。也就是说，当温度很高时，$S$ 处于各状态的概率几乎相等。SA 开始做广域的随机搜索，随着温度的下降，状态概率 $P_i(T_k)$ 的差别开始扩大，当 $T_k \to 0$ 时，$\frac{E_i}{T_k} \to \infty$，此时 E_i 与 E_j 之间的微小差别将会引起 $P_i(T_k)$ 和 $P_j(T_k)$ 的剧烈变化。

例如，假设 $E_i = 90, E_j = 100$，当温度 $T_k = 100$ 时，有

$$\frac{P_i(T_k)}{P_j(T_k)} = \frac{C_k \cdot e^{-\frac{90}{100}}}{C_k \cdot e^{-\frac{100}{100}}} = \frac{0.406 C_k}{0.367 C_k} = \frac{0.406}{0.367} \approx 1$$

此时，$P_i(T_k) \approx P_j(T_k)$。

当温度 $T_k = 1$ 时，有

$$\frac{P_i(T_k)}{P_j(T_k)} = \frac{C_k \cdot e^{-\frac{90}{1}}}{C_k \cdot e^{-\frac{100}{1}}} = \frac{8.194 \times 10^{-40} C_k}{3.72 \times 10^{-44} C_k} \approx 20000$$

此时，$P_i(T_k) + P_j(T_k) \approx P_i(T_k)$。

在上面的小例子中，当温度 T_k 等于 100 时，S 处于低能状态 E_i 和处于高能状态 E_j 的概

率几乎相等;而当温度 T_k 减小到 1 的时候,S 处于低能状态 E_i 的概率比处于高能状态 E_j 的概率大约高 20000 倍。由此可以看出,在高温下,S 可以处于任何能量状态,此时 SA 可以看成是在进行广域搜索,以避免陷入局优;在低温下,S 只能处于能量较小的状态,此时 SA 可以看成是在做局域搜索,以便于将解精细化;当温度无限趋近于零时,S 只能处于最小能量的状态,此时 SA 就获得了全局最优解,同时这个小例子也进一步验证了当 $T_k \rightarrow 0$ 时,S 会以概率 1 趋于最低能量状态。

5.3 模拟退火算法的构造及流程

SA 算法是一种启发式的随机寻优算法,它模拟了物理退火过程,由一个给定的初始高温开始,利用具有概率突跳特征的 Metropolis 抽样策略在解空间中随机进行搜索,伴随温度的不断下降重复抽样过程,最终得到问题的全局最优解。

5.3.1 算法的要素构成

在 SA 算法执行过程中,算法的效果取决于控制参数的选择,算法要素的设计对算法性能影响很大。本节从算法使用的角度讨论算法实现中的一些要素,包括状态表达、邻域定义、热平衡达到和降温控制等。

1. 状态表达

同前面几章介绍的遗传算法(GA)和禁忌搜索(TS)中的编码含义相同,状态表达是利用一种数学形式来描述系统所处的一种能量状态。在 SA 中,一个状态就是问题的一个解,而问题的目标函数就对应于状态的能量函数。

常见的状态表达方式有适用于背包问题和指派问题的 0 - 1 编码表示法,适用于 TSP 问题和调度问题的自然数编码表示法以及适用于各种连续函数优化的实数编码表示法等。状态表达是 SA 的基础工作,直接决定着邻域的构造和大小,一个合理的状态表达方法会大大减小计算复杂性,改善算法的性能。

2. 邻域定义与移动

同 TS 一样,SA 也是基于邻域搜索的。邻域定义的出发点应该是保证其中的解能尽量遍布整个解空间,其定义方式通常由问题性质来决定。

给定一个解的邻域之后,接下来就要确定从当前解向其邻域中的一个新解进行移动的方法。SA 算法采用了一种特殊的 Metropolis 准则的邻域移动方法,也就是说,依据一定的概率来决定当前解是否移向新解。

在 SA 中,邻域移动分为两种方式:无条件移动和有条件移动。若新解的目标函数值小于当前解的目标函数值(新状态的能量小于当前状态的能量),则进行无条件移动;否则,依据一定的概率进行有条件移动。

设 i 为当前解,j 为其邻域中的一个解,它们的目标函数值分别为 $f(i)$ 和 $f(j)$,Δf 表示它们目标函数值的增量:$\Delta f = f(j) - f(i)$。

若 $\Delta f < 0$,则算法无条件从 i 移动到 j(此时 j 比 i 好);

若 $\Delta f > 0$,则算法依据概率 p_{ij} 来决定是否从 i 移动到 j(此时 i 比 j 好)。

这里 $p_{ij} = \exp(\dfrac{f(j) - f(i)}{T_k}) = \exp(\dfrac{-\Delta f}{T_k})$,$T_k$ 为当前温度。

这种邻域移动方式的引入是实现 SA 进行全局搜索的关键因素,能够保证算法具有跳出局部最优和趋向全局最优的能力。当 T_k 很大时,p_{ij} 趋近于 1,此时 SA 正在进行广域搜索,它会接受当前邻域中的任何解,即使这个解要比当前解差。而当 T_k 很小时,p_{ij} 趋近于 0,此时 SA 进行的是局域搜索,它仅会接受当前邻域中更好的解。

3. 热平衡达到

热平衡达到相当于物理退火中的等温过程,是指在一个给定温度 T_k 下,SA 基于 Metropolis 准则进行随机搜索,最终达到一种平衡状态的过程。这是 SA 算法的内循环过程,为了保证能够达到平衡状态,内循环次数需要足够大。但是实际应用中达到理论的平衡状态是不可能的,只能接近这一结果。最常见的方法就是将内循环次数设成一个常数,在每一温度,内循环迭代相同的次数,次数的选择取决于问题的实际规模,可根据一些经验公式获得。此外,还有其他一些设置内循环次数的方法,比如根据温度 T_k 来计算内循环次数,当 T_k 较大时,内循环次数较少,当 T_k 减小时,内循环次数增加。

4. 降温函数

降温函数用来控制降温过程,这是 SA 算法的外循环过程。利用温度下降来控制算法的迭代是 SA 的特点,从理论上说,SA 仅要求温度最终趋于 0,而对温度的下降速度并没有什么限制,但这并不意味着可以随意下降温度。温度的高低决定着 SA 进行广域搜索还是局域搜索,当温度很高时,当前邻域中几乎所有的解都会被接受,SA 进行广域搜索;当温度变低时,当前邻域中越来越多的解将被拒绝,SA 进行局域搜索。若温度下降得过快,SA 将很快从广域搜索转变为局域搜索,这就很可能造成过早地陷入局部最优状态,为了跳出局优,只能通过增加内循环次数来实现,这就会大大增加算法进程的 CPU 时间。当然,如果温度下降得过慢,虽然可以减少内循环次数,但是由于外循环次数的增加,也会影响算法进程的 CPU 时间。可见,选择合理的降温函数能够帮助提高 SA 算法的性能。

常用的降温函数有两种:

(1) $T_{k+1} = T_k \cdot r$,其中 $r \in (0.95, 0.99)$,r 越大温度下降得越慢。这种方法的优点是简单易行,温度每一步都以相同的比率下降。

(2) $T_{k+1} = T_k - \Delta T$,ΔT 是温度每一步下降的长度。这种方法的优点是易于操作,而且可以简单控制温度下降的总步数,温度每一步下降的大小都相等。

此外,初始温度和终止温度的选择对 SA 算法的性能也会有很大的影响。一般来说,初始温度 T_0 要足够大,也就是使 $f_i/T_0 \approx 0$ 以保证 SA 在开始时能够处在一种平衡状态。在实际应用中,要根据以往经验,通过反复实验来确定 T_0 的值。而终止温度 T_f 要足够小,以保证算法有足够的时间获得最优解。T_f 的大小可以根据降温函数的形式来确定,若降温函数为 $T_{k+1} = T_k \cdot r$,则可以将 T_f 设成一个很小的正数;若 $T_{k+1} = T_k - \Delta T$,则可以根据预先设定的外循环次数和初始温度 T_0 计算出终止温度 T_f 的值。

5.3.2 算法的计算步骤

一个优化问题可以描述为

$$\min f(i), i \in S$$

其中，S 是一个离散有限的状态空间，i 代表状态。针对这样一个优化问题，SA 算法的计算步骤描述如下：

Step1：初始化，任选初始解 $i \in S$，给定初始温度 T_0 和终止温度 T_f，令迭代指标 $k = 0$，$T_k = T_0$。

Step2：随机产生一个邻域解 $j \in = N(i)$（$N(i)$ 表示 i 的邻域），计算目标函数值增量 $\Delta f = f(j) - f(i)$。

Step3：若 $\Delta f < 0$，令 $i = j$ 转第 4 步；否则产生 $\xi = U(0,1)$，若 $\exp(-\frac{\Delta f}{T_k}) > \xi$，则令 $i = j$。

Step4：若达到热平衡（内循环次数大于 $n(T_k)$）转第 5 步；否则转第 2 步。

Step5：降低 T_k，$k = k + 1$，若 $T_k < T_f$，则算法停止，否则转第 2 步。

根据上述计算步骤，SA 的流程图能够表示为如图 5.2 所示。

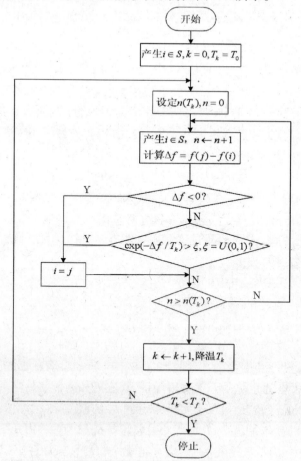

图 5.2 模拟退火算法流程图

5.4　算法的收敛性分析

与前文介绍的遗传算法 GA 和禁忌搜索 TS 相比,SA 的一大优点是理论较为完善,下面就基于 Markov 过程来分析 SA 算法的收敛性。

5.4.1　Markov 过程

Markov 链最初是由 Markov 于 1906 年研究而得名,至今它的理论已发展的较为深入和系统,在自然科学、工程技术及经济管理等各个领域得到广泛的应用,本节将利用 Markov 链作为描述和分析 SA 算法的数学工具,首先介绍一些基本的概念。

1. Markov 链

状态:表示每个时刻开始处于系统中的一种特定自然状况或客观条件的表达,它描述了研究问题过程的状况。描述状态的变量称为状态变量,可用一个数、一组数或向量(多维情况)来描述。

状态转移概率:表示在某一时刻从状态 i 转移到状态 j 的可能性。

无后效性:如果在某时刻状态给定后,则在这时刻以后过程的发展不受这时刻以前各段状态的影响。换句话说,达到一个状态后,决策只与当前状态有关,而与以前的历史状态无关,当前的状态是以往历史的一个总结。这个性质就称为无后效性。

根据以上概念,令离散参数 $T = \{0,1,2,\cdots\} = N_0$,状态空间 $S = \{0,1,2,\cdots\}$,如果随机序列 $\{X_n, n \geq 0\}$ 对于任意 $i_0, i_1, \cdots, i_n, i_{n+1} \in S, n \in N_0$,有

$$P\{X_0 = i_0, X_1 = i_1, \cdots, X_n = i\} > 0$$

存在

$$P\{X_{n+1} = i_{n+1} | X_0 = i_0, X_1 = i_1, \cdots, X_n = i_n\}$$
$$= P\{X_{n+1} = i_{n+1} | X_n = i_n\} \tag{5.9}$$

则称其为 Markov 链。式(5.9)刻画了 Markov 链的无后效性,若 S 有限,则称为有限状态 Markov 链。

对于 $\forall i, j \in S$,称

$$P\{X_{n+1} = j | X_n = i\} \triangleq p_{ij}(n) \tag{5.10}$$

$p_{ij}(n)$ 为 n 时刻的一步转移概率。

若对于 $\forall i, j \in S$,存在

$$p_{ij}(n) \equiv p_{ij} \tag{5.11}$$

即 p_{ij} 与 n 无关,则称 $\{X_n, n \geq 0\}$ 为齐次 Markov 链。记 $P = (p_{ij})$,称 P 为 $\{X_n, n \geq 0\}$ 的一步转移概率矩阵。记 $p_{ij}^{(n)} = P\{X_n = j | X_0 = i\}$ 为 n 步转移概率,$P^{(n)} = (p_{ij}^{(n)})$ 为 n 步转移概率矩阵。

为了直观了解 Markov 过程中的无后效性,下面用一个青蛙在石头上随机跳动的例子来说明这个问题。用石头来表示状态,X_n 则表示青蛙在时刻 n 所处的石头,$(X_n = i)$ 表示

青蛙在 n 时刻处在石头 i 上这一随机事件。如果把时刻 n 看作是"现在",时刻 $0,1,\cdots,$ $n-1$ 表示"过去",时刻 $n+1$ 表示"将来",那么式(5.9)表示在过去 $X_0=i_0,\cdots,X_{n-1}=i_{n-1}$ 及现在 $X_n=i_n$ 的条件下,青蛙在将来时刻 $n+1$ 跳到石头 i_{n+1} 的条件概率,只依赖于现在发生的事件($X_n=i_n$),而与过去历史曾经发生过的事件无关。简而言之,在已知"现在"的条件下,"将来"与"过去"是独立的。$p_{ij}(n)$ 表示青蛙在时刻 n 由石头 i 出发,于时刻 $n+1$ 跳到石头 j 的条件概率,而齐次性 $p_{ij}(n)=p_{ij}$ 表示此转移概率与时刻 n 无关。

2. 以青蛙跳动为例说明状态转移概率

假设青蛙在 3 块石头上随机跳动(如图 5.3 所示),且跳动具有无记忆性的特点,也就是无后效性。状态转移概率矩阵 P 为

$$P = \begin{bmatrix} \dfrac{1}{3} & \dfrac{1}{3} & \dfrac{1}{3} \\[2mm] \dfrac{1}{2} & \dfrac{1}{4} & \dfrac{1}{4} \\[2mm] \dfrac{1}{4} & \dfrac{1}{2} & \dfrac{1}{4} \end{bmatrix}$$

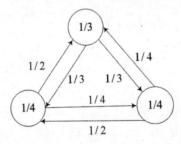

图 5.3　青蛙跳动图示

设 $\Pi(t)=[\pi_1(t),\pi_2(t),\cdots,\pi_n(t)]$ 表示 t 时刻青蛙处在各石头上的概率分布向量,$\Pi(t)$ 是一个行向量,则在 $t+1$ 时刻有

$$\Pi(t+1)=\Pi(t)\cdot P \tag{5.12}$$

其中,$\pi_i(t)$ 表示 t 时刻青蛙处在石头 i 上的概率,$n=3$。

若青蛙 0 时刻处在第 1 块石头上,也即是,在 0 时刻,有

$$\Pi(0)=[1 \quad 0 \quad 0]$$

于是,根据状态转移概率矩阵 P 可计算青蛙在时刻 $1,2,\cdots$ 处于各石头上的概率向量

$$\Pi(1)=\Pi(0)\cdot P=\left[\dfrac{1}{3} \quad \dfrac{1}{3} \quad \dfrac{1}{3}\right]$$

$$\Pi(2)=\Pi(1)\cdot P=\cdots$$

假设系统在 $t+1$ 时刻达到稳态,则存在

$$\lim_{t\to\infty}\Pi(t+1)=\lim_{t\to\infty}\Pi(t)=\Pi$$

其中,$\Pi=[\pi_1,\pi_2,\cdots,\pi_n]$ 为系统达到稳态时的状态概率分布向量。由根据式(5.12)可得

$$\Pi(t+1)=\Pi(t)\cdot T \Rightarrow \Pi=\Pi\cdot T$$

又

$$\sum_{i=1}^{n} \pi_i = 1$$

故可得如下线性方程组

$$\begin{cases} [\pi_1, \pi_2, \cdots, \pi_n]P = [\pi_1, \pi_2, \cdots, \pi_n] \\ \pi_1 + \pi_2 + \cdots + \pi_n = 1 \end{cases} \tag{5.13}$$

值得注意的是,由于状态转移矩阵 P 的秩 $R(P) = n - 1$,故方程组(5.13)存在唯一的解。

在上面给出的小例子中,有

$$\begin{cases} \dfrac{1}{3} \cdot \pi_1 + \dfrac{1}{2} \cdot \pi_2 + \dfrac{1}{4} \cdot \pi_3 = \pi_1 \\ \dfrac{1}{3} \cdot \pi_1 + \dfrac{1}{4} \cdot \pi_2 + \dfrac{1}{2} \cdot \pi_3 = \pi_2 \\ \dfrac{1}{3} \cdot \pi_1 + \dfrac{1}{4} \cdot \pi_2 + \dfrac{1}{2} \cdot \pi_3 = \pi_3 \\ \pi_1 + \pi_2 + \pi_3 = 1 \end{cases}$$

解这个线性方程组,求得

$$\Pi = \begin{bmatrix} \dfrac{16}{57} \\ \dfrac{20}{57} \\ \dfrac{21}{57} \end{bmatrix}^{\mathrm{T}}$$

从这个计算结果可以看出,当系统达到稳态时,青蛙跳到第三块石头上的机会要多一些,而跳到第一块石头上的概率最小。

3. SA 算法的 Markov 描述

下面考察一下模拟退火算法的搜索过程,算法从一个初始状态开始后,每一步状态转移均是在当前状态 i 的邻域 $N(i)$ 中随机产生一个新状态 j,然后以一定的概率进行接受。可见,接受概率仅依赖于新状态和当前状态,并由温度加以控制。因此,SA 算法对应一个 Markov 链。若固定每一温度 T_k,算法计算 Markov 链的变化直至平稳分布,然后降低温度,则称这种 SA 算法是齐次的。若无需各温度下算法均达到平稳分布,但温度需按一定的速率下降,则这种 SA 算法是非齐次的或非平稳的。这里仅对齐次 SA 算法的收敛性进行分析。

Markov 链可以用一个有向图 $G(V,E)$ 表示,其中 V 为所有状态构成的顶点集,$E = \{(i,j) \mid i, j \in V, j \in N(i)\}$ 为边集。

记 a_{ij} 为当前状态 i 接受状态 j 的概率,按照 SA 的计算方法,接受概率如下:

当 $i > j$ 时,有 $f(i) > f(j)$,SA 进行无条件转移,$a_{ij}(t) = 1$。

当 $i < j$ 时,有 $f(j) > f(i)$,SA 进行有条件转移,$0 < a_{ij}(t) = \exp\left(-\dfrac{f(j) - f(i)}{t}\right) < 1$,

其中 $f(\cdot)$ 为目标函数, t 为温度参数。

以上讨论的仅仅是在状态 i 已经选择了状态 j 时接受状态 j 的概率,那么在状态 i 究竟有多大的概率选择状态 j 呢?这是下面要讨论的问题。

记 g_{ij} 为由状态 i 选择状态的 j 概率,则

$$g_{ij} = \begin{cases} \dfrac{g(i,j)}{g(i)}, & j \in N(i) \\ 0, & j \notin N(i) \end{cases}$$

其中

$$g(i) = \sum_{j \in N(i)} g(i,j)$$

它通常与温度无关。若新状态在当前状态的邻域中以等同概率选择,则

$$\frac{g(i,j)}{g(i)} = \frac{1}{|N(i)|}$$

其中, $|N(i)|$ 为状态 i 的领域中状态总数。

状态 i 到状态 j 的状态转移发生的条件是 i 选择 j 并接受 j,记 p_{ij} 为由状态 i 到状态 j 的转移概率,则根据上面两个概率 p_{ij} 和 a_{ij} 就能够计算转移概率。对于任意 i,j 有

(1) 当 $j \neq i$ 且 $j \in N(i)$ 时,有

$$p_{ij}(t) = a_{ij}(t) \cdot g_{ij}$$

(2) 当 $j \neq i$ 且 $j \notin N(i)$ 时,有

$$p_{ij}(t) = 0$$

(3) 当 $j = i$ 时,有

$$p_{ij}(t) = 1 - \sum_{k \neq i} a_{ik}(t) \cdot g_{ik}$$

因此,状态转移概率矩阵 P 为:

$$P = \begin{bmatrix} 1 - \sum\limits_{k \neq 1} a_{1k}g_{1k} & g_{12} & g_{13} & \cdots & g_{1N} \\ g_{21} & 1 - \sum\limits_{k \neq 2} a_{2k}g_{2k} & g_{23} & \cdots & g_{2N} \\ \vdots & \vdots & \vdots & & \vdots \\ g_{N1} & g_{N2} & g_{N3} & \cdots & 1 - \sum\limits_{k \neq N} a_{Nk}g_{Nk} \end{bmatrix} \tag{5.14}$$

若存在这样一个优化问题

$$\min f(x)$$

其中, $x \in S$, S 是有限集,设 $|S| = N$ 表示 S 集中的元素个数为 N,在不失一般性的前提下,让状态按目标函数值进行升序编号,即

$$f(x_1) \leqslant f(x_2) \leqslant \cdots \leqslant f(x_N)$$

下面分两种情况来讨论状态转移概率矩阵 P。

第一种情况:当 $t \to \infty$ 时,对于 $\forall j > i$,可做如下推导:

$$\left. \begin{array}{c} j > i \Rightarrow f(j) \geqslant f(i) \\ t \to \infty \end{array} \right\} \Rightarrow -\frac{f(j) - f(i)}{t} \to 0 \Rightarrow e^{\frac{f(j) - f(i)}{t}} \to 1$$

也就是

$$a_{ij}(t) \to 1$$

对于 $\forall j < i$, 由于 $f(j) \leqslant f(i)$, 所以进行无条件转移, 即

$$a_{ij}(t) = 1$$

因此

$$\lim_{T_k \to \infty} a_{ij}(t) = 1, \forall j \neq i$$

根据以上的推导, 易知当 $t \to \infty$ 时, 从当前状态 i 向状态空间 S 内其他所有的状态进行转移的概率都相等且大于 0, 故当前状态 i 的邻域中的状态总数为 $|N(i)| = N - 1$, 且

$$g_{ij} = \frac{1}{N - 1}, \forall j \neq i$$

根据式(5.14)可知, 当 $t \to \infty$ 时, 有

$$p_{ij}(T_k) = \begin{cases} a_{ij}(T_k)g_{ij} = 1 \cdot \dfrac{1}{N-1} = \dfrac{1}{N-1}, j \neq i \\ 1 - \displaystyle\sum_{k \neq 1} a_{ik}(T_k)g_{ik} = 1 - (N-1) \cdot \dfrac{1}{N-1} = 0, j = i \end{cases}$$

因此, 当 $t \to \infty$ 时, 状态转移概率矩阵 P 为

$$P = \begin{bmatrix} 0 & & & \dfrac{1}{N-1} \\ & 0 & & \\ & & \ddots & \\ \dfrac{1}{N-1} & & & 0 \end{bmatrix}$$

第二种情况: 当 $t \to 0$ 时, 对于 $\forall j > i$, 可作如下推导:

$$\left. \begin{array}{c} j > i \Rightarrow f(j) \geqslant f(i) \\ t \to 0 \end{array} \right\} \Rightarrow -\frac{f(j) - f(i)}{t} \to -\infty \Rightarrow \mathrm{e}^{\frac{f(j)-f(i)}{t}} \to 0$$

也就是

$$a_{ij}(t) \to 0$$

对于 $\forall j < i$, 由于 $j < i \Rightarrow f(j) \leqslant f(i)$, 所以进行无条件转移, 即

$$a_{ij}(t) = 1$$

因此

$$\lim_{t \to 0} a_{ij}(t) = \begin{cases} 0, j > i \\ 1, j < i \end{cases}$$

根据式(5.14)可知, 当 $t \to 0$ 时, 有

$$p_{ij}(t) = \begin{cases} a_{ij}(t)g_{ij} = 0 \cdot g_{ij} = 0, j > i \\ a_{ij}(t)g_{ij} = 1 \cdot g_{ij} = g_{ij}, j < i \\ 1 - \displaystyle\sum_{k \neq i} a_{ik}(t)g_{ik} = 1 - \displaystyle\sum_{k=1}^{i-1} g_{ik}, j = i \end{cases}$$

因此,当 $t \rightarrow 0$ 时,状态转移概率矩阵 P 为

$$P = \begin{bmatrix} 1 & 0 & 0 & \cdots & 0 \\ g_{21} & 1-\sum\limits_{k=1} g_{2k} & 0 & \cdots & 0 \\ g_{31} & g_{32} & 1-\sum\limits_{k=1}^{2} g_{3k} & \cdots & 0 \\ \vdots & \vdots & \vdots & & \vdots \\ g_{N1} & g_{N2} & g_{N3} & \cdots & 1-\sum\limits_{k=1}^{N-1} g_{Nk} \end{bmatrix}$$

此时,P 为一个下三角矩阵,值得注意的是 P 的第一个行向量是 $[1\ 0\ \cdots\ 0]$,可见当 $t \rightarrow 0$ 时,任何状态一旦到达状态 1 将无法转出,这种情况称为 1 是"捕捉的",也就是说,当青蛙跳到第 1 块石头上后就无法跳出了。

无论从实际还是从直观上来看,模拟退火算法要实现全局收敛,它必须满足以下条件:

(1) 状态可达性,也就是说,无论起点如何,任何状态都是可以到达的。

(2) 初值鲁棒性,由于初值的选择具有非常大的随机性,因此,算法达到全局最优应不依赖初值。

(3) 极限分布的存在性,包含两个方面的内容:其一是当温度不变时,其 Markov 链的极限分布存在;其二是当温度趋近于 0 时,其 Markov 链也有极限分布,且最优状态的极限分布和为 1。

5.4.2 SA 的收敛性分析

引理 5.1 当 $T_k \rightarrow 0$ 时,系统达到稳态时的状态概率分布向量 $[1\ 0\ \cdots\ 0]$。

证明

设 $\Pi = [\pi_1\ \pi_2\ \cdots\ \pi_N]$ 为系统达到稳态时的状态概率分布向量,其中 π_i 是稳态时系统处于状态 i 的概率,$\pi_i \geqslant 0$,$i = 1,2,\cdots,N$。因为系统达到稳态,所以有 $\Pi = \Pi \cdot P$。当 $T_k \rightarrow 0$ 时,有

$$P = \begin{bmatrix} 1 & 0 & 0 & \cdots & 0 \\ g_{21} & 1-\sum\limits_{k=1}^{1} g_{2k} & 0 & \cdots & 0 \\ g_{31} & g_{32} & 1-\sum\limits_{k=1}^{2} g_{3k} & \cdots & 0 \\ \vdots & \vdots & \vdots & & \vdots \\ g_{N1} & g_{N2} & g_{N3} & \cdots & 1-\sum\limits_{k=1}^{N-1} g_{Nk} \end{bmatrix}$$

因此

$$\begin{bmatrix} \pi_1 & \pi_2 & \cdots & \pi_N \end{bmatrix} = \begin{bmatrix} \pi_1 & \pi_2 & \cdots & \pi_N \end{bmatrix} \cdot \begin{bmatrix} 1 & 0 & 0 & \cdots & 0 \\ g_{21} & 1 - \sum_{k=1}^{1} g_{2k} & 0 & \cdots & 0 \\ g_{31} & g_{32} & 1 - \sum_{k=1}^{2} g_{3k} & \cdots & 0 \\ \vdots & \vdots & \vdots & & \vdots \\ g_{N1} & g_{N2} & g_{N3} & \cdots & 1 - \sum_{k=1}^{N-1} g_{Nk} \end{bmatrix}$$

$$\Rightarrow \pi_1 = \pi_1 + \pi_2 \cdot g_{21} + \cdots + \pi_N \cdot g_{N1}$$

$$\Rightarrow \pi_1 = \pi_1 + \sum_{i=2}^{N} \pi_i \cdot g_{i1}$$

$$\Rightarrow \sum_{i=2}^{N} \pi_i \cdot g_{i1} = 0$$

可见,当 $i > 1$ 时, $\pi_i \geqslant 0, g_{i1} \geqslant 0 \Rightarrow$ 若 $g_{i1} > 0$,则 $\pi_i = 0$。

因此,当 $T_k \to 0$ 时,系统达到稳态时的状态概率分布向量 $\Pi = \begin{bmatrix} 1 & 0 & \cdots & 0 \end{bmatrix}$。

定理5.1 若选择概率矩阵对称,即对于 $\forall i \neq j$,存在 $g_{ij} = g_{ji}$,则当达到热平衡时,对所有 $T_k > 0$ 存在: $\Pi(T_k) = \pi_1(T_k) \begin{bmatrix} 1 & a_{12}(T_k) & a_{13}(T_k) & \cdots & a_{1N}(T_k) \end{bmatrix}$。

证明

当在温度 T_k 下达到热平衡时,有

$$\pi_i(T_k) p_{ij}(T_k) = \pi_j(T_k) p_{ji}(T_k)$$

当 $i = 1$ 时,有

$$\pi_1(T_k) p_{1j}(T_k) = \pi_j(T_k) p_{j1}(T_k)$$
$$\pi_1(T_k) g_{1j} a_{1j}(T_k) = \pi_j(T_k) g_{j1} a_{j1}(T_k)$$

由于

$$j > 1 \Rightarrow f(j) \geqslant f(1) \Rightarrow \forall T_k, \exists a_{j1} = 1$$

又

$$g_{1j} = g_{j1}$$

所以

$$\pi_1(T_k) a_{1j}(T_k) = \pi_j(T_k), \quad j = 2, 3, \cdots, N$$

因此,对于所有 $T_k > 0$,当达到热平衡时

$$\begin{aligned} \Pi(T_k) &= \begin{bmatrix} \pi_1(T_k) & \pi_2(T_k) & \pi_3(T_k) & \cdots & \pi_N(T_k) \end{bmatrix} \\ &= \begin{bmatrix} \pi_1(T_k) & \pi_1(T_k) a_{12}(T_k) & \pi_1(T_k) a_{13}(T_k) & \cdots & \pi_1(T_k) a_{1N}(T_k) \end{bmatrix} \\ &= \pi_1(T_k) \begin{bmatrix} 1 & a_{12}(T_k) & a_{13}(T_k) & \cdots & a_{1N}(T_k) \end{bmatrix} \\ &= \begin{bmatrix} \pi_1(T_k) & \pi_1(T_k) a_{12}(T_k) & \pi_1(T_k) a_{13}(T_k) & \cdots & \pi_1(T_k) a_{1N}(T_k) \end{bmatrix} \\ &= \pi_1(T_k) \begin{bmatrix} 1 a_{12}(T_k) a_{13}(T_k) & \cdots & a_{1N}(T_k) \end{bmatrix} \end{aligned}$$

证毕。

由以上定理可知,当 T_k 趋近于 0 时,对于所有状态 $i > 1$,有 $a_{1i}(T_k)$ 趋近于 0, $\pi_1(T_k)$ 趋近于 1,即 SA 算法对应的 Markov 过程将以概率 1 收敛于状态 1,即目标值小的状态。

5.5　应用案例

5.5.1　一个简单的算例

下面以一个简单的例子来说明 SA 是怎么工作的。

1. 问题提出

以一个简单的单机极小化总流水时间的排序问题为例:设有四个工件需要在一台机床上加工,$P_1 = 8, P_2 = 18, P_3 = 5, P_4 = 15$ 分别是这四个单道工序工件在机床上的加工时间,问应如何在这个机床上安排各工件加工的顺序,使工件加工的总流水时间最小?

2. 预备知识

工件的流水时间(Flowtime) 即工件在系统中的总逗留时间,流水时间用于度量系统对各个服务需求的反应,表示工件在到达和离开系统的时间长度。在本例中,令所有工件都在时间 0 到达,则工件的流水时间就等于它的完工时间。

对于这种总流水时间问题可以用工件加工时间的非减顺序来调度工件,也就是著名的最短加工时间调度规则(SPT 规则)。那么按 SPT 规则,本例中保证总流水时间最小的最优的工件加工顺序为 3—1—4—2,它的总流水时间 F 可以计算如下:

$$F_{[1]} = P_{[1]}$$
$$F_{[2]} = P_{[1]} + P_{[2]}$$
$$F_{[3]} = P_{[1]} + P_{[2]} + P_{[3]}$$
$$F_{[4]} = P_{[1]} + P_{[2]} + P_{[3]} + P_{[4]}$$

于是,$F = [P_{[1]}, P_{[2]}, P_{[3]}, P_{[4]}] \begin{bmatrix} 4 \\ 3 \\ 2 \\ 1 \end{bmatrix} = 4 \times 5 + 3 \times 8 + 2 \times 15 + 1 \times 18 = 92$

注释:式中 $[k]$ 表示排在第 k 位的工件标号,如工件 3 排在第 1 位,则 $[1] = 3$。

3. 用 SA 求解问题

（1）状态表达

本例中状态采用一种顺序编码来表达,其中工件是按加工的顺序排列的。例如,对于一个工件的加工顺序 2—4—1—3,可简单表示为 [2 4 1 3]。

（2）邻域定义

对于采用顺序编码的状态表达方法来说,最自然的邻域可以定义为工件顺序中两两换位的集合。例如,从一个当前状态:[2 4 1 3],对其中的两个工件进行换位(2 与 1 进行换位),则获得了一个新状态:[1 4 2 3]。

这样就完成了一次邻域移动。

（3）温度参数设置

设初始温度 $T_0 = 100$，终止温度 $T_f = 60$，降温函数定义为 $T_{k+1} = T_k - \Delta T$，其中 $\Delta T = 20$ 热平衡达到。通过设置内循环的迭代次数 $n(T_k)$ 来实现热平衡，这里设 $n(T_k) = 3$。

4. SA 的求解过程

随机产生一个初始解 $i = [1\ 4\ 2\ 3]$，其目标函数值 $f(i) = 118$，SA 开始运行。

（1）当前温度 $T_k = 100$，进入内循环，令内循环次数 $n = 0$

① 内循环次数 n 加1，随机产生一个邻域解 $j = [1\ 3\ 2\ 4]$（此时4和3换位），其目标函数值 $f(j) = 98$，计算目标函数值增量 $\Delta f = -20$，由于 $\Delta f < 0$，故进行无条件转移，令 $i = j$。

② $n \leftarrow n + 1$，$j = [4\ 3\ 2\ 1]$，$f(j) = 119$，计算 $\Delta f = 21$，由于 $\Delta f > 0$，故进行有条件转移，计算：

$$e^{-\frac{\Delta f}{T_k}} = 0.8106$$

随机产生 $\xi = U(0,1)$，$\xi = 0.7414$，因为 $e^{-\frac{\Delta f}{T_k}} = 0.8106 > 0.7414\ (\xi)$，所以进行邻域移动，令 $i = j$。

③ $n \leftarrow n + 1$，$j = [4\ 2\ 3\ 1]$，$f(j) = 132$，因为 $e^{-\frac{\Delta f}{T_k}} = 0.8781 > 0.3991\ (\xi)$，所以进行有条件转移，令 $i = j$。

注释：在②③中，虽然目标值变大，但是搜索范围变大。

（2）降低温度，$T_k = 100 - 20 = 80$，$n = 0$

① $n \leftarrow n + 1$，$j = [4\ 2\ 1\ 3]$，$f(j) = 135$，因为 $e^{-\frac{\Delta f}{T_k}} = 0.9632 > 0.3413\ (\xi)$，所以进行邻域移动，令 $i = j$。

② $n \leftarrow n + 1$，$j = [4\ 3\ 1\ 2]$，$f(j) = 109$，因为 $\Delta f = -26 < 0$，所以进行无条件转移，令 $i = j$。

③ $n \leftarrow n + 1$，$j = [4\ 3\ 2\ 1]$，$f(j) = 119$，因为 $e^{-\frac{\Delta f}{T_k}} = 0.8825 > 0.9286\ (\xi)$，所以，不进行邻域移动，令 $i = i$。

注释：在③中，由于产生的伪随机数 ξ 大于转移概率 $e^{-\frac{\Delta f}{T_k}}$，所以系统会停留在 4—3—1—2 状态，目标值仍然为109

（3）降低温度，$T_k = 80 - 20 = 60$，$n = 0$

① $n \leftarrow n + 1$，$j = [1\ 3\ 4\ 2]$，$f(j) = 95$，因为 $\Delta f = -24 < 0$，所以进行无条件转移，令 $i = j$。

② $n \leftarrow n + 1$，$j = [3\ 1\ 4\ 2]$，$f(j) = 92$，因为 $\Delta f = -3 < 0$，所以进行无条件转移，令 $i = j$。

③ $n \leftarrow n + 1$，$j = [2\ 1\ 4\ 3]$，$f(j) = 131$，因为 $e^{-\frac{\Delta f}{T_k}} = 0.5220 > 0.7105\ (\xi)$，所以，不进行邻域移动，令 $i = i$。

SA 停止运行，输出最终解 $i = [3\ 1\ 4\ 2]$，也就是说，终止与状态 3—1—4—2，目标函数值为92。

虽然在这个简单的算例中，SA 终止于最优解，但是在实际应用过程中想做到这一点，

就必须在算法设计过程中同时满足下列条件:

① 初始温度足够高。

② 热平衡时间足够长。

③ 终止温度足够低。

④ 降温过程足够慢。

以上条件在实际应用过程中很难同时得到满足,而且 SA 会接受性能较差的解,所以其最终解有可能比运算过程中遇到的最好解性能差,因此在 SA 运行过程中常常要记录遇到的最好可行解(历史最优解),当算法停止时,输出这个历史最优解。

5.5.2 算例 2:成组技术中加工中心的组成问题

1. 问题描述

成组技术中加工中心的组成问题:设有 m 台机器,要组成若干个组成中心,每个加工中心可最多有 q 台机器,至少 p 台机器,有 n 种工件要在这些机器上加工,已知工件和机器的关系矩阵 A,即

$$A = \left[a_{ij} \right]_{m \times n}, \quad a_{ij} = \begin{cases} 1, & \text{机器 } i \text{ 为工件 } j \text{ 所需} \\ 0, & \text{其他} \end{cases}$$

问如何组织加工中心,才能使总的各中心的机器相似性最好?

用 k 表示可能的加工中心数,则存在:$k_{\min} \leqslant k \leqslant k_{\max}$,其中,$k_{\min} = \left[\dfrac{m}{q} \right]$;$k_{\max} = \left[\dfrac{m}{p} \right]$;$[V^+]$ 表示返回一个小于 V^+ 的最大整数。

用 S_{ij} 表示机器 i 与机器 j 的相似系数,则:$S_{ij} \in [0,1]$,且 $S_{ij} = \begin{cases} \dfrac{n_{ij}}{n_i + n_j - n_{ij}}, & i \neq j \\ 0, & i = j \end{cases}$。

其中,n_{ij} 为工件需在机器 i 和 j 上加工的数量;n_i 为工件需在机器 i 上加工的数量。举例来说,假设 8 个工件在机器 i 和 j 上加工,工件和机器的关系矩阵 A 为:

$$A = \begin{bmatrix} 1 & 1 & 1 & 0 & 0 & 0 & 1 & 1 \\ 0 & 0 & 1 & 1 & 1 & 0 & 1 & 0 \end{bmatrix}_j^{i \quad n_i = 5}, \quad n_{ij} = 2$$

于是

$$S_{ij} = \frac{2}{5 + 4 - 2} = \frac{2}{7}$$

2. 模型建立

决策变量有两个:x_{ik} 用来表示机器 i 是否指定于加工中心 k,y_k 表示是否组成加工中心 k,即

$$x_{ik} = \begin{cases} 1, & \text{机器 } i \text{ 指定于中心 } k \quad i = 1, 2, \cdots, m \\ 0, & \text{其他} \quad\quad\quad\quad\quad\quad k = 1, 2, \cdots, k_{\max} \end{cases}$$

$$y_k = \begin{cases} 1, & \text{组成中心 } k \quad k = 1, 2, \cdots, k_{\max} \\ 0 & \text{不组成中心 } k \end{cases}$$

根据决策变量,建立加工中心成组优化的数学模型如下:

$$\max \sum_{k=1}^{k_{\max}} \sum_{i=1}^{m-1} \sum_{j=i+1}^{m} S_{ij} x_{ik} x_{jk} \tag{5.15}$$

$$\text{s.t.} \sum_{k=1}^{k_{\max}} x_{ik} = 1, \; i = 1, 2, \cdots, m \tag{5.16}$$

$$\sum_{i=1}^{m} x_{ik} \leqslant q y_k, \; k = 1, 2, \cdots, k_{\max} \tag{5.17}$$

$$\sum_{i=1}^{m} x_{ik} \leqslant p y_k, \; k = 1, 2, \cdots, k_{\max} \tag{5.18}$$

$$x_{ik}, y_k = 0 \text{ 或 } 1 \forall i, k \tag{5.19}$$

目标函数是使成组的相似性极大化,也就是期望将所有相似的机器放在同一个中心;约束条件(5.16)式用于指定唯一性,以保证每个机器只能放在一个加工中心;约束条件(5.17)式保证每个中心的机器数要小于其最大容量 p 台;约束条件(5.18)式保证每个中心的机器数要大于其最大容量 q 台;式(5.19)为决策变量。

这是一个典型的二次指派问题,其中决策变量有 $m \times k_{\max} + k_{\max}$ 个,约束条件有 $m + 2k_{\max} + m \times k_{\max} + k_{\max}$ 个,用普通的二次 $0 - 1$ 规划方法求解,由于变量数较多,处理起来比较困难,因此采用模拟退火方法对这个模型进行求解。

3. 模拟退火算法

状态表示:采用自然数编码作为状态表达方法,设 $x_i = k$ 表示机器 i 在中心 k,则 $x = [x_1, x_2, \cdots, x_m]$ 就可以表示一个状态,利用这种编码方法就使得原问题等价于一个 K 分图问题。

目标函数:由于该问题是一个由约束的优化问题,而 SA 用于求解无约束问题,故首先需要将上述模型转化为如下无约束模型:

$$\max z = \sum_{v_k \in P_k} \sum_{i \in V_k} \sum_{j \in V_k} s_{ij} - \left(\frac{\alpha}{T_k}\right) \sum_{V_i \in P_k''} (p - |v_i|)^2 - \left(\frac{\beta}{T_k}\right) \sum_{V_j \in P_k'} (|v_j| - q)^2$$

其中,α 和 β 是罚因子;T_k 是温度参数,可见随着算法的运行(T_k 逐渐下降),罚因子会逐渐增大,这就保证了算法在开始阶段进行广域搜索,到了终止阶段进行局域搜索。

$P_k = \{v_1, v_2, \cdots, v_k\}$ 表示集类,它是集合的集合;$v_k = \{i | v_i = k\}$ 集合;$P_k' = \{v_i \in P_k \mid |v_k| > q\}$ 机器数超标的中心集合;$P_k'' = \{v_i \in P_k \mid |v_k| < p\}$ 机器数不够的中心集合。

举例来说,对于这样一个问题:

$$p = 2, q = 5, x = [2\ 1\ 1\ 2\ 3\ 3\ 2\ 2\ 1\ 3]$$

此时

$$v_1 = \{2, 3, 9\}, |v_1| = 3$$
$$v_2 = \{1, 4, 7, 8\}, |v_2| = 4$$
$$v_3 = \{5, 6, 10\}, |v_3| = 3$$

邻域:从当前状态 $x = [x_1, x_2, \cdots, x_m]$ 中随机选择一个 x_i,改变其位值,这样就产生了一个邻域点,故邻域的大小为 $m(k_{\max} - 1)$。

内循环次数：$n(T_k) = m(k-1)$，其 k 中为迭代指标。

降温函数：$T_{k+1} = \dfrac{T_k}{1 + \alpha T_k}$，其中 $\alpha = \dfrac{1n(1+\delta)}{3\delta_{f(x)}}$，$\delta_{f(x)} = \sqrt{\sum\limits_{i=1}^{n(T_k)} (f_i - \bar{f})^2}$，$\delta$ 为一个控制参数。

可见，$\delta_{f(x)} \uparrow \Rightarrow \alpha \downarrow \Rightarrow$，下降慢，而当 T_k 很大时，温度下降的速度也很快。

问题与思考

1. 旅行商问题可简述如下：找一条经过 n 个城市的巡回（每个城市过且只过一次），极小化总的路程。其中，d_{ij} 为城市 i 与 j 间的距离。试按模拟退火算法设计一个求解该问题的算法（包括状态表达、邻域定义、算法步骤），并画出算法框图。

2. 工作指派问题可简述如下：n 个工作可以由 n 个工人分别完成，工人 i 完成工作 j 的时间为 d_{ij}。问如何安排可使总的工作时间达到极小。试按模拟退火算法设计一个求解该问题的算法（包括状态表达、邻域定义、算法步骤），并画出程序框图。

第6章　粒子群优化算法

6.1　导　　言

James Kennedy 和 Russell Eberhart 在 1995 年的 IEEE International Conference on Neural Networks 和 6th International Symposium on Micromachine and Human Science 上分别发表了"Particle swarm optimization"和"A new optimizer using particle swarm theory"的论文,标志着粒子群优化(Particle Swarm Optimization,PSO)算法的诞生,国内也有人译为微粒群算法。

粒子群优化由于其算法简单,易于实现,无需梯度信息,参数少等特点在连续优化问题和离散优化问题中都表现出良好效果,特别是因为其天然的实数编码特点适合于处理实值优化问题,近年来成为国际上智能优化领域研究的热点。在算法理论研究方面,有部分研究者对算法收敛性进行了分析,更多研究者则致力于研究算法的结构和性能改善,包括参数分析、拓扑结构、粒子多样性保持、算法融合和性能比较等。粒子群优化算法最早应用于非线性连续函数的优化和神经元网络的训练,后来也被用于解决约束优化问题、多目标优化问题、动态优化问题等。在数据分类、数据聚类、模式识别、电信 QoS 管理、生物系统建模、流程规划、信号处理、机器人控制、决策支持以及仿真和系统辨识等方面,都表现出良好的应用前景。国内也有越来越多的学者关注粒子群优化算法的应用,将其应用于非线性规划、同步发电机辨识、车辆路径、约束布局优化、新产品组合投入、广告优化等问题。

粒子群优化算法的提出是基于对简化社会模型的模拟。自然界中许多生物体具有一定的群体行为,人工生命的主要研究领域之一就是探索自然界生物的群体行为,从而在计算机上构建其群体模型。通常群体行为可由几条简单规则进行建模,如鱼群、鸟群等。虽然每个个体具有非常简单的行为规则,但是群体行为却非常复杂。

一些科学家对鸟群或鱼群的群体性行为进行了研究,包括计算机模拟仿真。Reynolds 和 Heppner,这两位动物学家在 1987 年和 1990 年发表的论文中都关注了鸟群群体行动中蕴涵的美学,他们发现,由数目庞大的个体组成的鸟群飞行中可以改变方向,散开或者队形的重组等,那么一定有某种潜在的能力或者规则保证了这些同步的行为。这些科学家认为,这些行为是基于不可预知的鸟类社会行为中的群体动态学。在这些早期的模型中他们把重点都放在了个体间距的处理上,也就是让鸟群中的个体之间保持最优的距离。

1975 年,生物社会学家 Wilson 根据对鱼群的研究,在论文中提出:"至少在理论上,鱼群的个体成员能够受益于群体中其他个体在寻找食物的过程中的发现和以前的经验,这种受益是明显的,它超过了个体之间的竞争所带来的利益消耗,不管任何时候食物资源不可预知的分散于四处"。这说明,同种生物之间信息的社会共享能够带来好处,这是 PSO 的基础。

对人类的社会行为的模拟与前者不同,最大区别在于抽象性。鸟类和鱼类是调节它们的物理运动,来避免天敌,寻找食物,优化环境的参数,比如温度等。人类调节的不仅是物理运动,还包括认知和经验变量。我们更多的是调节自己的信仰和态度,来和社会中的上流人物或者专家,或者说在某件事情上获得最优解的人保持一致。

这种不同导致了计算机仿真上的差别,至少有一个明显的因素:碰撞。两个个体即使不被绑在一块,也具有相同的态度和信仰,但是两只鸟是绝对不可能不碰撞而在空间中占据相同位置的。这是因为动物只能在三维的物理空间中运动,而人类可在抽象的多维心理空间运动,并且这里可有效避免碰撞的。

Kennedy 和 Eberhart 对 Hepper 的模仿鸟群的模型进行了修正,以使粒子能够飞向解空间,并在最好解处降落,从而得到了粒子群优化算法。

6.2 基本原理

本节首先介绍基本粒子群优化算法,这是算法的初始版本;然后介绍粒子群优化算法的标准版本,这是目前大多数研究者所使用的版本;之后对算法的构成要素进行简单的分析;最后给出一个计算的例子。

6.2.1 基本粒子群优化算法

1. 算法原理

算法的基本原理可以描述如下。

一个由 m 个粒子(Particle)组成的群体(Swarm)在 D 维搜索空间中以一定的速度飞行,每个粒子在搜索时,考虑到了自己搜索到的历史最好点和群体内(或邻域内)其他粒子的历史最好点,在此基础上进行位置(状态,也就是解)的变化。

第 i 个粒子的位置表示为:$x_i = (x_{i1}, x_{i2}, \cdots, x_{iD})$

第 i 个粒子的速度表示为:$v_i = (v_{i1}, v_{i2}, \cdots, v_{iD}), 1 \leq i \leq m, 1 \leq d \leq D$

第 i 个粒子经历过的历史最好点表示为:$p_i = (p_{i1}, p_{i2}, \cdots, p_{iD})$

群体内(或邻域内)所有粒子所经过的最好的点表示为:$p_g = (p_{g1}, p_{g2}, \cdots, p_{gD})$。

一般来说,粒子的位置和速度都是在连续的实数空间内进行取值的。

粒子的位置和速度根据如下方程进行变化:

$$v_{iD}^{k+1} = v_{iD}^k + c_1 \xi (p_{iD}^k - x_{iD}^k) + c_2 \eta (p_{gD}^k - x_{iD}^k) \tag{6.1}$$

$$x_{iD}^{k+1} = x_{iD}^k + v_{iD}^{k+1} \tag{6.2}$$

其中,c_1 和 c_2 称为学习因子(Learning Factor)或加速系数(Acceleration Coefficient),一般

为正常数。学习因子使粒子具有自我总结和向群体中优秀个体学习的能力，从而向自己的历史最优点以及群体内或邻域内的历史最优点靠近。c_1 和 c_2 通常等于 2。$\xi, \eta \in U[0,1]$ 是在 $[0,1]$ 区间内均匀分布的伪随机数。粒子的速度被限制在一个最大速度 $V_{\max}$ 的范围内。

当把群体内所有粒子都作为邻域成员时，得到粒子群优化算法的全局版本；当群体内部分成员组成邻域时，得到粒子群优化算法的局部版本。局部版本中，一般由两种方式组成邻域，一种是索引号相邻的粒子组成邻域，另一种是位置相邻的粒子组成邻域。粒子群优化算法的邻域定义策略又可以称为粒子群的邻域拓扑结构。

2. 算法流程

基本粒子群优化算法的流程如下：

第 1 步：在初始化范围内，对粒子群进行随机初始化，包括随机位置和速度。

第 2 步：计算每个粒子的适应值。

第 3 步：对于每个粒子，将其适应值与所经历过的最好位置的适应值进行比较，如果更好，则将其作为粒子的个体历史最优值，用当前位置更新个体历史最好位置。

第 4 步：对每个粒子，将其历史最优适应值与群体内或邻域内所经历的最好位置的适应值进行比较，若更好，则将其作为当前的全局最好位置。

第 5 步：根据式（6.1）和（6.2）对粒子的速度和位置进行更新。

第 6 步：若未达到终止条件，则转第 2 步。

一般将终止条件设定为一个足够好的适应值或达到一个预设的最大迭代代数。

3. 粒子的社会行为分析

从粒子的速度更新方程（6.1）可以看到，基本粒子群优化算法中，粒子的速度主要由三部分构成。

（1）前次迭代中自身的速度

式（6.1）右侧第一项，这是粒子飞行中的惯性作用，是粒子能够进行飞行的基本保证。

（2）自我认知的部分

式（6.1）右侧第二项，表示粒子飞行中考虑到自身的经验，向自己曾经找到过的最好点靠近。

（3）社会经验的部分

式（6.1）右侧第三项，表示粒子飞行中考虑到社会的经验，向邻域中其他粒子学习，使粒子在飞行时向邻域内所有粒子曾经找到过的最好点靠近。

Kennedy 通过神经网络训练的实验研究了粒子飞行时的行为，在实验中将粒子的速度更新公式分别取以下几种情况：

（1）完全模型（Full model）：即按照原始公式（6.1）进行速度更新。

（2）只有自我认知（Cognition-only）：即速度更新时只考虑上述第 1 项和第 2 项。

（3）只有社会经验（Social-only）：即速度更新时只考虑上述第 1 项和第 3 项。

（4）无私（Selfless）：即速度更新时只考虑上述第 1 项和第 3 项，并且邻域不包括粒子本身。

这里考虑"无私"的情况是因为,在只有社会经验的模型中,如果粒子自身取得的历史最好解就是邻域最好解,那么粒子还是会被自身取得的历史最好解所吸引,这容易引起效果上的混淆,"无私"情形可以彻底去掉自身认知的影响。

实验结果表明:对于所有的情形,最大速度 V_{max} 过小常常导致搜索的失败,而较大的 V_{max} 常使粒子飞过目标区域,这可能使粒子找到更好的区域,即使粒子脱离局优;上述速度更新模型按照达到规定误差所需的迭代次数从少到多依次为

$$只有社会经验 < 无私 < 完全模型 < 只有自我认知$$

这里,神经网络训练的是 XOR 问题。这说明,对于简单问题,只有社会经验的模型可以最快达到收敛,这是因为粒子间的社会信息的共享导致进化速度加快;而只有自我认知的模型收敛最慢,这是因为不同的粒子间缺乏信息交流,没有社会信息的共享,导致找到最优解的概率变小。

但是,需要注意的是,收敛速度不是优化效果的唯一评价指标。特别是对于复杂的问题,只考虑社会经验,将导致粒子群体过早收敛,从而陷于局优;只考虑个体自身经验,将使群体很难收敛,进化速度过慢。相对而言,完全模型是较好的选择。

6.2.2 标准粒子群优化算法

为改善算法收敛性能,Shi 和 Eberhart 在 1998 年的论文中引入了惯性权重的概念,将速度更新方程修改为式(6.3)所示:

$$v_{id}^{k+1} = \omega v_{id}^k + c_1 \xi (p_{id}^k - x_{id}^k) + c_2 \eta (p_{gd}^k - x_{id}^k) \tag{6.3}$$

其中,ω 称为惯性权重,其大小决定了对粒子当前速度继承的多少,合适的选择可以使粒子具有均衡的探索能力(Exploration,即广域搜索能力)和开发能力(Exploitation,即局部搜索能力)。可见,基本粒子群优化算法是惯性权重 $\omega = 1$ 的特殊情况。

分析和实验表明,设定 V_{max} 的作用可以通过惯性权重的调整来实现。现在的粒子群优化算法基本上使用 V_{max} 进行初始化,将 V_{max} 设定为每维变量的变化范围,而不必进行细致的选择与调节。

目前,对于粒子群优化算法的研究大多以带有惯性权重的粒子群优化算法为对象进行分析、扩展和修正,因此大多数文献中将带有惯性权重的粒子群优化算法称为粒子群优化算法的标准版本,或者称为标准粒子群优化算法;而将前述粒子群优化算法称为初始粒子群优化算法/基本粒子群优化算法,或者称为粒子群优化算法的初始版本。

6.2.3 算法构成要素

这里将对粒子群优化算法的构成要素进行概述。这些构成要素包括算法的相关参数:群体大小、学习因子、最大速度、惯性权重,也包括算法设计中的相关问题:邻域拓扑结构、粒子空间的初始化和停止准则。

1. 群体大小 m

m 是整型参数。当 m 很小的时候,陷入局优的可能性很大。然而,群体过大将导致计算时间大幅增加,并且当群体数目增长至一定水平时,再增长将不再是显著的作用。当 $m =$

1 的时候,PSO算法变为基于个体搜索的技术,一旦陷入局优,将不可能跳出。当 m 很大时,PSO 的优化能力很好,可是收敛的速度将非常慢。

2. 学习因子 c_1 和 c_2

学习因子使粒子具有自我总结和向群体中优秀个体学习的能力,从而向群体内或邻域内最优点靠近。c_1 和 c_2 通常等于2,不过在文献中也有其他的取值。但是一般 c_1 等于 c_2,并且范围在 0 和 4 之间。

3. 最大速度: $V_{\max}$

最大速度决定粒子在一次迭代中最大的移动距离。$V_{\max}$ 较大时,探索能力增强,但是粒子容易飞过最好解。$V_{\max}$ 较小时,开发能力增强,但是容易陷入局优。有分析和实验表明,设定 $V_{\max}$ 的作用可以通过惯性权重的调整来实现。所以,现在的实验基本上使用 $V_{\max}$ 进行初始化,将 $V_{\max}$ 设定为每维变量的变化范围,而不必进行细致的选择与调节。

4. 惯性权重

智能优化方法的运行是否成功,探索能力和开发能力的平衡是非常关键的。对于粒子群优化算法来说,这两种能力的平衡就是靠惯性权重来实现。较大的惯性权重使粒子在自己原来的方向上具有更大的速度,从而在原方向上飞行更远,具有更好的探索能力;较小的惯性权重使粒子继承了较少的原方向的速度,从而飞行较近,具有更好的开发能力。通过调节惯性权重能够调节粒子群的搜索能力。

5. 领域拓扑结构

全局版本粒子群优化算法将整个群体作为粒子的邻域,速度快,不过有时会陷入局部最优;局部版本粒子群优化算法将索引号相近或者位置相近的个体作为粒子的邻域,收敛速度慢一点,不过很难陷入局部最优。显然,全局版本的粒子群优化算法可以看作局部版本粒子群优化算法的一个特例,即将整个群体都作为邻域。

6. 停止准则

一般使用最大迭代次数或可以接受的满意解作为停止准则。

7. 粒子空间的初始化

较好地选择粒子的初始化空间,将大大缩短收敛时间,这是问题依赖的。

从上面的介绍可以看到,实际上粒子群优化算法并没有过多需要调节的参数。相对来说,惯性权重和邻域定义较为重要。

6.2.4　计算举例

下面以一个简单的例子来说明粒子群优化算法是如何工作的。

1. 最优化问题

求解以下的无约束优化问题(Rosenbrock 函数):

$$\min f(x) = \sum_{i=1}^{n-1} \left[100(x_{i+1} - x_i^2)^2 + (x_i - 1)^2 \right], \ x \in [-30,30]^n \qquad (6.4)$$

其中,问题的维数 $n = 5$。当变量取二维时目标函数的图形如图 6.1 所示。

图 6.1　Rosenbrock 曲面图

2. 简单分析

Rosenbrock 是一个著名的测试函数,也叫香蕉函数,其特点是该函数虽然是单峰函数,在 $[100,100]^n$ 上只有一个全局极小点,但它在全局极小点临近的狭长区域内取值变化极为缓慢,常用于评价算法的搜索性能。这种优化问题非常适合于使用粒子群优化算法来求解。这里使用标准版本的算法来求解,算法的相关设计分析如下。

编码:因为问题的维数为 5,所以每个粒子为 5 维的实数向量。

初始化范围:根据问题要求,设定为 $[-30,30]$。根据前面的参数分析,可以将最大速度设定为 $V_{\max} = 60$。

种群大小:为了说明方便,这里采用一个较小的种群规模,$m = 5$。

停止准则:设定为最大迭代次数 100 次。

惯性权重:采用固定权重 0.5。

邻域拓扑结构:使用星形拓扑结构,即全局版本的粒子群优化算法。

3. 步骤

第 1 步:设置相关参数,在初始化范围内,对粒子群进行随机初始化,包括随机位置和速度。

第 2 步:计算每个粒子的适应值。

第 3 步:更新粒子的个体历史最好值和最好解以及整个群体的历史最好值和最好解。

第 4 步:根据式(6.3) 和式(6.2) 对粒子的速度和位置进行更新。

第 5 步:若迭代次数未达到 100,则转第 2 步。

4. 一次迭代结果

各个粒子的初始位置如下:

$x_1^0 = (-15.061812, -23.799465, 25.508911, 4.867607, -4.6115036)$

$x_2^0 = (29.855438, -25.405956, 6.2448387, 10.079613, -26.621386)$

$x_3^0 = (23.805588, 19.57822, -8.61554, 9.441231, -29.898735)$

$x_4^0 = (7.1804657, -13.258207, -29.63405, -27.048172, 2.2427979)$

$x_5^0 = (-4.7385902, -17.732449, -24.78365, -3.8092823, 4.3552284)$

各个粒子的初始速度如下：

$v_1^0 = (-5.2273927, 15.964569, -11.821243, 42.65571, -48.36218)$

$v_2^0 = (-0.42986897, -0.5701652, -18.416643, -51.86605, -33.90133)$

$v_3^0 = (13.069403, -48.511078, 28.80003, -8.051167, -28.049505)$

$v_4^0 = (-8.85361, 12.998845, -13.325946, 18.722532, -26.033237)$

$v_5^0 = (-5.7461033, -7.451118, 29.135513, -14.144024, -41.325256)$

各个粒子的初始适应值如下：

$f_1^0 = 7.733296E7$

$f_2^0 = 1.26632864E8$

$f_3^0 = 4.7132888E7$

$f_4^0 = 1.39781552E8$

$f_5^0 = 4.98773E7$

显然，粒子 3 取得了群体中最好的位置和适应值，将其作为群体历史最优解。

经过一次迭代后，粒子的位置变化为

$x_1^1 = (2.4265985, 29.665405, 18.387815, 29.660393, -39.97371)$

$x_2^1 = (22.56745, -3.999012, -19.23571, -16.373426, -45.417023)$

$x_3^1 = (30.34029, -4.6773186, 5.7844753, 5.4156475, -43.92349)$

$x_4^1 = (2.7943296, 19.942759, -24.861498, 16.060974, -57.757202)$

$x_5^1 = (27.509708, 28.379063, 13.016331, 11.539068, -53.676777)$

从上面的数据可以看到，粒子有的分量跑出了初始化范围。需要说明的是，在这种情况下，一般不强行将粒子重新拉回到初始化空间，即使初始化空间也是粒子的约束空间。因为，即使粒子跑出初始化空间，随着迭代的进行，如果在初始化空间内有更好的解存在，那么粒子也可以自行返回到初始化空间。

而且有研究表明，即使初始化空间不设定为问题的约束空间，即问题的最优解不在初始化空间内，粒子也可能找到最优解。

第 1 次迭代后，各个粒子的适应值为

$f_1^1 = 1.68403632E8$

$f_2^1 = 5.122986E7$

$f_3^1 = 8.6243528E7$

$f_4^1 = 6.4084752E7$

$f_5^1 = 1.21824928E8$

此时，取得最好解的是粒子 2。

5. 100 次迭代结果

100 次迭代后，粒子的位置及适应值如下：

$$x_1^{100} = (0.8324391, 0.71345127, 0.4540729, 0.19283025, -0.01689619)$$

$$x_2^{100} = (0.7039059, 0.75927746, 0.42355448, 0.20572342, 1.0952349)$$

$$x_3^{100} = (0.8442569, 0.6770473, 0.45867932, 0.19491772, 0.016728058)$$

$$x_4^{100} = (0.8238968, 0.67699957, 0.45485318, 0.1967013, 0.015787406)$$

$$x_5^{100} = (0.8273693, 0.6775995, 0.45461038, 0.19740629, 0.01580313)$$

$$f_1^{100} = 1.7138834$$

$$f_2^{100} = 121.33863$$

$$f_3^{100} = 1.2665054$$

$$f_4^{100} = 1.1421927$$

$$f_5^{100} = 1.1444693$$

从结果可以看到,粒子 2 的适应值较大,这是因为 100 次迭代后粒子群还没有充分收敛。而这也在一定程度上保持了种群的多样性。图 6.2 是群体历史最优适应值随迭代次数增加的变化曲线。因为适应值变化过大,所以对其取对数。

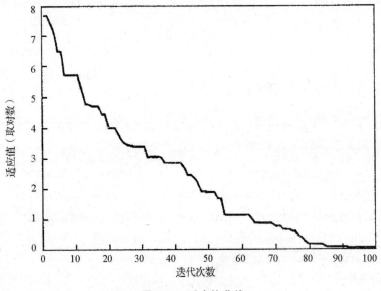

图 6.2   适应值曲线

6.3   PSO 的改进与变形

这一节里,首先介绍算法的三个构成要素的选择和调节:惯性权重、邻域拓扑结构和学习因子;然后介绍粒子群优化算法另外一个重要的改进版本:带有收缩因子的粒子群优化算法;再针对离散优化问题,说明两个典型的离散版本粒子群优化算法;之后,介绍几种基于遗传思想和梯度信息的改进策略;最后是算法在两类复杂环境中的解决方案:约束优化和多目标优化。

6.3.1 惯性权重

惯性权重使粒子群优化算法标准版本的重要参数,算法的成败很大程度上取决于该参数的选取和调节。下面介绍设置惯性权重的几种基本方法。

1. 固定权重

固定权重,即赋予惯性权重以一个常数值,一般来说,该值在 0 和 1 之间。固定的惯性权重使粒子在飞行中始终具有相同的探索和开发能力。显然,对于不同的问题,获得最好优化效果的这个常数是不同的,要找到这个值需要大量的实验。通过实验发现:种群规模越小,需要的惯性权重越大,因为此时种群需要更好的探索能力来弥补粒子数量的不足,否则粒子极易收敛;种群规模越大,需要的惯性权重越小,因为每个粒子可以更专注于搜索自己附近的区域。

2. 时变权重

一般来说,希望粒子群在飞行开始的时候具有较好的探索能力,而随着迭代次数的增加,特别是在飞行后期,希望具有较好的开发能力,因此需要动态地调整惯性权重。通常可根据时变权重来实现对惯性权重的动态调整。设惯性权重的取值范围为$[\omega_{min}, \omega_{max}]$,最大迭代次数为 $iter\_max$,则第 i 次迭代时的惯性权重可以取为

$$\omega_i = \omega_{max} - \frac{\omega_{max} - \omega_{min}}{iter\_max} \times i \tag{6.5}$$

这是一种线性减小的变化方式,也可采用非线性减小方式来设置惯性权重。需要根据实际问题来确定最大权重 ω_{max} 和最小权重 ω_{min}。根据现有研究成果,线性时变权重在实际应用中使用较为广泛。

3. 模糊权重

模糊权重是使用模糊系统来动态调节惯性权重的。例如,一般情况下,可使用如下具有 9 条规则、2 个输入和 1 个输出的模糊系统。

输入变量:当前最好的适应值(CBPE)和当前惯性权重。

输出变量:惯性权重的变化(百分比表示)。

这里,CBPE 度量了 PSO 找到的最好候选解的性能。由于不同优化问题有不同的性能评价值范围,所以为了让该模糊系统有广泛的适用性,可以使用标准化的 CBPE(NCBPE)。假定优化问题为最小化问题,则

$$NCBPE = \frac{CBPE - CBPE_{min}}{CBPE_{max} - CBPE_{min}} \tag{6.6}$$

其中,$CBPE_{min}$ 为估计的(或实际的)最小值,而 $CBPE_{max}$ 为非优 $CBPE$,任何 $CBPE$ 值大于或等于 $CBPE_{max}$ 的解都是最小化问题所不能接受的解。

每个输入和输出定义了三条模糊集合:低、中、高,相对应的隶属度函数分别为:左三角形、三角形和右三角形,共九条规则。这三个隶属度函数分别定义如下。

左三角隶属度函数

$$f_{\text{left\_triangle}} = \begin{cases} 1 & x < x_1 \\ \dfrac{x_2 - x}{x_2 - x_1} & x_1 \leqslant x \leqslant x_2 \\ 0 & x > x_2 \end{cases} \tag{6.7}$$

三角隶属度函数

$$f_{\text{triangle}} = \begin{cases} 0 & x < x_1 \\ 2\dfrac{x - x_1}{x_2 - x_1} & x_1 \leqslant x \leqslant \dfrac{x_2 + x_1}{2} \\ 2\dfrac{x_2 - x}{x_2 - x_1} & \dfrac{x_2 + x_1}{2} < x \leqslant x_2 \\ 0 & x > x_2 \end{cases} \tag{6.8}$$

右三角隶属度函数

$$f_{\text{right\_triangle}} = \begin{cases} 0 & x < x_1 \\ \dfrac{x - x_1}{x_2 - x_1} & x_1 \leqslant x \leqslant x_2 \\ 1 & x > x_2 \end{cases} \tag{6.9}$$

这里,x_1 和 x_2 是决定隶属度函数形状的关键参数。

4. 随机权重

随机权重是在一定范围内随机取值的,例如,可以取值如下:

$$\omega = 0.5 + \frac{Random}{2} \tag{6.10}$$

其中,$Random$ 为 $0 \sim 1$ 之间的随机数。这样,惯性权重将在 $0.5 \sim 1$ 之间随机变化,均值为 0.75。之所以这样设定,是为了应用于动态优化问题。将惯性权重设定为线性减小的时变权重,是为了在静态的优化问题中使粒子群在迭代开始的时候具有较好的全局寻优能力,即探索能力,而在迭代后期具有较好的局部寻优能力,即开发能力。然而对于动态优化问题来说,不能够预测在给定的时间粒子群需要更好的探索能力还是更好的开发能力。所以,可以使惯性权重在一定范围内随机变化。

6.3.2 邻域拓扑结构

如何定义粒子的邻域组成,即邻域的拓扑结构,是算法实现中的一个基本问题。通常有两种方式:一种是索引号相邻的粒子组成邻域,另一种是位置相邻的粒子组成邻域。下面来详细说明这两类邻域拓扑结构。

1. 基于索引号的拓扑结构

这类拓扑结构最大的优点是在确定邻域时不考虑粒子间的相对位置,从而避免确定邻域时的计算消耗。

(1) 环形结构

环形结构是一种基本的邻域拓扑结构,每个粒子只与其直接的 K 个邻居相连,即与该粒子索引号相近的 K 个粒子构成该粒子的邻域成员。例如,当 $K = 2$ 时,对于粒子 i,定义其邻域成员为:粒子 $i-1$ 和粒子 $i+1$(也可以将上述情况称为邻域半径为1)。在迭代过程中,这种邻域组成保持不变。图 6.3 是环形拓扑结构的示意图。

环形结构下,种群的一部分可以聚集于一个局优,而另外一部分可能聚集于不同的局优,或者再继续搜索,避免过早陷入局优。邻居间的影响一个一个地传递,直到最优点被种群的任何一个部分找到,然后使整个种群收敛。

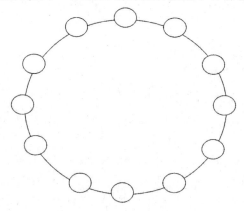

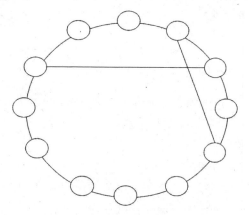

图 6.3　环形拓扑结构　　　　　　图 6.4　带有捷径的环形拓扑结构

可以在环形拓扑结构中加入两条捷径(Shortcut),得到带有捷径的环形拓扑结构,如图 6.4 所示。有两个粒子的邻域发生变化,即随机地选取种群中的另一个粒子作为自己的邻域成员,从而加强了不同粒子邻域之间的信息交流。这样变化后的环形拓扑结构缩短了邻域间的距离,种群将更快收敛。

(2) 轮形结构

轮形结构式令一个粒子作为焦点,其他粒子都与该焦点粒子相连,而其他粒子之间并不相连,如图 6.5 所示。这样所有的粒子都只能与焦点粒子进行信息交流,有效地实现了粒子之间的分离。焦点粒子比较其邻域(即整个种群)中所有粒子的表现,然后调节其本身飞行轨迹向最好点靠近。这种改进再通过焦点粒子扩散到其他粒子。所以焦点粒子的功能类似一个缓冲器,减慢了较好的解在种群中的扩散速度。

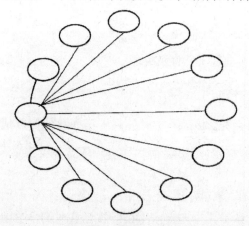

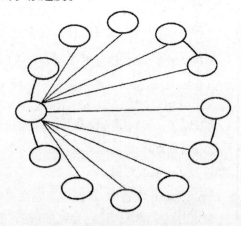

图 6.5　轮形拓扑结构　　　　　　图 6.6　带有捷径的轮形拓扑结构

同样也可以在轮形拓扑结构中加入两条捷径,得到带有捷径的环形拓扑结构,如图6.6所示。带有捷径的轮形拓扑结构可以产生两方面的效果。一方面,能够产生迷你邻域(Mini-Neighborhood),迷你邻域中的外围粒子被直接与焦点粒子相连的粒子所影响,这样在迷你邻域这个合作的子种群内可以更快地收敛,焦点粒子的缓冲器又可以防止整个种群过早收敛于局优。另一方面,也可能产生孤岛,或分离子种群间的联系,使子种群内部进行合作,独立地进行问题的优化。这将导致信息交流的减少,使那些分离的个体不能得到整个种群所找的好的区域,也使种群其他粒子不能分享被分离的个体搜索中获得的成功信息。

(3)星形结构

星形拓扑结构是每个粒子都与种群中的其他所有粒子相连,即将整个种群作为自己的邻域,也就是粒子群算法的全局版本。这种结构下,所有粒子共享的信息是种群中表现最好的粒子的信息。

(4)随机结构

随机结构是在 N 个粒子的种群中间,随机地建立 N 个对称的两两连接。

2. 基于距离的拓扑结构

基于距离的拓扑结构是在每次迭代时,计算一个粒子与种群中其他粒子之间的距离,然后根据这些距离来确定该粒子的邻域构成。下面是一个具体的实现方法:动态邻域拓扑结构。

在搜索开始的时候,粒子的邻域只有其自己,即将个体最优解作为邻域最优解,然后随着迭代次数的增加,逐渐增大邻域,直至最后将群体中所有粒子作为自己的邻域成员。这样使初始迭代时可以有较好的探索性能,而在迭代后期可以有较好的开发性能。

对将要计算邻域的粒子 i,计算其与种群中其他所有粒子的距离。该粒子与粒子 $l(l \neq i)$ 的距离记为 $dist[l]$。最大的距离记为 max_dist。

定义一个关于当前迭代次数的函数 $frac$(取值为纯小数)

$$frac = \frac{3.0 \times iter + 0.6 \times maxiter}{maxiter} \tag{6.11}$$

当 $frac < 0.9$ 时,满足条件的粒子构成当前粒子 i 的邻域,即 $\frac{dist[l]}{max\_dist} < frac$。

当 $frac \geq 0.9$ 时,将种群中所有粒子作为当前粒子 i 的邻域。

6.3.3 学习因子

学习因子一般固定为常数,并且取值为2。但是,也有研究者尝试了一些其他的取值和其他的设置方式。

1. c_1 和 c_2 同步时变

Suganthan在实验中,参照时变惯性权重的设置方法,将学习因子设置如下:设学习因子 c_1 和 c_2 的取值范围为 $[c_{min}, c_{max}]$,最大迭代次数为 $iter\_max$,则第 i 次迭代时的学习因子取为

$$c_1 = c_2 = c_i = c_{\max} - \frac{c_{\max} - c_{\min}}{iter\_max} \times i \tag{6.12}$$

这是一种两个学习因子同步线性减小的变化方式,所以这里称之为同步时变。特别地,Suganthan 在实验中将参数设置为:$c_{\max} = 3$,$c_{\min} = 0.25$。但是发现,这种设置下,解的质量反而下降。

2.c_1 和 c_2 异步时变

Ratnaweera 等提出了另一种时变的学习因子设置方式,使两个学习因子在优化过程中随时间进行不同的变化,所以这里称之为异步时变。这种设置的目的是在优化初期加强全局搜索,而在搜索后期促使粒子收敛于全局最优解。这种想法可通过随着时间减小自我学习因子 c_1 和增大社会学习因子 c_2 的方式来实现。

(1)在优化的初始阶段,粒子具有较大的自我学习能力和较小的社会学习能力,这样粒子可以倾向于在整个搜索空间飞行,而不是很快就飞向群体最优解。

(2)在优化的后期,粒子具有较大的社会学习能力和较小的自我学习能力,使粒子倾向于飞向全局最优解。

具体实现方式如下:

$$c_1 = (c_{1f} - c_{1i}) \frac{iter}{iter\_max} + c_{1i} \tag{6.13}$$

$$c_2 = (c_{2f} - c_{2i}) \frac{iter}{iter\_max} + c_{2i} \tag{6.14}$$

这里,c_{1i},c_{1f},c_{2i},c_{2f} 为常数,分别为 c_1 和 c_2 的初始值和最终值。$iter\_max$ 为最大迭代次数,$iter$ 为当前迭代数。Ratnaweera 等在研究中发现,对于大多数标准如下设置优化效果较好:

$$c_{1i} = 2.5, \quad c_{1f} = 0.5, \quad c_{2i} = 0.5, \quad c_{2f} = 2.5$$

需要说明的是,异步时变的学习因子应与线性减小的时变权重配合使用,效果较好。

6.3.4　带有收缩因子的粒子群优化算法

基本粒子群优化算法有两种重要的改进版本:加入惯性权重和加入收缩因子(Constriction Factor)。惯性权重的版本已成为标准版本,所以放在算法的基本原理中介绍,收缩因子版本放在本节介绍。

Clerc 在原始粒子群优化算法中引入可收缩因子的概念,并指出该因子对于算法的收敛是必要的。在带有收缩因子的粒子群优化算法中,速度的更新方程式式(6.15)所示。

$$v_{id}^{k+1} = K[v_{id}^k + c_1 \xi(p_{id}^k - x_{id}^k) + c_2 \eta(p_{gd}^k - x_{id}^k)] \tag{6.15}$$

这里,K 是 c_1 和 c_2 的函数,具体表达为式(6.16)。

$$K = \frac{2}{|2 - \varphi - \sqrt{\varphi^2 - 4\varphi}|}, \quad \varphi = c_1 + c_2 > 4 \tag{6.16}$$

Clerc 将参数取值为 $c_1 = c_2 = 2.05$,$\varphi = 4.1$,于是可得 $K = 0.729$。

显然,如果将标准版本的粒子群优化算法取参数:

$$\omega = 0.729$$

$$c_1 + c_2 = 0.729 \times 2.05 = 1.49445$$

则标准版本的粒子群优化算法与带有收缩因子的粒子群优化算法等价,即带有收缩因子的版本可以看作为标准版本算法的一个特例。Eberhart 和 Shi 通过实验建议:

(1)如果使用带有收缩因子的粒子群优化算法,则将最大速度 $V_{\max}$ 限定为 $X_{\max}$。

(2)如果使用带有惯性权重的粒子群优化算法,则根据式(6.16)来选择 ω, c_1, c_2 的值。

6.3.5 离散版本的粒子群优化算法

粒子群优化算法非常适合于求解连续优化问题。目前有一些研究者在努力寻求该算法在离散优化中的解决方案。下面介绍其中典型的两个解决方案:二进制编码和顺序编码。

1. 二进制编码

离散版本的粒子群优化算法最早是由 Kennedy 提出,采用二进制编码,即粒子的位置向量的每一位取值为 0 或者 1。下面首先将二进制编码算法的粒子更新公式列于式(6.17)~(6.19),然后再详细说明。

$$v_{id}^{k+1} = v_{id}^{k} + c_1 \xi(p_{id}^{k} - x_{id}^{k}) + c_2 \eta(p_{gd}^{k} - x_{id}^{k}) \tag{6.17}$$

$$x_{id}^{k+1} = \begin{cases} 1, & Random < S(v_{id}^{k+1}) \\ 0, & 其他 \end{cases} \tag{6.18}$$

$$S(v_{id}^{k+1}) = \frac{1}{1 + \exp(-v_{id}^{k+1})} \tag{6.19}$$

式(6.18)中的 Random 是一个 $[0, 1]$ 区间内的均匀分布的伪随机数。

显然,式(6.17)看上去与基本粒子群优化算法的速度更新公式(6.1)完全相同(由于二进制编码算法提出于 1997 年,当时还没有带有惯性权重的粒子群算法,故没有采用式(6.3)),但是速度更新公式中,速度的意义和位置的取值发生了变化。

关于位置的三个变量 x_{id}^{k}、p_{id}^{k}、p_{gd}^{k} 仍然分别表示粒子在 k 次迭代时的位置、个体历史最优位置和邻域最优位置,但是这些变量的取值已经全部为 0 或者 1。

v_{id}^{k+1} 在这里不再表示 $k+1$ 次迭代时粒子飞行的速度。其意义在于,根据 v_{id}^{k+1} 的值来计算确定 x_{id}^{k+1} 取值为 1 或者 0 的概率。这个概率由函数 $S(v_{id}^{k+1})$ 来表达。即不论 k 次迭代时粒子的位值为 0 还是 1,在 $k+1$ 次迭代时,x_{id}^{k+1} 的取值都以概率 $S(v_{id}^{k+1})$ 取 1,以概率 $1 - S(v_{id}^{k+1})$ 取 0,这正是式(6.18)表达的意义。

$S(v_{id}^{k+1})$ 是 v_{id}^{k+1} 的函数。二进制版本的初始想法是将原来公式中的速度 v_{id}^{k+1} 作为粒子取值为 1 的概率,但是因为 v_{id}^{k+1} 在计算中很可能不能保证将其值限制在 $[0, 1]$ 区间,所以要将 v_{id}^{k+1} 进行变换,将其映射到 $[0, 1]$ 区间,函数 $S(v_{id}^{k+1})$ 正是用来完成此映射功能。$S(v_{id}^{k+1})$ 是一个 S 型函数,将 v_{id}^{k+1} 进行简单的运算后可以满足概率取值的需求。

在基本粒子群优化算法中,粒子的速度被限制在一个范围内,即最大速度 $V_{\max}$。在二进制版本中,仍然需要这种限制,即 $|v_{id}^{k+1}| < V_{\max}$。因为通过计算可以知道,当 $v_{id}^{k+1} > 10$ 时,$S(v_{id}^{k+1})$ 的值将很小,导致 x_{id}^{k+1} 几乎一定取值为 0,这失去了以概率取值的意义。所以,要用

$V_{\max}$ 来进行一下限制。Kennedy 认为将 $V_{\max}$ 取值为 6 较好,此时 $S(v_{id}^{k+1})$ 取值范围在 0. 9975 ~ 0. 0025 之间。值得注意的是,在应用于连续空间的基本粒子群优化算法中,$V_{\max}$ 越大,则粒子位置的改变可能越大,粒子将具有更好的探索能力;而在应用于离散空间的二进制版本算法中,则正好相反,$V_{\max}$ 越大,可能导致变化的概率越小,因为取值为负的 v_{id}^{k+1},可能绝对值很大,但是经过式(6. 19)计算后得到的概率很小。

2. 顺序编码

Hu 等提出了一种改进的粒子群优化算法来解决排序问题,因为其编码规则与遗传算法的顺序编码相同,这里将其称为顺序编码的粒子群优化算法。下面是一个编码的例子:

$$X = (1\ 2\ 3\ 4\ 5\ 6\ 7)$$

这里编码长度为 7,也是粒子的位值的变化范围。

在这种改进的离散版本的算法中,将速度也定义为粒子变化的概率,而速度的更新公式也保持不变。如果速度较大,则粒子更可能变化为一个新的排列序列。这里,速度显然也要被加以限定,映射到[0,1]区间。粒子的更新过程说明如下:设粒子位值变化范围为 n,粒子的速度为 v_i^{k+1},则将其规范化为

$$Swap(v_{id}^{k+1}) = \frac{|v_{id}^{k+1}|}{n} \tag{6.20}$$

显然,$Swap(v_{id}^{k+1})$ 的取值范围在 0,1 之间,它决定了粒子 i 的编码是否产生一个交换。如果以该概率产生一个交换,则交换后粒子 i 第 d 位变化为邻域最好解相应的位值。这个过程可以表示为如图 6.7 所示。

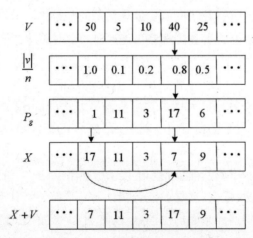

图 6.7 粒子更新示意图

图 6.7 中粒子位值变化范围为 50。速度分量为 40 的位置,粒子位值为 7,随机产生一个[0,1]区间内均匀分布的伪随机数,小于 0.8,所以该位置将产生一个交换,该位置邻域最优解 P_g 的值为 17,为了在交换后该位置取值与邻域最优解 P_g 保持一致,将该位置与粒子取值为 17 的位置交换,得到的结果为粒子的新的位置 $X + V$。

因为粒子以一定概率与邻域最优解的排列趋同,所以如果其与邻域最优解的排列相同时,将保持不变。为了避免这种情况,引入了变异来克服,即当粒子与邻域最优解排列相同时,随机选取编码中的两个位置,交换其位值,如图6.8所示。

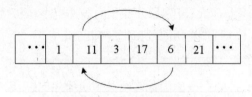

图6.8　变异示意图

6.3.6　基于遗传策略和梯度信息的几种改进算法

对于大多数智能优化方法来说,遗传算法和梯度信息的使用是两类重要的改进方式。因为遗传算法是目前为止应用最为广泛的智能优化方法,其基本的遗传策略,包括选择、杂交和变异等已经深入人心并且取得了良好的优化效果,所以对于一种新的算法,研究者首先会想到用这样的策略来进行尝试,试图找到性能改进的措施。梯度信息是传统实值优化中所使用的重要信息,或者说,传统实优化是基于梯度信息的。所以,对于粒子群优化算法来说,针对那些具有梯度信息的函数优化使用梯度信息,必然大大提高搜索效率。这里介绍一些基于遗传策略和梯度信息的改进粒子群优化算法。

1. 基于选择的改进算法

标准粒子群优化算法中,粒子的历史最优信息的确定相当于一种隐含的选择机制。在邻域拓扑结构中已经说明,这种选择机制可能通过较长时间才能发生作用。而传统的进化算法中选择的方法可以将搜索定向于较好的区域,合理地分配有限的资源。

Angeline 将自然选择机理与粒子群优化算法相结合,提出了一种混合群体算法(Hybrid Swarm)。该混合算法是采用的锦标赛选择方法(Tournament Selection Method),即每个粒子将其当前位置上的适应值与其他 k 个粒子的适应值比较,记下最差的一个得分,然后整个粒子群以分值高低排队。在此过程中,不考虑个体的历史最优值。群体排序完成后,用群体中最好的一半的当前位置和速度来替换最差的一半的位置和速度,同时保留原来个体所记忆的历史最优值。这样,每次迭代后,一半粒子将移动到搜索空间中相对较优的位置,这些个体仍保留原来的历史信息,以便于下一代的位置更新。

这种选择方法的加入使混合算法具有更强的搜索能力,特别是对于当前较好区域的开发能力,使得收敛速度加快。但是,增加了陷入局优的可能性。

2. 基于交叉的改进算法

LØvbjerg 等基于进化计算中交叉的思想提出了带有繁殖(Breeding)和子种群(Subpopulations)的混合粒子群优化算法,这里研究者使用的是繁殖一词,与交叉同义。这种混合算法的结构如图6.9所示。

```
begin
    初始化
while(未达停止条件)do
    begin
        评估
        计算新的速度
        移动
        繁殖
    end
end
```

图 6.9 基于交叉的混合粒子群算法结构

这里,速度的计算方式采用的是惯性权重和收缩因子相结合的公式,如式(6.21)所示:

$$v_{id}^{k+1} = k(\omega v_{id}^k + c_1\xi(p_{id}^k - x_{id}^k) + c_2\eta(p_{gd}^k - x_{id}^k)) \tag{6.21}$$

移动(即新位置的计算)方式仍为式(6.2)。

繁殖的方式如下:每次迭代时,依据一定的概率(称为繁殖概率)在粒子群中选取一定数量的粒子放入一个池中,池中粒子随机两两进行繁殖,产生相应数目的子代粒子,并用子代粒子代替父代粒子,使种群规模保持不变。

每一维中子代位置由父代位置进行算术交叉计算得到

$$child_1(x_i) = p_i \times parent_1(x_i) + (1.0 - p_i) \times parent_2(x_i) \tag{6.22}$$

$$child_2(x_i) = p_i \times parent_2(x_i) + (1.0 - p_i) \times parent_1(x_i) \tag{6.23}$$

这里,p_i 是 0,1 之间均匀分布的伪随机数。子代的速度向量由父母速度向量之和归一化后得到

$$child_1(v) = \frac{parent_1(v) + parent_2(v)}{|parent_1(v) + parent_2(v)|}|parent_1(v)| \tag{6.24}$$

$$child_2(v) = \frac{parent_1(v) + parent_2(v)}{|parent_1(v) + parent_2(v)|}|parent_2(v)| \tag{6.25}$$

子种群的思想是将整个粒子群划分为一组子种群,每个子种群有自己的内部历史最优解。上述交叉操作可以在同一子种群内部进行,也可以在不同子种群之间进行。交叉操作和子种群操作,可以使粒子受益于父母双方,增强搜索能力,易于跳出局优。

3. 基于变异的改进算法

Higashi 和 Iba 将进化计算中的高斯变异融入粒子群的位置和速度的更新中,来避免陷入局优。每个粒子在搜索区域移动到另一位置时,不像标准公式那样只依据先验概率,不受其他粒子的影响,而是通过高斯变异加入了一定的不确定性。变异的计算公式为

$$mut(x) = x \times [1 + gaussian(\sigma)] \tag{6.26}$$

其中,$mut(x)$ 为变异后粒子的位置,取 σ 为搜索空间每一维长度的 0.1 倍,实验表明 σ 取此值时效果最好。算法以预定的概率来选择变异个体,并以高斯分布来确定它们的新位

置。这样,在算法初期可以进行大范围的搜索,然后在算法的中后期通过逐渐减小变异概率来改进搜索效率,作者将变异概率设定为从1.0线性减小到0.1。

基于高斯变异的混合算法更容易跳出局优,因此在求解多峰函数时表现出更好的性能。

Stacey 等尝试了使用 Cauchy 分布来进行变异操作,其概率分布函数为

$$f(x) = \frac{a}{\pi} \cdot \frac{1}{x^2 + a^2} \qquad (6.27)$$

其中,$a = 0.2$。Cauchy 分布与正态分布相似,但是在尾部有更大的概率,这样可以增加较大值产生的概率。

4. 带有梯度加速的改进算法

其他进化算法一样,标准粒子群优化算法利用种群来进行随机搜索,没有考虑具体问题的特征,不使用梯度信息。而梯度信息往往包含目标函数的一些重要信息。

对于函数 $f(x)$,$x = (x_1, x_2, \cdots, x_n)$,其梯度可以表示为

$\nabla f(x) = \left[\frac{\partial f(x)}{\partial x_1}, \frac{\partial f(x)}{\partial x_2}, \cdots, \frac{\partial f(x)}{\partial x_n} \right]^{\mathrm{T}}$,负梯度方向是函数值的最速下降方向。

王俊伟等通过引入梯度信息来影响粒子速度的更新,构造了一种带有梯度加速的粒子群优化算法,每次粒子进行速度和位置的更新时,每个粒子以概率 p 按照式(6.3)和式(6.2)进行更新;以概率$(1 - p)$按照梯度信息进行更新,在负梯度方向进行一次直线搜索来确定移动步长。梯度加速的流程具体如图6.10所示。

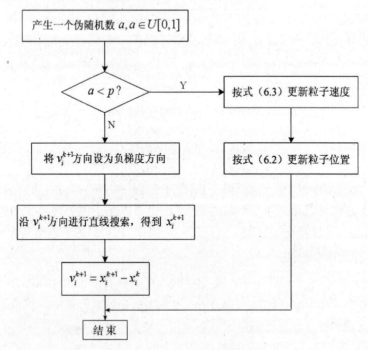

图6.10　梯度加速的流程图

直线搜索采用了黄金分割法,这一步骤可以详述如下。

产生一个伪随机数,若大于 p,则按照式(6.3)和式(6.2)更新粒子速度和位置;否则,有

(1)试探方式确定一单谷搜索区间 $\{a, b\}$。

(2)计算 $t_2 = a + \beta(b - a)$, $f_2 = f(t_2)$。

(3)计算 $t_1 = a + b - t_2$, $f_1 = f(t_1)$。

(4)若 $|t_1 - t_2| < \varepsilon$,($\varepsilon$ 为终止限),则 $\dfrac{t_1 + t_2}{2}$ 即为粒子的下一位置;否则转 ⑤。

(5)判别 $f_1 \leqslant f_2$ 是否满足,若满足,则置 $b = t_2, t_2 = t_1$, $f_2 = f_1$,然后转 ③;否则, $f_1 > f_2$,则置 $a = t_1, t_1 = t_2$, $f_1 = f_2, t_2 = a + \beta(b - a)$, $f_2 = f(t_2)$,然后转 ④。

同时为了减小粒子陷入局优的可能性,对群体最优值进行观察。在寻优过程中,当最优信息出现停滞时,对部分粒子进行重新初始化,从而保持群体的活性。

梯度信息的加入使粒子的移动更有针对性,移动更有效率,进一步提高 PSO 算法的收敛速度,但是也会增加算法的问题依赖性,特别是有些问题的梯度信息极易将粒子引入局优。所以带有梯度加速的粒子群优化算法需要根据问题的性质来调整梯度信息对于粒子移动的影响程度。

6.3.7　约束的处理

智能优化方法处理约束的一般性策略都可以借鉴到粒子群算法中来,也可以根据粒子群优化的特性来设计专门的约束处理方式。下面是在粒子群优化算法中对约束处理方法的一个概述。

1. 惩罚策略

粒子群优化算法解决约束问题,同样可以在目标函数中加入惩罚函数。在前面章节中已经说明过,这种方法的主要问题在于设计好惩罚函数。如 Parsopoulos 使用了非固定多阶段指派惩罚函数来解决约束问题。

2. 拒绝策略

拒绝策略是抛弃进化过程中产生的所有不可行解。Hu 和 Eberhart 根据粒子群优化算法的特点又进行了修改,来保持解的可行性,即粒子在整个空间进行搜索,但是只保持跟踪那些可行的解来加速它们的搜索过程(拒绝将非可行解作为历史信息),所有的粒子被初始化为可行解。具体的改进步骤可以描述为以下两条:

(1)初始化中,所有的粒子被重复地进行初始化,直到满足所有的约束。

(2)在计算并保留个体和邻域内的历史最好解时,只保留那些满足约束的解。

同在遗传算法中所讲的一样,上述方法的缺点在于可行的初始种群可能难以找到。

El-Galled 等也使用了类似的方法,但是在粒子飞出可行空间时,将粒子重新设置为过去找到的最好可行解的位置。该方法的缺点在于,可能导致粒子被限制在初始点区域。

3. 基于 Pareto 的方法

基于 Pareto 的方法源于解决多目标优化问题,近年来也有人使用该方法来解决约束优化问题。如 Ray 等在粒子群中使用了多阶段信息共享策略来处理单目标约束问题,就是

利用 Pareto 排序来产生共享信息。

(1) 将约束处理为约束矩阵,基于此矩阵,使用 Pareto 排序来产生表现好的粒子,放入好解列表(Better Performer List, BPL) 中。

(2)BPL 之外的粒子在飞行时使用了离其最近的 BPL 中的粒子信息,即一个 BPL 中的粒子和其附近的非 BPL 粒子组成一个邻域。

(3) 在飞行中参考邻域最好解(Leader) 的信息时,使用了一个简单的进化算子代替常规公式来避免早熟。即变量值产生于粒子本身和 Leader 之间的概率为 50%;变量值产生于变量值下限和粒子与 leader 最小值之间的概率为 25%;变量值产生于变量值上限和粒子与 Leader 最大值之间的概率为 25%。

6.3.8 多目标的处理

应用粒子群优化算法解决多目标问题是近年来的研究热点之一。有的研究者借鉴传统的进化算法解决多目标的方案,如基于目标加权和向量评价方法。更多的研究是根据粒子群算法的特点,通过选取邻域最优解来开发基于记忆的方法。根据目前的研究情况,将这些方法分为以下两大类:传统方法和基于记忆的方法。下面进行概括性的介绍。

1. 传统方法

Parsopoulos 采用了两种传统的多目标处理方法来应用于粒子群优化算法求解多目标问题:权重与方法和向量评价法。权重和方法中,采用了传统线性加权方法、"Bang-Bang"加权方法和动态加权方法。向量评价方法中,首先利用单目标优化函数的个体评价方法对粒子进行评估,从而形成不同的子种群,每个粒子均是某一目标函数的较优解。粒子在飞行中又受到其他子种群信息的影响,从而向满足其他目标函数分量的方向飞行,逐渐满足更多的目标函数分量,最终朝着 Pareto 最优方向飞行。

2. 基于记忆的方法

粒子群优化中信息的共享机制与其他基于种群的优化工具有很大不同。遗传算法中通过交叉实现信息的交换,这是一种双向的信息共享机制。而粒子群中只有邻域最好解将其信息给予其他粒子,这是一种单向的信息共享机制。由于点吸引的特性,传统粒子群不能同时向多个 Pareto 最优解靠近。虽然可以对多个目标使用不同的权重多次运行算法,找到 Pareto 最优解,但是最好的办法还是同时找到 Pareto 最优解集。

作为非独立的智能体,粒子飞行时个体和邻域内的历史最好解具有关键性的作用,所以解决多目标优化问题,个体和邻域最优解的选取是关键。对于个体历史信息,可以让粒子记忆更多的 Pareto 最优解的信息。目前的研究主要集中在邻域最优解的选取。邻域最优解的选取可以分为以下两个步骤。

(1) 确定邻域

确定邻域也就是确定邻域的拓扑结构,在 6.3.2 节中已经介绍了一些基本的邻域策略,在多目标处理中,也可以使用一些特殊的邻域策略。

(2) 从邻域中选取一个表现好的粒子作为最优解

邻域最优解的选择应该满足两个原则:首先,能够为粒子群收敛提供有效的导向作

用;其次,能够在搜索 Pareto 解集和保持种群多样性之间保持平衡。文献中的方法主要包括两种:

① 旋转法,根据某个规则赋予每个邻域中候选粒子以一个权重,然后用旋转法随机选择,这样能够保持种群多样性。

② 定量法,使用一些具体的方法来定量计算得到邻域最优解,而不是随机选择。

6.4　应用实例

本节选取了两个应用实例,即网络广告资源优化模型和新产品组合投入模型,来具体说明粒子群优化算法求解过程。网络广告资源优化问题的求解,主要是说明粒子群优化算法如何来解决约束问题;新产品组合投入模型的求解是用粒子群优化算法来解决离散优化问题。

6.4.1　网络广告资源优化

1. 问题的提出

这里,考虑门户网站旗帜类广告的资源优化问题。假设一个门户受理了 n 个广告业务,记为 $A_j(j = 1,2,\cdots,n)$。网站的所有网页按属性分类,可以分为 m 类,用 $1,2,\cdots,i,\cdots,$ m 表示。例如,某门户网站的网页可以划分为主页、新闻、体育、娱乐、游戏、旅游、文化等。定义单个网页的日访问量为:每天这个网页在不同 IP 地址用户的浏览器上出现的次数总和,可以用特定的软件统计属性 i 页面的平均日访问量,记为 $k_i。d_{ij}$ 表示广告 j 在网页 i 下的显示概率。c_{ij} 表示在特定属性页面 i 下广告 j 的点击概率,c_{ij} 可以通过统计历史数据得出。h_j 表示广告客户所要求的广告显示率。

2. 数学模型

下面介绍一个最大化广告效果函数的优化模型,优化配置广告资源。广告效果由广告点击率的大小指示。因为通常情况下,广告被点击意味着广告已呈现在用户面前,用户看到了他感兴趣的信息。为了避免线性规划中出现广告显示率过于集中在某几类页面,而增加广告与顾客的接触面,同时通过视觉刺激发挥广告树立品牌的作用。所以在最大化广告总体点击次数的基础上加入了一个分散惩罚项,将广告显示率分散到不同的网页。

$$\max\left(\omega_1 \sum_{i=1}^{m} \sum_{j=1}^{n} c_{ij}k_i d_{ij} - \frac{\omega_2}{mn} \sum_{i=1}^{m} \sum_{j=1}^{n} c_{ij}k_i \sum_{i=1}^{m} \sum_{j=1}^{n} d_{ij}^2\right) \tag{6.28}$$

其中,目标函数中的第二项的最大值(即去掉负号后的最小值)是在各个 d_{ij} 相等时取得,所以第二项起到了将广告 i 分散于不同属性页的作用;两个权值 ω_1 和 $\omega_2(\omega_1 + \omega_2 = 1)$,规定了第一项和第二项在目标函数中将起多大作用;同时满足下面的约束:

$$\text{s. t.} \sum_{i=1}^{m} k_i d_{ij} = h_j \quad j = 1,2,\cdots,n \tag{6.29}$$

$$\sum_{j=1}^{n} d_{ij} = 1 \quad i = 1,2,\cdots,m; \, d_{ij} \geq 0 \tag{6.30}$$

约束方程的含义为：广告在各种属性页面的印次总数达到广告主的要求；所有广告在各个属性页面的显示概率之和等于1；显示概率非负。当约束方程满足 $\sum_{j=1}^{n} h_j = \sum_{i=1}^{m} k_i$ 时，问题存在可行解。此模型等价于非线性运输问题。

3. 使用粒子群优化算法求解

本节模型中约束为线性方程组，可行域狭小，因此难以设计一个合适的惩罚函数。如果惩罚较大，则惩罚后的目标函数将不连续；惩罚较小时，得到的最优解可能在可行集外。并且，算法的大部分时间耗费在从非可行域跳到可行域的运算中，运算效率低。因此，本节不用惩罚函数，而根据约束集和粒子群优化算法的特点，设计每一步迭代粒子都可行的粒子群优化算法。

（1）粒子的初始化

用矩阵表达决策变量 $d_{ij}(i=1,2,\cdots,m$ 且 $j=1,2,\cdots,n)$ 的集合，描述如下：

$$D = \begin{bmatrix} d_{11} & \cdots & d_{1n} \\ \vdots & & \vdots \\ d_{m1} & \cdots & d_{mn} \end{bmatrix}$$

粒子坐标就用 $D=\{d_{ij}\}$ 表示，描述粒子在 mn 维空间中的运动位置，而粒子的运动速度可由矩阵 $V=\{v_{ij}\}$ 表示。根据表上作业法中初始基可行解的确定方法，得到下面的随机初始化过程，产生满足约束条件(6.29)式和(6.30)式的初始粒子。

初始化1：

$$\text{Input} \quad \text{Array} \quad h[j], \text{ for } j=1,2,\cdots,n$$
$$\text{Array} \quad a[i]=1 \text{ and } k[i], \text{ for } i=1,2,\cdots,m$$

```
begin
设定集合 Ag = {1,2,···,mn}
    repeat
        从集合中随机选一个数 r;
        计算相应的行和列;
        i = int[(r-1)/(n+1)];
        j = (r-1) mod (n+1);
        令 d[i][j] = min(a[i],h[j]/k[i]);
        修改数据
        a[i] = a[i] - d[i][j];
        h[j] = h[j] - d[i][j]k[i];
        集合 Ag = Ag\{r};
    until 集合 Ag 为空
end
```

初始化1产生一个满足约束条件的粒子 $D=\{d_{ij}\}$，这是一个至多有 $m+n-1$ 个非零元素的矩阵，表示凸可行解空间的顶点，对应约束集中的基可行解。

注:这里的初始化过程与表上作业法确定初始基可行解的方法区别是,初始化 1 是随机选择变量,而表上作业法根据最小运价或最大的运价差额(最小运价与次最小运价的差额)来选择变量。所以初始化 1 得到的是运输问题的基可行解,它对应可行解空间的顶点,可行域中的任意一点都能用顶点的凸组合来表示。

为了求解最优化问题如式(6.28)所示,需要设计可保持粒子可行性条件的速度。由问题可行集和粒子群优化算法中粒子速度、位置更新公式的特点,推导出以下定理。

定理 6.1　如果可行粒子的初始速度 V 满足下列条件:

$$\sum_{i=1}^{m} k_i v_{ij} = 0 \quad j = 1, 2, \cdots, n$$

$$\sum_{j=1}^{n} v_{ij} = 0 \qquad i = 1, 2, \cdots, m \qquad (6.31)$$

则按更新式(6.2)迭代,得到的粒子满足约束条件式(6.29)。

证明　设可行粒子 $D = \{d_{ij}\}$($i = 1, 2, \cdots, m; j = 1, 2, \cdots, n$),按式(6.2)更新后得到粒子($d_{ij} + v_{ij}$),代入式(6.29),并且由式(6.31),可得

$$\sum_{i=1}^{m} k_i (d_{ij} + v_{ij}) = \sum_{i=1}^{m} k_i d_{ij} = h_j \quad j = 1, 2, \cdots, n$$

$$\sum_{j=1}^{n} d_{ij} + v_{ij} = \sum_{j=1}^{n} d_{ij} = 1 \qquad i = 1, 2, \cdots, m$$

所以更新后的粒子($d_{ij} + v_{ij}$)满足约束条件(6.29)式,定理 6.1 得证。

定理 6.2　定义为 $v_{ij} = w(d_{1ij} - d_{2ij})$($i = 1, 2, \cdots, m; j = 1, 2, \cdots, n, w \in \mathbf{R}$)的速度使得式(6.31)成立,其中 d_{1ij} 和 d_{2ij} 分别是两个可行粒子 D_1 和 D_2 的位置分量。

证明　$v_{ij} = w(d_{1ij} - d_{2ij})$ 代入约束条件(6.31)式左边,可得

$$\sum_{i=1}^{m} k_i v_{ij} = w \sum_{i=1}^{m} k_i d_{1ij} - w \sum_{i=1}^{m} k_i d_{2ij} = wh_j - wh_j = 0, \quad j = 1, 2, \cdots, n$$

$$\sum_{j=1}^{n} v_{ij} = w \sum_{j=1}^{n} d_{1ij} - w \sum_{j=1}^{n} d_{2ij} = w - w = 0 \qquad i = 1, 2, \cdots, m$$

因此,$V = \{v_{ij}\}$ 满足式(6.31),定理 6.2 得证。

由定理 6.1 和定理 6.2 可得下面的推论。

推论 6.1　如果每个粒子的各个分量都采用相同的 ξ 和 η,并且初始速度满足式(6.31),则按照式(6.3)和式(6.2)更新的粒子总是满足约束条件(6.29)式。

因此,为了在每一步迭代中都获得满足约束条件式(6.29)的粒子群,不但要产生满足约束的可行粒子,还需产生满足式(6.31)的初始速度。由定理 6.2,可以通过初始化 1 产生可行粒子,来获得满足式(6.31)的初始速度。

初始化 2:

```
begin
  运用初始化 1,得到一群可行粒子(至少为 mn 个)
  repeat
      随机从粒子种群中取出两个粒子 D[p] 和 D[q],
```

令 $V[k] = (D[p] - D[q])/(g * \text{rand}() + 0.2)$，其中
$p, q \in \{1, 2, \cdots, Num\}$，$g \in \mathbf{R}$（根据具体问题确定），

$k = k + 1$;

until $k > Num$（粒子群体规模）

end

其中，rand()为[0，1]区间内的伪随机数。

（2）算法步骤

第 1 步：运用初始化 1 初始化一群粒子（群体规模为 Num）d_{ij}；并且运用初始化 2，得到初始速度，设定初始个体历史最优解 p_{best} 和群体历史最优解 g_{best}（适值和位置同时设定）。注意在初始化 2 中得到了一群新的粒子。

第 2 步：计算每个粒子的适值。

第 3 步：对于每个粒子，将其适应值与其经历过的最好位置 p_{best} 作比较，并且检验这个粒子的可行性条件(6.30)式，如果这个粒子的适值较好且满足 $d_{ij} \geq 0$，则将其作为当前的最好位置 p_{best}（粒子的适值和位置同时设定）。

第 4 步：对于每个粒子，将其适应值与全局所经历的最好位置 g_{best} 作比较，并且检验粒子的可行性条件(6.30)式，如果这个粒子适值较好且满足 $d_{ij} \geq 0$，则将其设为 g_{best}（粒子的适值和位置同时设定）。

第 5 步：根据(6.3)式变化粒子的速度，为满足约束(6.29)式，令每个粒子各个分量的 ξ 和 η 值相等；设定一个小的正数 $\varepsilon = 10^{-6}$；如果一个粒子的速度小于 ε 并且在 20 步迭代中仍保持小于 ε，则重新初始化速度和位置并重新设定 p_{best} 为当前的 d_{ij}，而保持 g_{best} 不变；然后根据(6.2)式变化粒子的位置。

第 6 步：如果未达到结束条件（通常为足够好的适应值或达到一个预设最大代数 G_{max}），则返回第 2 步。

上述算法与标准粒子群优化算法区别如下。

（1）对于约束的处理，首先产生可行的初始粒子和可行速度，保证每次迭代的粒子群满足约束条件(6.29)式；其次，为了同时满足约束条件(6.30)式，在第 3 步和第 4 步比较适值时，加入了可行条件(6.30)式的判断，只有当粒子同时满足适值较好和 $d_{ij} \geq 0$ 时，才将此粒子存入 p_{best} 或 g_{best}，这样就避免了粒子向适值较好的非可行解方向运动。

（2）加入动态调整机制。通常当粒子群运行到一定的阶段，将会收敛到稳定状态，此时所有粒子将聚集到一起，粒子的调整速度越来越小，逐渐趋于零。所以此时应重新初始化速度和位置，令粒子恢复活力，发挥寻优的作用。

4. 计算实例

算法用 JDK1.3 实现，在 P4 1.8G，256M 计算机上对多个问题进行了成功的仿真，证明了算法的有效性。下面以规模为 10 个属性页，20 个广告的问题为例。随机产生 20 组数据，每组数据运算 50 次，其中，目标函数中的参数 γ 取值为 0.02（若太大，就成为目标函数中的主要起作用部分了），算法参数设为：$\omega = 0.5$，$c_1 = 0.7$，$c_2 = 0.7$。

第 k 组数据近优值中最好的记为 opt_{max}^k，最差的记为 opt_{min}^k，第 k 组数据第 l 次计算得

到的目标值记为 opt_l^k。误差结果分布图如图 6.11 所示。在图 6.11 中,1 表示 $0 \leqslant \varepsilon \leqslant 0.05$ 的计算结果占全部计算结果的百分比;2 表示 $0.05 < \varepsilon \leqslant 0.1$ 所占的百分比;3 表示 $0.1 \leqslant \varepsilon \leqslant 0.25$ 所占的百分比;4 表示 $0.25 < \varepsilon$ 所占的百分比。在本实例中,计算代数为 10000, 粒子的种群规模为 100。

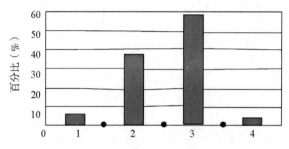

图 6.11　误差结果分布图

计算 $\varepsilon = (opt_{\max}^k - opt_l^k)/(opt_{\max}^k - opt_{\min}^k)$ 作为所得近优解的误差,计算所有近优解的误差,并统计误差在 0 ~ 5%、5% ~ 10%、10% ~ 25% 与大于 25% 各占的比率,标示如图 6.11 所示。误差基本在 25% 之内,说明计算的结果大部分集中在最好值附近。另外,计算 20 组数据 $opt_{\min}^k / opt_{\max}^k$ 的比值的平均值为 0.909,标准差为 2.2627,说明最差值与最好值的偏差为 10% 左右。所以总的来说算法的优化效果还比较好。

同时仿真结果也表明,当计算的代数较大(> 10000),种群规模较大时,算法的效果较好。由于变量较多,基可行解空间的基数目(为 171)较大,所以种群的规模较大时,算法才能发挥其效力。

限于篇幅,取一组数据下得到的最优结果和达优率列于表 6.1 和表 6.2 中。

表 6.1　优化结果

粒子个数	迭代次数		
	1000	5000	10000
20	822.3	833	860.45
100	852.12	860.61	861.08

表 6.2　达优率(%)

粒子个数	迭代次数		
	1000	5000	10000
20	32.40	49.00	91.20
100	81.80	91.40	93.01

6.4.2　新产品组合投入问题

下面首先来介绍一个非线性半无限规划的相关新产品组合投入模型,然后用粒子群优化算法来求解。

1. 新产品投入模型

（1）产品收益曲线

产品的生命周期分为四个阶段，即投入期、增长期、成熟期和衰退期。对于产品 i，其收益函数如图6.12所示，可表达为

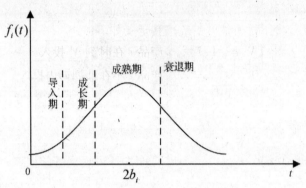

图6.12　新产品的收益曲线

$$f_i(t) = a_i t^2 \mathrm{e}^{-t/b_i}, \ t \in [0, T], \quad i = 1, 2, \cdots, n \tag{6.32}$$

其中 a_i 和 b_i，$i = 1, 2, \cdots, n$，为待定参数。

给定下列市场预测值：

p_i——产品能够达到的最大销售额即峰值。

r_i——达到峰值时间。

就可确定参数 a_i 和 b_i，即

$$a_i = \frac{p_i \mathrm{e}^2}{4 b_i^2}$$

$$b_i = \frac{p_i}{2}$$

该函数较好地表达了产品生命周期的四个阶段。选择不同参数就可获得不同类型的产品。

（2）新产品组合投入模型

变量和函数定义如下：

n——待投入新产品个数。

c_i——第 i 种产品（$i = 1, 2, \cdots, n$）的投入成本。

t——时间变量。

$f_i(t)$——第 i 种产品的收益曲线。

$[d_{i1}, d_{i2}]$——第 i 种产品的最佳投入期。

α——产品在最佳投入期之前投入时的单位时间提前惩罚率（可以理解为投资贴现率）。

β——产品在最佳投入期之前投入时的单位时间的拖期惩罚率。

r_{ij}——产品之间的相关系数(相关收益率)($|r_{ij}| < 1$)。

r_{ij} 的含义如下:

$r_{ij} > 0$ 时,表示产品 i,j 之间是互补产品;

$r_{ij} = 0$ 时,表示两个产品不相关;

$r_{ij} < 0$ 时,表示产品 i,j 是互为替代产品,且有 $r_{ji} = r_{ij}$。

T——企业制定新产品投入的计划期,即 t 的变化区间为 $[1,T]$。

x_i——产品 i 的投入时间(为整形变量),其定义如下:

$$x_i = \begin{cases} N_i \in [1,T], & \text{产品 } i \text{ 在时刻 } N_i \text{ 投入} \\ 0, & \text{产品 } i \text{ 不在计划期内投入} \end{cases} \tag{6.33}$$

并定义向量

$$X = [x_1, x_2, \cdots, x_n]$$

及符号函数

$$\mathrm{sgn}(x) \begin{cases} 1, & x > 0 \\ 0, & x \leqslant 0 \end{cases} \tag{6.34}$$

考虑到拖期惩罚,产品 i 的实际收益曲线为

$$ft_i(t) = [1 - \beta(x_i - d_{i2})^+] f_i(t - x_i) \tag{6.35}$$

其中

$$(x - y)^+ = \mathrm{sgn}(x - y)$$

定义下面的符号函数

$$Sr(x_i, x_j, t) = \mathrm{sgn}(x_i)\mathrm{sgn}(x_j)\mathrm{sgn}(t - x_i)\mathrm{sgn}(t - x_j) \tag{6.36}$$

则产品间相关收益为

$$fr(t, X) = \sum_{i < j \leqslant n} Sr(x_i, x_j, t) r_{ij}(ft_i(t) + ft_j(t)) \tag{6.37}$$

函数 $S(t)$ 和 $p(t)$ 的说明如下:

$S(t)$:企业的目标收益曲线。

$p(t)$:现有产品的收益曲线。

其中,$S(t)$ 的定义为

$$S(t) = s(1 + r)^t$$

式中,s 为当年收益目标,r 为增长率。

因为开始投入时间定在现有产品的成熟期,现有产品的收益曲线可表示为

$$p(t) = a\exp(-t^2/2b^2)/(b\sqrt{2\pi})$$

如果用 p 表示现有产品当年利润额,q 表示 T 年内总利润额的预测值,很容易得出 $a = 2q$,$b = 2q/(p\sqrt{2\pi})$。

令

$$g(t) = S(t) - p(t)$$

并考虑到提前惩罚,则组合投入模型为

$$\min \sum_{i=1}^{n} \mathrm{sgn}(x_i)[1 + \alpha(d_{i1} - x_i)^+]c_i \tag{6.38}$$

$$\text{s. t.} \quad \sum_{i=1}^{n} \text{sgn}(x_i) ft_i(t) + fr(t,X) \geqslant g(t), \forall t \in [1,T] \quad (6.39)$$

$$x_i \in \{0,1,2,\cdots,T\}, i = 1,2,\cdots,n \quad (6.40)$$

式(6.38)~(6.40)是一个非线性的半无限规划模型。当 t 在区间 $[1,T]$ 中取无限个值时,式(6.39)有无限个约束。下面使用粒子群优化算法来求解。

2. 粒子群优化算法结构

(1)编码方法

本问题中编码方法采用投入时间向量作为粒子表达方式,即

$$X = [x_1, x_2, \cdots, x_n]$$

代表一个粒子。其中,x_i 由式(6.33)定义,并且 x_i 允许重复。

(2)评价函数

采用动态标定方法:

设 F_{max} 为本代粒子中目标函数的最大值,将目标函数转化为

$$z_{max} = \max \left\{ F_{max} - \sum_{i=1}^{n} \text{sgn}(x_i)[1 + \alpha(d_{i1} - x_i)^+]c_i \right\}$$

为满足约束,取罚函数

$$h(X) = \min_{t \in [0,T]} \left[\sum_{i=1}^{n} \text{sgn}(x_i) ft_i(t) + fr(t,X) - g(t) \right]$$

则评价函数为

$$F(X) = \{z_{max} + Mh(X), 0\} \quad (6.41)$$

其中,M 为一个随迭代次数变化的参数,迭代开始时 M 较小,即对不可行解的惩罚较小,可以保证粒子的多样性;随着迭代数的增加,M 逐渐增大,即对不可行解的惩罚加大,保证算法向最优解方向收敛。

(3)粒子运动公式

本算法中的粒子向量是由整数构成的,所以采用下列公式对粒子操作:

$$v_{id} = v_{id} + \begin{cases} \text{Int}[c_1 r_1(p_{id} - x_{id}) + c_2 r_2(p_{gd} - x_{id})], & r_0 \leqslant c_0 \\ \text{Int}[Random(0,T)], & r_0 > c_0 \end{cases} \quad (6.42)$$

$$x_{id} = \text{Mod}(|x_{id} + v_{id}|) \quad (6.43)$$

其中,c_0 为 $[0,1]$ 之间的常数,用来确定采取传统运动或是随机扰动。学习因子 c_1, c_2 是非负常数,r_0, r_1, r_2 为介于 $[0,1]$ 之间的随机数。$\text{Int}(\cdot)$ 为取整函数,$Random(0,T)$ 为取 $0 \sim T$ 之间的随机数,是一个随机扰动,能够起到遗传算法中变异的作用。这里整数 T 表示计划期。$\text{Mod}(\cdot)$ 表示以 T 为模求余数,其目的是防止粒子向量元素超出边界,函数中的绝对值是保证非负性。

式(6.42)的含义为:当产生的随机数小于 c_0 时进行如下操作:

$$v_{id} = v_{id} + \text{Int}[c_1 r_1(p_{id} - x_{id}) + c_2 r_2(p_{gd} - x_{id})] \quad (6.44)$$

否则

$$v_{id} = v_{id} + \text{Int}[Random(0,T)] \quad (6.45)$$

(4)最优选择与终止准则

保存历史最好解,指定最大代数作停止准则。即选一个大的正整数 NG 为最大的代数,若迭代指标 k 大于 NG,则停止迭代并输出历史最好解作为最终的结果。

3. 算法步骤

算法步骤如下:

第 1 步:设置终止代数 NG、粒子群规模 m、学习因子 c_0,c_1,c_2;置 $k=0$;随机生成初始粒子群 $POP(0)=\{X^1,X^2,\cdots,X^m\}$;设置初始历史最好解 $X^{(*)}$ 及初始历史最优目标值 $F(*)$。

第 2 步:计算每个粒子的评价函数值,比较得到粒子自身经历过的最好位置 P_i,及全局经历过的最好位置 P_g。

第 3 步:按运动公式(6.42)进行上述提到的粒子操作。

第 4 步:如果 $k<NG$,则 $k=k+1$;否则,结束计算,输出全局历史最好解。

4. 仿真实例

设 15 个待投入产品,考虑在未来 12 个季度(3 年)中投入。如果通过市场预测得到如表 6.3 所示的结果,为计算方便,所有数值均不计单位。

表 6.3　待投入新产品的参数

序号	峰值 $4a_ib_i^2e^2$	峰值时间 $(2b_i)$	最早投入时间 (d_{i1})	最迟投入时间 (d_{i2})	投入成本 (c_i)
1	180	2.5	1	7	90.0
2	130	5	2	6	170.0
3	155	2	2	9	127.5
4	166	1.4	1	5	75
5	115	2.3	6	10	20
6	100	1.3	3	8	40
7	160	2.8	3	7	50.5
8	175	1.5	9	12	40
9	95	4.3	3	8	90
10	60	2.2	5	9	40
11	120	1.8	1	6	50.0
12	165	2.5	2	6	88
13	155	1.4	4	9	76.5
14	175	1.1	5	8	65
15	185	2.3	3	8	100

现有产品投入当季度的利润额为 180，T 时间内总利润额的预测值为 1000；企业当季度的目标收益为 180，季度增长率为 0.1。去掉全是 0 的行和列，简化和产品相关系数矩阵如表 6.4 所示，其中第一列和第一行表示产品号。

表 6.4　产品相关系数阵

产品序号	1	4	5	9	15
1	0	0.25	-0.15	-0.1	0.21
4	0.25	0	-0.1	-0.10	0.23
5	-0.15	-0.1	0	0.18	-0.12
9	-0.1	-0.10	0.18	0	-0.12
15	0.21	0.23	-0.12	-0.12	0

设提前惩罚系数 $\alpha = 0.1$，拖期惩罚系数 $\beta = 0.01$。给定 $NG = 100$，$c_0 = 0.9$，$c_1 = c_2 = 2$，及粒子群规模 $m = 80$，经过几次运算，得到如表 6.5 所示的最好解。

表 6.5　计算结果

最好解															最优目标值
1	0	0	0	7	1	3	10	0	7	0	5	0	11	8	541.50

计算结果显示，在考虑了产品相关系数后，只有 2 个产品在最佳投入期之外投入，其中，产品 6 在最佳投入期之前投入，使总的投入成本增加，而产品 14 在最佳投入期之后投入，会损失一些市场份额或收益，但满足了企业的目标收益。其他产品都在最佳投入期之内投入。

实验结果表明，针对该模型设计的粒子群优化算法能够处理大规模非线性半无限规划，并且计算速度优于遗传算法；粒子群优化算法对求解组合优化问题是一个简单有效的方法。

问题与思考

1. 对于以下无约束优化问题：

$$\min f(x) = \sum_{i=1}^{n} \left[x_i^2 - 10\cos(2\pi x_i) + 10 \right]$$

其中，初值范围：$[-5.12, 5.12]^n$，$n = 30$，目标达优值为 100。

试分别用遗传算法和粒子群优化算法设计其解决方案，并画出算法流程图。

2. 异步时变的学习因子一般与线性减小的时变惯性权重配合使用，在这种参数设置方式下，若学习因子 c_1 的变化范围为 $[2.5, 0.5]$，c_2 的变化范围为 $[0.5, 2.5]$，惯性权重

的变化范围为 $[0.9, 0.4]$，最大迭代次数为 4000。试计算，当惯性权重为 0.8 和 0.5 时，两种学习因子分别如何取值？当时，粒子的探索和开发能力哪个占主导地位？粒子的两种学习能力哪个占主导地位？

3. 试为惯性权重设计一种非线性的变化方式，使其在粒子群搜索的初期以较慢的速度减小，在搜索的中期以较快的速度减小，而在搜索的后期又以较慢的速度减小，从而动态调节粒子群的探索和开发能力。

4. 粒子群优化算法和蚁群优化算法是群体智能的两个代表性算法，试分析其异同。

5. 试使用粒子群优化算法为旅行商问题设计一套解决方案。

第 7 章　发展趋势

在简要介绍单一智能优化方法不足的基础上,给出了智能优化方法的发展趋势。

7.1　单一智能优化方法的不足

虽然现有的单一智能算法取得许多应用成果,但单一的智能优化求解方法只针对具体的某些优化模式,且具有很大的局限性。这种局限性体现在以下几个方面:

(1)对某一求解问题针对性强,当设计模式发生变化或者原有设计知识不适用时,智能优化算法往往无法求解。

(2)优化设计算子复杂,优化参数设置多,对不同的优化问题难以动态调整设计参数。

(3)缺乏严格的数学基础,除遗传算法依靠模式定理作保证的算法收敛性分析外,其余算法的复杂性、收敛性及鲁棒性分析还缺少严格的数学证明。

(4)有些智能优化算法运算量过大,优化时间长,优化效率低。

(5)某些算法具有局部性,只针对某特定问题,没有形成统一的集成框架,未形成一个有机集成的方法体系,只是孤立地使用各个单一的智能算法。“No Free Lunch”定理也说明了没有一种算法对任何问题都是最有效的,即各算法均有其相应的适用域。Davis指出“Hybridize where possible”,说明算法的综合是拓宽其适用域和提高性能的有效手段。

(6)缺乏系统严格的理论论证和统一框架,没有形成一般性方法,只能就事论事、具体问题具体分析,没有建立起能够全面解决各种优化问题的系统的方法体系。尤其是非导数智能优化算法在求解问题时,常常因具有局部极小、效率低两大缺点所困扰。

7.2　智能优化方法的集成技术

7.2.1　集成与系统集成的主要特征

集成从一般意义上可理解为聚集、集合、综合。《现代汉语词典》将集成解释为同类事物的汇集。集成的英文单词为 Integration,其意为融合、综合、成为整体、一体化等。集成是集成主体将两个或两个以上的单元要素集合成一个有机整体的行为、过程和结果,所

式中,$f(Y|X)$ 为一个以 X 为输入、以 Y 为输出的模型。

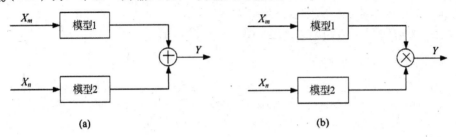

图 7.1　并联补集成形式

2. 加权并集成

这种集成与并联补集成结构相似(图 7.2),但内容和意义则有所不同。加权并集成建模有多个子模型模块,这些模型模块作用互补,在集成模型中的地位由加权权重 $w_i (i = 1, 2, \cdots, n)$ 决定。其中 $\sum_{i=1}^{n} w_i = 1, 0 \leqslant w_i \leqslant 1$。权重的确定方法不同,得到的加权并集成模型也不同。权重可由经验法、等权值法、最小二乘法、模糊组合法和专家系统法等确定。这一集成形式的数学表达式为

$$Y = f(Y|X) = \sum w_i f_i(Y|X_m) , X = \bigcup_{i=1}^{n} X_m$$

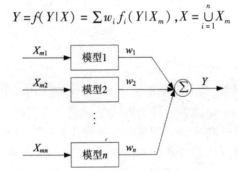

图 7.2　加权并集成形式

3. 串联集成

串联集成是模型结构形式上的一种集成。如图 7.3 所示,若一个集成模型由两个子模型模块组成,并且其中一个子模型模块的输出是另一个子模型模块的输入,则这种集成称为串联集成。对于非线性动态系统建模常采用这种形式。两个子模型的前后位置不同,集成模型的最终形式也不同。串联集成的数学形式为

$$Y = f(Y|X) = f_2(Y|f_1(Y_1|X))$$

$$X \longrightarrow \boxed{模型1} \longrightarrow \boxed{模型2} \xrightarrow{\ Y\ }$$

图 7.3　串联集成形式

4. 模型嵌套集成

这一形式的集成也至少需要两个模型模块,其中,有一个模型为基模型模块,其他模

型模块则嵌套在基模型模块中,用于代替基模块中的部分变化参数。集成形式可由图 7.4 所示。模型嵌套集成的数学表达形式为

$$Y = f(Y|X) = f(Y|(X_{m2})) = f_1(Y|(X_m, f_2(Y_2|X_n))), X = X_m \cup X_n$$

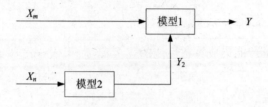

图 7.4 模型嵌套集成形式

5. 结构网络化集成

结构网络化集成是指将一种建模方法用神经网络的结构形式和学习方法予以实现的集成方法,是神经网络的思想与其他建模方法的一种集成。其最大的特点是增强了原有建模方法的学习能力。另外,与传统神经网络模型相比,由于其他建模方法的介入,所得集成模型在网络结构方面明显具有优势。如神经模糊系统就可看作是模糊建模方法与神经网络的集成,所得集成模型由于具有神经网络的结构,因而参数学习和调整比较容易;另外,由于是按模糊系统模型建立,网络节点及所有参数具有明显物理意义,且参数初值易于确定。网络结构化集成不同于前四种集成,无法用简单的数学表达式予以描述。

6. 部分方法替代集成

这是指基于某一种模型,将其他新的方法集成到该模型中,用于替代原有建模方法中的部分的一种集成思路。一个完整的建模方法包括模型变量选择、模型结构确定和参数估计等部分。部分方法替代集成就是用新的方法替代原有建模方法以上几个部分中的一个或多个。如基于遗传算法的线性辨识建模方法,其延用线性辨识建模的思路,然而不同之处是用遗传算法替代原有最小二乘参数估计方法。

以上六种集成形式为基本形式,表 7.1 总结了这六种集成形式的异同点。前四种集成可认为是两个或两个以上的模型模块在外部结构上的集成,归为松耦合集成;后两种集成是多种方法在模型内部的集成,为紧耦合集成。紧耦合集成不易用简单数学表达式描述。

表 7.1 6 种集成形式的异同点

基本集成形式	模型模块数	数学描述	集成紧密程度	模型块有无主次之分
并集补集成	2	易	松	有
加权并集成	≥2	易	松	无
串联集成	≥2	易	松	无
模型嵌套集成	≥2	易	较松	有
结构网络化	1	难	紧	有
部分方法替代	1	难	紧	有

智能优化算法的集成过程实际上是这六种基本集成形式的复杂组合和嵌套。由此可见,基于以上六种基本集成形式,通过组合和嵌套,可以获得各种智能集成建模方法。

7.2.5　智能集成优化算法的性能评价

为了全面地衡量智能集成算法性能的优劣程度,引入定义评价智能集成算法性能的三个基本指标。

1. 优化性能指标

相对误差 E_m 通常被用作优化性能指标。定义算法的离线最优性能指标为

$$E_{m,off-line} = \frac{c_b - c^*}{c^*} \times 100\%$$

式中, c_b 为智能集成算法多次运行所得的最佳优化值; c^* 为问题的最优值。当最优值为未知时,可用已知最佳优化值来代替。该指标用以衡量智能集成算法对问题的最佳优化度,其值越小意味着智能集成算法的优化性能越好。

定义智能集成算法在线最优性能指标为

$$E_{m,on-line} = \frac{c_b(k) - c^*}{c^*} \times 100\%$$

式中, $c_b(k)$ 为智能集成算法运行第 k 代时的最佳优化值。该指标用以衡量智能集成算法的动态最佳优化度,其值越小意味着智能集成算法的优化性能越好。

2. 时间性能指标

搜索率 E_s 通常被用作智能集成优化算法的时间性能指标,定义为

$$E_s = \frac{I_a T_0}{I_{max}} \times 100\%$$

式中, I_a 为智能集成算法多次运行所得的满足终止条件时的迭代步数平均值; I_{max} 为给定的最大迭代步数阈值; T_0 为智能集成算法进行一步迭代的平均计算时间。

搜索率用以衡量智能集成优化算法对问题解的搜索快慢程度即效率,在 I_{max} 固定的情况下, E_s 值越小说明智能集成优化算法收敛速度越快。

3. 鲁棒性能指标

波动率 E_f 通常被用做鲁棒性指标。定义离线初值鲁棒性指标为

$$E_{f1,off-line} = \frac{c_a - c^*}{c^*} \times 100\% \text{ 或 } E_{f2,off-line} = STDEV(c_i^*)$$

式中, c_a 为智能集成优化算法多次运行所得的平均值; c_i^* 为智能集成优化算法第 i 次运行得到的最优值; $STDEV(\cdot)$ 为均方差。波动率 E_{f1} 用以衡量智能集成优化算法在随机初值下对最优解的逼近程度, E_{f2} 用以衡量集成算法性能对随机初值和操作的依赖程度,两者值越小说明智能集成算法的鲁棒性(或可靠性)越高。

定义在线波动性指标为

$$E_{f1,on-line} = \frac{c_a(k) - c^*}{c^*} \times 100\% \quad \text{或} \quad E_{f2,on-line} = STDEV(c_i^*(k))$$

式中，$c_a(k)$ 为算法运行第 k 代所得的平均值；$c_i^*(k)$ 为算法第 i 次运行在第 k 代得到的最优值。在线指标用以衡量集成算法对随机初值和操作的动态依赖程度。

基于上述三个性能指标，优化算法的综合性能指标 E 即为它们的加权组合：

$$E = a_m E_m + a_s E_s + a_f E_f$$

式中，a_m、a_s 和 a_f 分别为优化性能指标、时间性能指标和鲁棒性能指标的加权系数，且满足 $a_m + a_s + a_f = 1$。

综合性能指标值越小表明集成优化算法的综合性能越好，可以此作为实际应用时选择算法的一个标准。因为工程中对算法性能的要求往往因问题而异，例如离线优化追求较高的优化性能指标，在线优化追求较高的时间性能指标和鲁棒性能指标。因此，在不同场合下，除了评价算法的各项单一指标外，可通过适当调整各加权系数来反映问题对算法的要求，并计算算法的综合性能指标，为算法的选取和性能比较提供合理的依据。

7.3 以遗传算法为代表的集成优化方法

尽管 GA 比其他传统搜索方法有更强的鲁棒性，但它更擅长全局搜索，而局部搜索能力却不足。这是因为遗传算法的运行方式是对一组解进行筛选组合，找出有用信息来指导搜索，因而全局搜索能力较强，当种群很大且维数很多时，由于对每个解考虑不周到，从而造成局部搜索能力不强。而模拟退火算法（SAA）具有如下优点：

（1）高效性，与传统的局部搜索算法相比，有不同的接受准则和停止准则，SAA 可望在较短的时间内求得更优的近似解。

（2）简化性，算法求得的解的质量与初始解无关，因此算法可以任意选取初始解和随机数序列。在应用该算法求解组合优化问题时，可以免去大量的前期工作。

（3）健壮性，SAA 的优化性能不随优化问题实例的不同而蜕变。

（4）稳定性，SAA 的解和执行时间随着问题规模增大而趋于稳定，且不受初始解和随机数序列的影响。

（5）通用性，该算法可以应用于多种组合优化问题的求解，且为一个问题编制的程序可以有效地应用于其他问题的求解。

（6）灵活性，用 SAA 求得的解的质量与执行时间呈反向变化，针对不同问题对解的质量和求解时间的要求，可以适当调整冷却进度表的参数值，从而使算法在解的质量和求解时间之间取得均衡。

然而 SAA 也存在许多不足的地方：求得一个高质量的近似最优解花费的时间较长，

尤其是当问题规模不可避免地增大时,难于承受的执行时间将使算法丧失可行性。但是,适当地选取冷却进度表,采用恰当的变异方法(如将该算法与遗传算法结合)以及大规模并行计算,可以有效地提高算法的性能。

总之,GA在求解大规模优化问题时,存在着严重的局部极小问题,而SAA的计算速度过于缓慢。基于此,采用合适的集成方式既能保留GA、SAA自身的优良特性又能避开GA、SAA的缺点一直是进化方法研究的重点。

构造遗传模拟退火算法的出发点主要有以下几个方面:

(1)优化机制的融合

理论上,GA和SAA两种算法均属于基于概率分布机制的优化算法。不同的是:SAA通过赋予搜索过程一种时变且最终趋于零的概率突跳性,从而可以有效避免陷入局部极小并最终趋于全局优化;GA则通过概率意义下的基于"优胜劣汰"思想的群体遗传操作来实现优化。对选择优化机制上如此差异的两种算法进行混合,有利于丰富优化过程中的搜索行为,增强全局和局部意义下的搜索能力和效率。

(2)优化结构的互补

SAA算法采用串行优化结构,而GA采用群体并行搜索。两者相结合,能够使SAA成为并行SAA,提高其优化性能,同时SAA作为一种自适应变概率的变异操作,增强和补充了GA的进化能力。

(3)优化操作的结合

对于SAA的状态和接受操作,每一时刻仅保留一个解,缺乏冗余和历史搜索信息;而GA的复制操作能够在下一代中保留种群中的优良个体,交叉操作能够使后代在一定程度上继承父代的优良模式,变异操作能够加强种群中个体的多样性。这些不同作用的优化操作相结合,丰富了优化过程的领域搜索结构,增强了全局空间的搜索能力。

(4)优化行为的互补

由于GA的复制操作对当前种群外的解空间无探索能力,种群中各个体分布"畸形"时交叉操作的进化能力有限,小概率变异操作很难增加种群的多样性。所以,若算法收敛准则设计不好,会导致GA出现进化缓慢或"早熟"的现象。另一方面,SAA的优化行为对退温历程具有很强的依赖性,而理论上的全局收敛对退温历程的限制条件很苛刻,因此,SAA优化时间性能差。两种算法结合,SAA的两准则可控制算法收敛性以避免出现"早熟"收敛现象,并行化的抽样过程可提高算法的优化时间性能。

(5)削弱参数选择的苛刻性

SAA和GA对算法参数有很强的依赖性,参数选择不合适将严重影响优化性能。SAA的收敛条件导致算法参数选择较为苛刻,甚至不实用;而GA的参数又没有明确的选择指导,设计算法时均要通过大量的实验和经验来确定。GA和SAA相结合,使算法各方面的搜索能力均有提高,因此对算法参数选择不必过分严格。

遗传模拟退火算法可简单地描述为:SAA对GA得到的进化种群进行进一步优化,温度较高时表现出较强的概率突跳性,体现为对种群的"粗搜索"。温度较低时演化为趋化性局部搜索算法,体现为对种群的"精搜索";GA则利用SAA得到的解作为初始种群。总之,以GA为代表的集成类优化算法流程如图7.5所示。

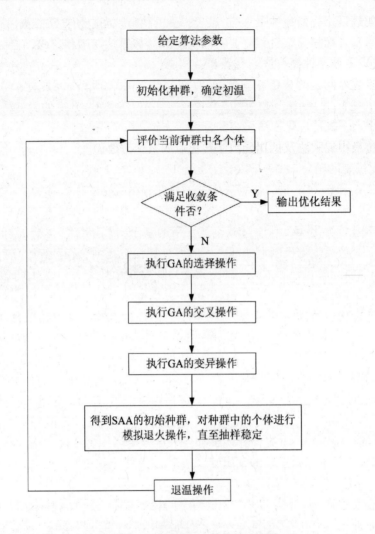

图 7.5　遗传模拟退火算法的流程图

7.4　以蚁群算法为代表的集成优化方法

蚁群算法的优化过程主要包括选择、更新以及协调三个过程。整个优化过程将分为粗搜索过程和精搜索过程,并且每一个过程设置不同类的蚂蚁。在粗搜索过程中,首先将待求问题的多约束函数通过最小二乘法及惩罚函数法转化为统一的目标函数,也可在蚁群操作过程中通过特定的子程序判断候选解是否满足约束条件来处理,将目标函数内的独立变量依据该变量的要求不同划分为不同的等份小单元,尤其对设计中需要最终变量的值是整数值的变量,对该类变量就划分成等份整数单元,以便优化的结果直接可用而无需后续二次取整处理,这样处理极大地缩小了搜索空间,提高了搜索效率。整个粗搜索即是完成每只蚂蚁以走完所有的独立变量中的某一个值而构成一个可行解,然后修改所有路径上的信息素。在精搜索过程中,将上述粗搜索得到的可行解进行单元细化,以可行解构成初始群体,依据某种概率进行交叉和变异操作,并采用另一类蚂蚁执行蚁群算法,最终找到多变量优化问题的全局最优解。

7.4.1　粗搜索过程

假设通过最小二乘法及惩罚函数法转化后的目标函数为

$$\min Z(x) = f(x_1, x_2, \cdots, x_n) - r \sum_{j=1}^{m} \frac{1}{g_j(x_1, x_2, \cdots, x_n)} + \frac{1}{\sqrt{r}} \sum_{k=1}^{l} \left[h_k(x_1, x_2, \cdots, x_n) \right]^2$$

$$(7.1)$$

式中, $r \sum_{j=1}^{m} \dfrac{1}{g_j(x_1, x_2, \cdots, x_n)}$ 为障碍项, $g_j(x_1, x_2, \cdots, x_n)$ 为所有的不等式约束;

$\dfrac{1}{\sqrt{r}} \sum_{k=1}^{l} \left[h_k(x_1, x_2, \cdots, x_n) \right]^2$ 为惩罚项, $h_k(x_1, x_2, \cdots, x_n)$ 为所有的等式约束, r 为惩罚因子。

根据每个独立变量的特点分成不同的等均份,如将变量 x_1 分为 a 等份,将 x_2 分为 b 等份,……, x_n 分为 z 等份。将每一个变量设置一只蚂蚁或多只蚂蚁,并要求此类蚂蚁要走所有变量且每个变量只选走一个子区间的中值为目标,然后更新各路径上的信息素,最终找出所走代价最小的蚂蚁所走的各变量的小区间中值为最优粗搜索解,其状态空间解如图 7.6 所示。

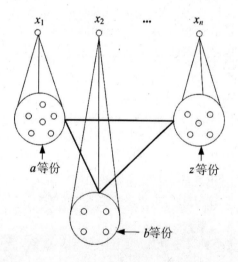

图 7.6　函数变量等份后的状态空间

假如某只蚂蚁走过第 1 变量的第 n 子区间,第 2 变量的第 $n-1$ 子区间,……,第 n 变量的第 1 区间,则其对应的解为

$$x = \left(x_{1l} + \frac{x_{1u} - x_{1l}}{a} \times n, x_{2l} + \frac{x_{2u} - x_{2l}}{b} \times (n-1), \cdots, x_{nl} + \frac{x_{nu} - x_{nl}}{z} \times 1 \right)$$

设人工蚂蚁的数量为 m, t 时刻在 x_i 变量第 i 区间到 x_j 变量第 j 区间残留的信息素量

为 $\tau_{ij}(t)$，且 $\tau_{ij}(0) = C$（C 为常数）。蚂蚁 $k(k=1,2,\cdots,m)$ 在运动过程中，根据各条路径上的信息素量选择路径，蚂蚁 k 从 x_i 变量第 i 区间到 x_j 变量第 j 区间的概率 p_{ij}^k 为

$$p_{ij}^k = \begin{cases} \dfrac{\tau_{ij}^\alpha(t)\eta_{ij}^\beta(t)}{\sum\limits_{s \in allowed_k} \tau_{is}^\alpha(t)\eta_{is}^\beta(t)}, & j \in allowed_k \\ 0, & \text{其他} \end{cases} \tag{7.2}$$

式中，p_{ij}^k 为 t 时刻蚂蚁 k 由位置 i 移到位置 j 的概率；$allowed_k$ 为蚂蚁 k 还未访问过的其他变量的子区间，以保证搜索到的解的合法性（因每一变量只被访问一次且每一变量的一个子区间也只被访问一次）；$\eta_{ij} = \dfrac{1}{f(x+r)-f(x)}$ 为先验知识，表示由区间值 i 移到区间值 j 的期望程度；τ_{ij} 为蚂蚁 k 在第 i 变量中的某一单元至第 j 变量某一单元在半径为 r 领域内的信息素量；α、β 表示残留信息与期望的相对重要程度。当蚂蚁 k 走完 n 个变量后，必须对所走过路径上的信息素进行更新，即

$$\tau_{ij}(t+n) = (1-\rho)\tau_{ij}(t) + \Delta\tau_{ij} \tag{7.3}$$

$$\Delta\tau_{ij} = \sum_{k=1}^m \Delta\tau_{ij}^k \tag{7.4}$$

$$\Delta\tau_{ij}^k = \begin{cases} \dfrac{Q}{L_k}, & \text{若第 } k \text{ 只蚂蚁在本次循环中经过 } x_i \text{ 变量的第 } i \text{ 区间及 } x_j \text{ 变量的第 } j \text{ 区间} \\ 0, & \text{其他} \end{cases} \tag{7.5}$$

式(7.3)中：$1-\rho$ 为信息素消逝程度；$\Delta\tau_{ij}$ 为所有蚂蚁本次循环中留在 x_i 变量第 i 区间与 x_j 变量第 j 区间所组成的路径上的信息素量；ρ 为强度的持久性系数且 $\rho([0.5,0.9]$ 中的某一个值。

式(7.4)中：$\Delta\tau_{ij}^k$ 为第 k 只蚂蚁本次循环中留在路径 ij 上的信息素量。

式(7.5)中：L_k 为第 k 只蚂蚁在本次循环中所走路径的总长度；Q 为正常数。

蚂蚁 k 由式(7.3)选择构造路径，由式(7.5)更新路径上的信息素。这两个步骤重复迭代搜索整个空间，最终搜索到信息素较浓的路径形成较短的闭合（最优）路径，从而找到函数的近似优化解，同时也完成了粗搜索过程。

7.4.2　精搜索过程

精搜索是指蚂蚁在整个种群中开展大幅度、开创式搜索，该操作由另一类蚂蚁执行。由粗搜索过程的蚂蚁产生 G 个新解，在这 G 个新解中对每一个变量的区间进行细化，其目的是跳出某些变量所构成的局部极值，从而更可能地获得全局最优解。其具体操作是将上述 G 个新解构成遗传算法的初始群体，并对每个解的分量进行交叉和变异算子操作，然后采用另一类蚂蚁对该解分量组成的构造图执行蚁群算法，并更新各变量子区间组成路径上的信息素，最终搜索到信息素较浓的各解变量子区间所组成的路径为问题的全局最优解，从而结束精搜索过程。其交叉操作及变异操作如下：

（1）交叉操作

随机地从初始种群中选择两个个体 p_1、p_2 作为父代,并以交叉概率 p_c 调用式(7.6)生成子代个体 c 的各分量,其上的信息素按式(7.8)更新。

$$c_i = \varepsilon_i p_{1i} + (1 - \varepsilon_i) p_{2i}, \ i = 1, 2, \cdots, n \tag{7.6}$$

式中,ε_i 为[0, 1]区间的随机数。

（2）变异操作

对选定个体的各分量,以变异概率 p_m 调用式(7.7)生成子代个体 c' 的各分量,其上的信息素按式(7.9)更新。

$$c' = c_i \pm \varepsilon_i \lambda_i \exp\left[-\frac{\gamma(t-1)^\beta}{\omega}\right], i = 1, 2, \cdots, n \tag{7.7}$$

式中, ± 为随机选定;t 为当前迭代次数;λ_i 为 x_i 变量第 i 区间的最大变异步长;β、ω 为控制非线性步长衰减速率的参数,$\omega > 0$;ε_i、γ 为[0, 1]区间上的随机数。

总之,变异操作使变异量将随迭代次数的递增而衰减,以此收缩到全局搜索的范围。

在进行精搜索寻优后,个体蚂蚁从空间的原位置 x 移至新位置 x',其上的信息素更新原则为

$$\tau(c) = \frac{1}{n} \sum_{i=1}^n \left[\varepsilon_1 \tau(p_1) + (1 - \varepsilon_i) \tau(p_2)\right] \tag{7.8}$$

或

$$\tau'(x', t) = \tau(x, t) + \Delta\tau \tag{7.9}$$

式中,$\Delta\tau = \text{sgn}(\Delta f) |\Delta f|^\alpha$, $\Delta f = f(x') - f(x)$。

7.4.3　基本算法

基于蚁群算法的多维有约束函数优化问题,其整体分为粗、精搜索过程,其具体算法步骤如下:

步骤 1:将约束函数通过惩罚函数法转化为规范的目标函数 $\min Z(x)$,并确定所有的独立变量 x_i。

步骤 2:依据约束条件估计变量的取值范围,$x_{jl} \leqslant x_j \leqslant x_{ju}$,$(j = 1, 2, \cdots, n)$。

步骤 3:依各变量的特征(有时考虑到需要圆整的变量)将独立变量分成不同等份,

$$h_{1j} = \frac{x_{ju} - x_{jl}}{a}, h_{2j} = \frac{x_{ju} - x_{jl}}{b}, \cdots, h_{nj} = \frac{x_{ju} - x_{jl}}{z}, j = 1, 2, \cdots, n_\circ$$

步骤 4:若 $\max(h_{1j}, h_{2j}, \cdots, h_{nj}) < \varepsilon$,算法停止,最优解为 $x_j^* = \frac{x_{jl} + x_{ju}}{2}$,$(j = 1, 2, \cdots, n)$;否则转步骤 5。

步骤 5:$k \leftarrow 0$(k 为循环次数),给 τ_{ij} 矩阵赋相同的数值 C,初始化 α、β、Q、ρ 的值。

步骤 6:对每只蚂蚁按转移概率 p_{ij} 选择下一个变量 x_j 的第 j 区间分量。

步骤 7:按更新方程修改吸引强度,且 $k \leftarrow k + 1$。

步骤 8:若迭代次数 $k < NC$(NC 为事先规定的最大循环次数),转步骤6;否则,找出 τ_{ij} 矩阵中每列最大的元素对应的行(m_1, m_2, $\cdots$, m_n),缩小变量的取值范围,即 $x_{jl} \leftarrow x_{jl} +$

$(m_j - \Delta)h_j$, $x_{ju} \leftarrow x_{ju} + (m_j - \Delta)h_j$, $j = 1, 2, \cdots, n$, 转步骤4。

步骤9：对步骤4获得的最优解 $x_j^* = \dfrac{x_{jl} + x_{ju}}{2}$, $(j = 1, 2, \cdots, n)$ 产生 G 个新个体，并按式(7.6)和式(7.7)对其进行交叉、变异操作；然后转步骤5。

7.4.4 基于蚁群算法的多维有约束函数优化实例

为了验证该方法的有效性，以行星轮系优化设计为例进行如下分析。要求以质量最小为目标对其进行优化设计。假设作用于太阳轮上的转矩 $T_1 = 1140\mathrm{N \cdot m}$，传动比 $u = 4.64$，行星轮个数 $C = 3$。

(1)设计变量

影响行星轮系机构质量的独立参数为太阳轮的齿数、齿宽、模数，即

$$x = (x_1, x_2, x_3)^{\mathrm{T}} = [z_1, b, m]^{\mathrm{T}}$$

(2)目标函数

行星轮减速器质量可取太阳轮和 C 个行星轮质量之和来代替，因此目标函数为

$$f(x) = 0.19635 x_3^2 x_1^2 x_2 [4 + (u - 2)^2 C]$$

(3)约束条件

①保证太阳轮 x_1 不根切，得 $g_1(x) = 17 - x_1 \leqslant 0$。

②限制齿宽最小值，得 $g_2(x) = 10 + x_2 \leqslant 0$。

③限制模数最小值，得 $g_3(x) = 2 - x_3 \leqslant 0$。

④限制齿宽系数 b/m 的范围 $5 \leqslant b/m \leqslant 17$，得 $g_4(x) = 5x_3 - x_2 \leqslant 0$, $g_5(x) = x_2 - 17x_3 \leqslant 0$。

⑤满足接触强度要求，得 $g_6(x) = \dfrac{750937.3}{(x_1 x_2 \sqrt{x_3})} - [\sigma]_H \leqslant 0$，其中 $[\sigma]_H$ 为许用接触应力。

⑥满足弯曲强度要求，得 $g_7(x) = \dfrac{1482000 Y_F Y_S}{(x_1 x_2 x_3^2)} - [\sigma]_F \leqslant 0$，其中 Y_F 为齿轮的齿形校正系数；Y_S 为齿轮的应力校正系数；$[\sigma]_F$ 为许用弯曲应力。

对该问题采用 MATLAB 工具箱中 fmincon 函数对其优化处理，其结果如表7.2所示。

采用惩罚函数法，且初始点取 $x^0 = [22, 52, 5]^{\mathrm{T}}$, $f(x^0) = 3.077 \times 10^6$。经过13次迭代，得到最优解：$x^* = [24.22, 36.94, 5.10]^{\mathrm{T}}$, $f(x^*) = 2.7566 \times 10^6$。

采用 MATLAB 遗传优化工具箱 gatool 对该问题进行求解，其结果如表7.2所示。

采用蚁群函数类优化方法，将上述7个约束通过惩罚函数法统一转化为目标函数：

$$f(x) = 0.19635 x_3^2 x_1^2 x_2 [4 + (u - 2)^2 C] - r \sum_{j=1}^{7} \frac{1}{g_i(x_1, x_2, x_3)}$$

式中，$r = cr^{k-1}$，k 为迭代次数，c 为缩减系数，在本例中 $c = 0.2$，其他参数设为：$\rho = 0.6$, $Q = 1000$, $\alpha = 2$, $\beta = 4$, $k = 100$。因为该问题的最后设计变量齿数、模数必须进行圆整，故变量 x_1、x_3 在划分成等份区间时，其步长取整数值。通过在 MATLAB 7.0 环境下进行编程实现，其运行结果如表7.2所示。

表 7.2　行星轮系机构参数优化对比表

设计参数	x_1	x_2	x_3	$f(x^*)$
常规 fmincon 优化解	24.42	37.31	5.24	2.9879e+6
惩罚函数法	24.22	36.94	5.10	2.7566e+6
遗传算法优化解	23.43	36.08	4.92	2.3449e+6
基于蚁群算法的优化解	23	35.12	5	2.2716e+6

通过表 7.2 的结果可以看出:前三种方法所求的解因第 1、3 变量需最后进行圆整处理,这样无疑给变量 2 带来极大的差异,从而使最终结果与真实值差异更大,而在蚁群函数优化设计中,事先就考虑了需要圆整的变量,这样计算的结果不需后续处理,同时因取整变量的区间整数划分缩小搜索空间,从而计算的效率比较高;从计算结果对比分析可知,表 7.2 中基于蚁群函数类优化方法得出的结果也比前三种的结果更精确。

7.5　以粒子群算法为代表的集成优化方法

PSO 算法与其他进化类优化算法一样存在易于陷入局部最优的缺陷。为了提高搜索效率引进了类似遗传算法的交叉和变异算子,从而可搜索到解空间中更大的范围,使得算法具有更好、更稳定的优化结果。基于此,对 PSO 算法作了三方面的改进,也可以说是集成了其他算法的成功之处。即引入了遗传算法的交叉算子及变异算子的操作、引入了模拟退火机制部分改变粒子的速度。以及结合工程仿真验证后的优化信息来调整粒子搜索方向。具体描述如下。

7.5.1　交叉算子的引入方法

在每次迭代中选 r 对微粒,将这些微粒随机地两两交叉,产生相同数目的子代,并用子代微粒取代父代微粒。x_i 和 x_j 为两个父代微粒,则对其进行交叉操作的计算公式为

$$\begin{cases} x_i = rand \cdot x_i + (1 - rand)x_j \\ x_j = rand \cdot x_j + (1 - rand)x_i \end{cases} \tag{7-10}$$

式中,$rand$ 为介于 $[0,1]$ 之间的随机数。

另外,从基本粒子群算法的分析可知,每一个粒子在空间的每一维上改变自己的坐标时,采用的都是依据式(6.1)计算得到速度,可见该速度在基本粒子群优化中是一个粒子必须接受的量。从候选解的多样性角度来分析,式(6.1)不一定是最佳的。为了增加候选解的多样性,很多优化算法都采用了相应的措施,如遗传算法的变异操作、蚁群系统的状态转移规则等。

基于上面的分析,可以认为,粒子在空间的每一维上改变自己的坐标时,不必完全接受根据式(6.1)得到的速度,而可以一定的概率接受,从而增加候选解的多样性。为此,

对速度公式进行了如下变异操作：

$$v_i^k = \begin{cases} w_i \cdot v_i^{k-1} + c_1 \cdot rand_1 \cdot (p_i^{k-1} - x_i^{k-1}) + c_2 \cdot rand_2 \cdot (g^{k-1} - x_i^{k-1}), & rand_3 < c_3 \\ 0, & rand_3 \geqslant c_3 \end{cases}$$

(7.11)

式中，$rand_3$ 为介于 $[0,1]$ 之间的随机数；c_3 为变异概率。如果 $c_3 = 1$，则改进算法就退化为基本的粒子群优化算法。

7.5.2　引入模拟退火机制提高该算法的收敛速度

有选择地更新粒子的速度及位置，也就是在每次迭代过程中并不是每个粒子的位置及速度均执行一次更新操作。引入模拟退火机制以一定的概率接受恶化解从而使优化问题更易跳出局部最优解而获得全局最优解，即在粒子迭代过程中的每一步，计算变化前后粒子的适应度函数值的差，即

$$\Delta E = fitness(k+1) - fitness(k)$$

(7.12)

如果 $\Delta E > 0$ 时，则更新一次粒子的速度及位置，如果 $\Delta E \leqslant 0$，则以概率 P_T 判断粒子是否执行位置及速度更新操作，其选择是以达到"准平衡"为原则，即

$$P_T(k \to k+1) = \begin{cases} 1, & \Delta E > 0 \\ \exp\left(\dfrac{-\Delta E}{T}\right), & 其他 \end{cases}$$

(7.13)

式中，$T \in \mathbf{R}^+$ 为控制参数。算法开始时 T 取较大的值（与固体的熔解温度相当），随着算法迭代的进行，T 值逐渐减小。

7.5.3　优化

将粒子群算法中每个个体在整个优化过程中得到的局部最优解进行解码，得出设计问题的具体模型，对该模型信息进行工程动态仿真分析，以分析结果来评价或计算该局部最优解的好坏或大小。

综上所述，以粒子群算法为代表的集成类优化求解算法步骤如下：

步骤 1：对微粒群进行初始化设置，包括设置群体规模、迭代次数、粒子最大允许速度 v_d^{max}、交叉概率 r、变异概率 c_3，随机给出初始粒子 x_i^0 和粒子初始速度 v_i^0。

步骤 2：计算适应函数值 $F(x_i)$，并与自身的最优值 $F(p_i^{best})$ 进行比较，如果 $F(x_i) > F(p_i^{best})$，则用新的适应值取代前一轮的优化解，用新的粒子取代前一轮的粒子，即 $F(p_i^{best}) = F(x_i)$，$p_i^{best} = x_i$。

步骤 3：将每个粒子的最好的适应值 $F(p_i^{best})$ 与所有粒子的最好适应值 $F(g^{best})$ 进行比较。如果 $F(p_i^{best}) > F(g^{best})$，则用该粒子的最好适应值取代原有全局最好适应值，同时保存粒子的当前状态，即 $F(g^{best}) = F(p_i^{best})$，$g^{best} = p_i^{best}$。

步骤 4：每迭代一个循环后，将每个粒子当前最好信息解码成具体的设计变量的值，将以该设计变量的值构建工程机械模型并导入 ADAMS 或 ANSYS 进行仿真分析，若该分析结果比较理想，则将该粒子所代表的信息存入一队列内，否则转步骤 5。

步骤 5：判断是否满足迭代停止条件，如果不满足停止条件，则按式(7.10)进行交叉操作，再进行新一轮的计算，按式(7.11)和式(7.10)更新粒子位置，从而产生新的粒子（即新的解），同时计算变化前后粒子的适应度函数值的差，并执行式(7.13)，判断是否更新粒子的速度，返回步骤2。如果是，则计算结束，转步骤6。

步骤 6：从优化队列中找出该问题的最好解。

问题与思考

1. 结合学习及工作实践，举例说明单一智能优化方法的不足之处。

2. 阅读一篇关于智能优化方法集成的英文文献，尝试说明所提方法的宏观思路、基本步骤和相关优缺点。

第二部分 典型应用及实例

第8章 谢菲尔德遗传算法工具箱

8.1 理论基础

8.1.1 遗传算法概述

遗传算法(Genetic Algorithm，GA)是一种进化算法,其基本原理是仿效生物界中的"物竞天择、适者生存"的演化法则。遗传算法是把问题参数编码为染色体,再利用迭代的方式进行选择、交叉以及变异等运算来交换种群中染色体的信息,最终生成符合优化目标的染色体。

在遗传算法中,染色体对应的是数据或数组,通常是由一维的串结构数据来表示,串上各个位置对应基因的取值。基因组成的串就是染色体,或者称为基因型个体(individuals)。一定数量的个体组成了群体(population)。群体中个体的数目称为群体大小(population size),也称为群体规模。而各个个体对环境的适应程度称为适应度(fitness)。

遗传算法的基本步骤如下:

(1) 编码

GA 在进行搜索之前先将解空间的解数据表示成遗传空间的基因型串结构数据,这些串结构数据的不同组合便构成了不同的点。

(2) 初始群体的生成

随机产生 N 个初始串结构数据,每个串结构数据称为一个个体,N 个个体构成了一个群体。GA 以这 N 个串结构数据作为初始点开始进化。

(3) 适应度评估

适应度表明个体或解的优劣性。不同的问题,适应性函数的定义方式也不同。

(4) 选择

选择的目的是为了从当前群体中选出优良的个体,使它们有机会作为父代为下一代繁殖子孙。遗传算法通过选择过程体现这一思想,进行选择的原则是适应性强的个体为下一代贡献一个或多个后代的概率大。选择体现了达尔文的适者生存原则。

（5）交叉

交叉操作是遗传算法中最主要的遗传操作。通过交叉操作可以得到新一代个体，新个体组合了其父辈个体的特征。交叉体现了信息交换的思想。

（6）变异

变异首先在群体中随机选择一个个体，对于选中的个体以一定的概率随机地改变串结构数据中某个串的值。同生物界一样，GA 中变异发生的概率很低，通常取值很小。

8.1.2　谢菲尔德遗传算法工具箱

1. 工具箱简介

谢菲尔德遗传算法工具箱是英国谢菲尔德大学开发的遗传算法工具箱。该工具箱是用 MATLAB 高级语言编写的，对问题使用 M 文件编写，可以看见算法的源代码，与此匹配的是先进的 MATLAB 数据分析、可视化工具、特殊目的应用领域工具箱和展现给使用者具有研究遗传算法可能性的一致环境。该工具箱为遗传算法研究者和初次实验遗传算法的用户提供了广泛多样的实用函数。

2. 工具箱添加

用户可以通过网络下载 Sheffield 工具箱，然后把工具箱添加到本机的 MATLAB 环境中，工具箱的安装步骤如下：

（1）将工具箱文件夹复制到本地计算机中的工具箱目录下，路径为 matlabroot\toolbox。其中 matlabroot 为 MATLAB 的安装根目录。

（2）将工具箱所在的文件夹添加到 MATLAB 的搜索路径中，有两种方式可以实现，即命令行方式和图形用户界面方式。

① 命令行方式：用户可以调用 addpath 命令来添加，例如：

```
% 取得工具箱所在的完整路径
str = [matlabroot,'\toolbox\gatbx'];
% 将工具箱所在的文件夹添加到 MATLAB 的搜索路径中
addpath(str)
```

② 图形用户界面方式：在 MATLAB 主窗口上选择 File ——→ Set Path… 菜单项，单击"Add Folder"按钮，弹出如图 8.1 所示的对话框。

找到工具箱所在的文件夹（gatbx），单击"OK"按钮，则工具箱所在的文件夹出现在"MATLAB search path"的最上端。单击"Save"按钮保存搜索路径的设置，然后单击"Close"按钮关闭对话框。

（3）查看工具箱是否安装成功

使用函数 ver 查看 gatbx 工具箱的名字、发行版本、发行字符串及发行日期，如果返回均为空，则说明安装未成功；如果返回了相应的参数，则表明工具箱安装成功，该工具箱就可以使用了，例如：

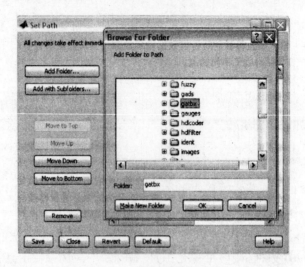

图 8.1　设置搜索路径

```
>> v = ver('gatbx')
```

```
v =
        Name：'Genetic Algorithm Toolbox'
        Version：'1.2'
        Release：''
        Date：'15 – Apr – 94'
```

8.2　案例背景

8.2.1　问题描述

1. 简单一元函数优化

利用遗传算法寻找以下函数的最小值：

$$f(x) = \frac{\sin(10\pi x)}{x}, \quad x \in [1,2]$$

2. 多元函数优化

利用遗传算法寻找以下函数的最大值：

$$f(x,y) = x\cos(2\pi y) + y\sin(2\pi x), x \in [-2,2], y \in [-2,2]$$

8.2.2　解题思路及步骤

　　将自变量在给定范围内进行编码，得到种群编码，按照所选择的适应度函数并通过遗传算法中的选择、交叉和变异对个体进行筛选和进化，使适应度值大的个体被保留，小的个体被淘汰，新的群体继承了上一代的信息，又优于上一代，这样反复循环，直至满足条件，最后留下的个体集中分布在最优解周围，筛选出其中最优的个体作为问题的解。

8.3　MATLAB 程序实现

下面详细介绍各部分常用函数,其他函数用户可以直接参考工具箱中的 GATBXA2.PDF 文档,其中有详细的用法介绍。

8.3.1　工具箱结构

遗传算法工具箱中的主要函数如表 8.1 所示。

表 8.1　遗传算法工具箱中的主要函数列表

函数分类	函数	功能
创建种群	crtbase	创建基向量
	crtbp	创建任意离散随机种群
	crtrp	创建实值初始种群
适应度计算	ranking	基于排序的适应度分配
	scaling	比率适应度计算
选择函数	reins	一致随机和基于适应度的重插入
	rws	轮盘选择
	select	高级选择例程
	sus	随机遍历采样
交叉算子	recdis	离散重组
	recint	中间重组
	recline	线性重组
	recmut	具有变异特征的线性重组
	recombin	高级重组算子
	xovdp	两点交叉算子
	xovdprs	减少代理的两点交叉
	xovmp	通常多点交叉
	xovsh	洗牌交叉
	xovshrs	减少代理的洗牌交叉
	xovsp	单点交叉
	xovsprs	减少代理的单点交叉
变异算子	mut	离散变异
	mutate	高级变异函数
	mutbga	实值变异
子种群的支持	migrate	在子种群间交换个体
实用函数	bs2rv	二进制串到实值的转换
	rep	矩阵的复制

8.3.2 遗传算法常用函数

1. 创建种群函数 —crtbp

功能:创建任意离散随机种群。

调用格式:

① [Chrom, Lind, BaseV] = crtbp(Nind, Lind)

② [Chrom, Lind, BaseV] = crtbp(Nind, Base)

③ [Chrom, Lind, BaseV] = crtbp(Nind, Lind, Base)

格式 ① 创建一个大小为 Nind × Lind 的随机二进制矩阵,其中,Nind 为种群个体数,Lind 为个体长度。返回种群编码 Chrom 和染色体基因位的基本字符向量 BaseV。

格式② 创建一个种群个体为 Nind,个体的每位编码的进制数由 Base 决定(Base 的列数即为个体长度)。

格式③ 创建一个大小为 Nind × Lind 的随机矩阵,个体的各位的进制数由 Base 决定,这时输入参数 Lind 可省略(Base 的列数即为 Lind),即为格式②。

【用法举例】使用函数 crtbp 创建任意离散随机种群的应用举例。

(1) 创建一个种群大小为5,个体长度为10 的二进制随机种群:

>> [Chrom, Lind, BaseV] = crtbp(5, 10)
>> [Chrom, Lind, BaseV] = crtbp(5, 10, [2 2 2 2 2 2 2 2 2 2])

或

>> [Chrom, Lind, BaseV] = crtbp(5, [2 2 2 2 2 2 2 2 2 2])

得到的输出结果:

Chrom =

$$\begin{bmatrix} 0 & 1 & 0 & 0 & 1 & 0 & 0 & 0 & 1 \\ 1 & 0 & 1 & 1 & 1 & 0 & 0 & 0 & 0 \\ 0 & 0 & 0 & 1 & 0 & 0 & 1 & 1 & 0 \\ 1 & 0 & 0 & 1 & 1 & 0 & 1 & 0 & 0 \\ 1 & 1 & 0 & 0 & 0 & 0 & 0 & 0 & 0 \end{bmatrix}$$

Lind = 10

BaseV = [2 2 2 2 2 2 2 2 2 2]

个体的每位的进制数都是2。

(2) 创建一个种群大小为5,个体长度为8,各位的进制数分别为{2, 3, 4, 5, 6, 7, 8, 9}:

>> [Chrom, Lind, BaseV] = crtbp(5, 8, [2 3 4 5 6 7 8 9])

或

>> [Chrom, Lind, BaseV] = crtbp(5, [2 3 4 5 6 7 8 9])

得到的输出结果：

Chrom =

$$\begin{bmatrix} 0 & 2 & 0 & 3 & 1 & 1 & 0 \\ 1 & 2 & 2 & 3 & 1 & 6 & 5 \\ 0 & 1 & 2 & 4 & 5 & 4 & 0 \\ 1 & 2 & 1 & 4 & 0 & 3 & 0 \\ 1 & 0 & 3 & 2 & 2 & 3 & 4 \end{bmatrix}$$

Lind = 8

BaseV = $\begin{bmatrix} 2 & 3 & 4 & 5 & 6 & 7 & 8 & 9 \end{bmatrix}$

2. 适应度计算函数 —ranking

功能：基于排序的适应度分配。

调用格式：

① FitnV = ranking(ObjV)

② FitnV = ranking(ObjV, RFun)

③ FitnV = ranking(ObjV, RFun, SUBPOP)

格式 ① 是按照个体的目标值 ObjV（列向量）由小到大的顺序对个体进行排序的，并返回个体适应度值 FitV 的列向量。

格式 ② 中 RFun 有三种情况：

(1) 若 RFun 是一个在[1, 2] 区间内的标量，则采用线性排序，这个标量指定选择的压差。

(2) 若 RFun 是一个具有两个参数的向量，则

RFun(1)：对线性排序，标量指定的选择压差 RFun(1) 必须在[1, 2] 区间；对非线性排序，RFun(1) 必须在[1, length(ObjV) − 2] 区间；如果为 NAN，则 RFun(1) 假设为 2。

RFun(2)：指定排序方法，0 为线性排序，1 为非线性排序。

(3) 若 RFun 是长度为 length(ObjV) 的向量，则它包含对每一行的适应度值计算。

格式 ③ 中的参数 ObjV 和 RFun 与格式 ① 和格式 ② 一致，参数 SUBPOP 是一个任选参数，指明在 ObjV 中子种群的数量。省略 SUBPOP 或 SUBPOP 为 NAN，则 SUBPOP = 1。在 ObjV 中的所有子种群大小必须相同。如果 ranking 被调用于多子种群，则 ranking 独立地对每个子种群执行。

【用法举例】考虑具有 10 个个体的种群，其当前目标值如下：

ObjV = [1; 2; 3; 4; 5; 10; 9; 8; 7; 6]

(1) 使用线性排序和压差为 2 估算适应度：

FitnV = ranking(ObjV)

或

FitnV = ranking(ObjV, [2, 0])

或

FitnV = ranking(ObjV, [2, 0], 1)

得到的运行结果都是

FitnV =

　　2.0000
　　1.7778
　　1.5556
　　1.3333
　　1.1111
　　　0
　　0.2222
　　0.4444
　　0.6667
　　0.8889

（2）使用 RFun 中的值估算适应度：

```
>> RFun = [3; 5; 7; 10; 14; 18; 25; 30; 40; 50];
>> FitnV = ranking(ObjV, RFun)
```

FitnV =

[50
　40
　30
　25
　18
　3
　5
　7
　10
　14]

（3）使用非线性排序，选择压差为 2，在 ObjV 中有两个子种群估算适应度：

```
>> FitnV = ranking(ObjV, [2, 1], 2)
```

FitnV =

[2.0000
　1.2889
　0.8307
　0.5354
　0.3450

0.3450

0.5354

0.8307

1.2889

2.0000]

3. 选择函数 —select

功能:从种群中选择个体(高级函数)。

调用格式:

① SelCh = select(SEL_F, Chrom, FitnV)

② SelCh = select(SEL_F, Chrom, FitnV, GGAP)

③ SelCh = select(SEL_F, Chrom, FitnV, GGAP, SUBPOP)

SEL_F 是一个字符串,包含一个低级选择函数名,如 rws 或 sus。

FitnV 是列向量,包含种群 Chrom 中个体的适应度值。这个适应度值表明了每个个体被选择的预期概率。

GGAP是可选参数,指出了代沟部分种群被复制。如果GGAP省略或为NAN,则GGAP假设为1.0。

SUBPOP 是一个可选参数,决定 Chrom 中子种群的数量。如果 SUBPOP 省略或为 NAN,则 SUBPOP = 1。Chrom 中所有子种群必须有相同的大小。

【用法举例】考虑以下具有 8 个个体的种群 Chrom,适应度值为 FitnV:

>> Chrom = [1 11 21; 2 12 22; 3 13 23; 4 14 24; 5 15 25; 6 16 26; 7 17 27; 8 18 28]

>> FitnV = [1.50; 1.35; 1.21; 1.07; 0.92; 0.78; 0.64; 0.5]

使用随机遍历抽样 sus 选择 8 个个体:

SelCh = select('sus', Chrom, FitnV)

SelCh =

[4　14　24

　2　12　22

　5　15　25

　6　16　26

　3　13　23

　1　11　21

　2　12　22

　8　18　28]

假设 Chrom 由两个子种群组成,通过轮盘赌选择函数 sus 对每个子种群选择 150% 的个体。

```
>> FitnV = [1.50; 1.16; 0.83; 0.50; 1.50; 1.16; 0.83; 0.5];
>> SelCh = select('sus', Chrom, FitnV, 1.5, 2);

SelCh =
[ 4  14  24
  1  11  21
  2  12  22
  3  13  23
  2  12  22
  1  11  21
  7  17  27
  6  16  26
  5  15  25
  8  18  28
  5  15  25
  6  16  26 ]
```

4. 交叉算子函数 —recombine

功能:重组个体(高级函数)。

调用格式:

① NewChrom = recombin(REC_F, Chrom)

② NewChrom = recombin(REC_F, Chrom, RecOpt)

③ NewChrom = recombin(REC_F, Chrom, RecOpt, SUBPOP)

recombin 完成种群 Chrom 中个体的重组,在新种群 NewChrom 中返回重组后的个体。Chrom 和 NewChrom 中的一行对应一个个体。

REC_F 是一个包含低级重组函数名的字符串,例如 recdis 或 xovsp。

RecOpt 是一个指明交叉概率的任选参数,如省略或为 NAN,将设为缺省值。

SUBPOP 是一个决定 Chrom 中子种群个数的可选参数,如果省略或为 NAN,则 SUBPOP 为 1。Chrom 中的所有子种群必须有相同的大小。

【用法举例】使用函数 recombin 对 5 个个体的种群进行重组。

```
>> Chrom = crtbp(5, 10)

Chrom =
[ 0 0 1 1 1 0 0 0 0 0
  1 1 0 1 0 0 1 1 0 1
  1 0 1 0 1 0 1 1 1 0
  0 1 1 0 0 1 1 0 1 0
  0 0 1 0 1 0 1 1 1 0 ]
```

NewChrom =

$$
\begin{bmatrix}
0 & 0 & 1 & 1 & 0 & 0 & 1 & 1 & 0 & 1 \\
1 & 1 & 0 & 1 & 1 & 0 & 0 & 0 & 0 & 0 \\
1 & 0 & 1 & 0 & 1 & 0 & 1 & 0 & 1 & 0 \\
0 & 1 & 1 & 0 & 0 & 1 & 1 & 1 & 1 & 0 \\
0 & 0 & 1 & 0 & 1 & 0 & 1 & 1 & 1 & 0
\end{bmatrix}
$$

5. 变异算子函数 —mut

功能:离散变异算子。

调用格式:NewChrom = mut(OldChrom, Pm, BaseV)

OldChrom 为当前种群,Pm 为变异概率(省略时为 0.7/Lind),BaseV 指明染色体个体元素的变异的基本字符(省略时种群为二进制编码)。

【用法举例】使用函数 mut 将当前种群变异为新种群。

(1) 种群为二进制编码:

```
>> OldChrom = crtbp(5, 10)
```

OldChrom =

$$
\begin{bmatrix}
1 & 1 & 0 & 1 & 1 & 1 & 0 & 1 & 0 & 1 \\
0 & 1 & 0 & 0 & 1 & 0 & 0 & 0 & 1 & 1 \\
1 & 0 & 0 & 0 & 0 & 0 & 1 & 0 & 0 & 1 \\
1 & 0 & 0 & 1 & 0 & 0 & 1 & 1 & 1 & 0 \\
1 & 1 & 1 & 0 & 0 & 0 & 0 & 1 & 1 & 0
\end{bmatrix}
$$

```
>> NewChrom = mut(OldChrom)
```

NewChrom =

$$
\begin{bmatrix}
1 & 1 & 0 & 1 & 1 & 1 & 0 & 1 & 0 & 1 \\
0 & 1 & 0 & 0 & 1 & 0 & 0 & 0 & 1 & 1 \\
0 & 0 & 0 & 0 & 0 & 0 & 1 & 1 & 0 & 1 \\
1 & 0 & 0 & 1 & 0 & 0 & 1 & 1 & 1 & 0 \\
1 & 1 & 1 & 0 & 0 & 0 & 0 & 1 & 1 & 1
\end{bmatrix}
$$

(2) 种群为非二进制编码,创建一个长度为 8、有 6 个个体的随机种群:

```
>> BaseV = [8 8 8 4 4 4 4 4];
>> [Chrom, Lind, BaseV] = crtbp(6, BaseV);
>> Chrom
```

Chrom =

$$
\begin{bmatrix}
3 & 2 & 2 & 2 & 2 & 2 & 2 & 2 \\
0 & 4 & 6 & 2 & 3 & 1 & 1 & 2 \\
1 & 1 & 1 & 1 & 0 & 1 & 3 & 3 \\
5 & 5 & 2 & 2 & 2 & 2 & 3 & 1 \\
3 & 1 & 0 & 2 & 0 & 3 & 1 & 1 \\
1 & 7 & 4 & 2 & 0 & 1 & 2 & 0
\end{bmatrix}
$$

```
>> NewChrom = mut(Chrom, 0.7, BaseV)
```

NewChrom =

$$
\begin{bmatrix}
3 & 0 & 0 & 3 & 1 & 3 & 0 & 3 \\
1 & 4 & 4 & 2 & 2 & 3 & 2 & 0 \\
4 & 0 & 4 & 1 & 2 & 1 & 0 & 3 \\
0 & 5 & 4 & 2 & 1 & 1 & 3 & 2 \\
5 & 7 & 6 & 1 & 0 & 2 & 0 & 0 \\
3 & 2 & 4 & 3 & 1 & 2 & 0 & 0
\end{bmatrix}
$$

6. 重插入函数 —reins

功能:重插入子代到种群。

调用格式:

① Chrom = reins(Chrom, SelCh)

② Chrom = reins(Chrom, SelCh, SUBPOP)

③ Chrom = reins(Chrom, SelCh, SUBPOP, InsOpt, ObjVCh)

④ [Chrom, ObjVCh] = reins(Chrom, SelCh, SUBPOP, InsOpt, ObjVCh, ObjVSel)

reins 完成插入子代到当前种群,用子代代替父代并返回结果种群。Chrom 为父代种群,SelCh 为子代,每一行对应一个个体。

SUBPOP 是一个可选参数,指明 Chrom 和 SelCh 中子种群的个数。如果省略或者为 NAN,则假设为 1。在 Chrom 和 SelCh 中每个子种群必须具有相同大小。

InsOpt 是一个最多有两个参数的任选向量。

InsOpt(1) 是一个标量,指明用子代代替父代的方法。0 为均匀选择,子代代替父代使用均匀随机选择。1 为基于适应度的选择,子代代替父代中适应度最小的个体。如果省略 InsOpt(1) 或 InsOpt(1) 为 NAN,则假设为 0。

InsOpt(2) 是一个在[0,1]区间的标量,表示每个子种群中重插入的子代个体在整个子种群中个体的比率。如果 InsOpt(2) 省略或为 NAN,则假设 InsOpt(2) = 1.0。

ObjVCh 是一个可选列向量,包括 Chrom 中个体的目标值。对基于适应度的重插入,ObjVCh 是必需的。

ObjVSel 是一个可选参数,包含 SelCh 中个体的目标值。如果子代的数量大于重插入种群中的子代数量,则 ObjVSel 是必需的。这种情况子代将按它们的适应度大小选择插入。

【用法举例】在 5 个个体的父代种群中插入子代种群。

>> Chrom = crtbp(5, 10)　　% 父代

Chrom =

$$\begin{bmatrix} 0 & 1 & 1 & 1 & 1 & 0 & 0 & 1 & 1 & 0 \\ 1 & 1 & 0 & 0 & 0 & 0 & 1 & 1 & 1 & 1 \\ 1 & 1 & 0 & 0 & 1 & 0 & 0 & 0 & 0 & 0 \\ 1 & 1 & 0 & 0 & 1 & 0 & 1 & 0 & 0 & 0 \\ 0 & 1 & 0 & 0 & 1 & 1 & 1 & 0 & 0 & 0 \end{bmatrix}$$

>> SelCh = crtbp(2, 10)　　% 子代

SelCh =

$$\begin{bmatrix} 1 & 0 & 0 & 1 & 0 & 0 & 0 & 0 & 0 & 0 \\ 1 & 1 & 1 & 1 & 1 & 0 & 1 & 0 & 0 & 1 \end{bmatrix}$$

>> Chrom = reins(Chrom, SelCh)　　% 重插入

Chrom =

$$\begin{bmatrix} 0 & 1 & 1 & 1 & 1 & 0 & 0 & 1 & 1 & 0 \\ 1 & 0 & 0 & 1 & 0 & 0 & 0 & 0 & 0 & 0 \\ 1 & 1 & 0 & 0 & 1 & 0 & 0 & 0 & 0 & 0 \\ 1 & 1 & 0 & 0 & 1 & 0 & 1 & 0 & 0 & 0 \\ 1 & 1 & 1 & 1 & 1 & 0 & 1 & 0 & 0 & 1 \end{bmatrix}$$

7. 实用函数 —bs2rv

功能:二进制到十进制的转换。

调用格式:Phen = bs2rv(Chrom, FieldD)

bs2rv 根据译码矩阵 FieldD 将二进制串矩阵 Chrom 转换为实值向量,返回十进制的矩阵。

矩阵 FieldD 有如下结构:

$$FieldD = \begin{bmatrix} len \\ lb \\ ub \\ code \\ scale \\ lbin \\ ubin \end{bmatrix}$$

这个矩阵的组成如下:

len 是包含在 Chrom 中的每个子串的长度,注意 sum(len) = size(Chrom,2)。

lb 和 ub 分别是每个变量的下界和上界。

code 指明子串是怎样编码的,1 为标准的二进制编码,0 为格雷编码。

scale 指明每个子串所使用的刻度,0 表示算术刻度,1 表示对数刻度。

lbin 和 ubin 指明表示范围中是否包含边界。0 表示不包含边界,1 表示包含边界。

【用法举例】先使用 crtbp 创建二进制种群 Chrom,表示在[−1,10]区间的一组简单变量,然后使用 bs2rv 将二进制串转换为实值表现型。

```
>> Chrom = crtbp(4, 8)                    % 创建二进制串

Chrom =
[ 1  0  1  0  1  0  1  1
  0  0  1  0  0  1  1  1
  1  1  1  1  1  0  1  1
  1  0  0  1  0  1  0  0 ]

>> FieldD = [size(Chrom, 2); −1; 10; 1; 0; 1; 1];   % 包含边界
>> Phen = bs2rv(Chrom, FieldD)            % 转换二进制到十进制

Phen =
[ 7.8431
1.5020
6.4627
8.9647 ]
```

8. 实用函数 —rep

功能:矩阵复制。

调用格式:MatOut = rep(MatIn, REPN)

函数 rep 完成矩阵 MatIn 的复制,REPN 指明复制次数,返回复制后的矩阵 MatOut。REPN 包含每个方向复制的次数,REPN(1) 表示纵向复制次数,REPN(2) 表示水平方向复制次数。

【用法举例】使用函数 rep 复制矩阵 MatIn。

```
>> MatIn = crtbp[1 2 3 4; 5 6 7 8]

MatIn =
[ 1  2  3  4
  5  6  7  8 ]

>> MatOut = rep(MatIn, [1, 2])

MatOut =
[ 1  2  3  4  1  2  3  4
  5  6  7  8  5  6  7  8 ]
```

```
>> MatOut = rep(MatIn,[2,1])
```

MatOut =

$$\begin{bmatrix} 1 & 2 & 3 & 4 \\ 5 & 6 & 7 & 8 \\ 1 & 2 & 3 & 4 \\ 5 & 6 & 7 & 8 \end{bmatrix}$$

```
>> MatOut = rep(MatIn,[2,3])
```

MatOut =

$$\begin{bmatrix} 1 & 2 & 3 & 4 & 1 & 2 & 3 & 4 & 1 & 2 & 3 & 4 \\ 5 & 6 & 7 & 8 & 5 & 6 & 7 & 8 & 5 & 6 & 7 & 8 \\ 1 & 2 & 3 & 4 & 1 & 2 & 3 & 4 & 1 & 2 & 3 & 4 \\ 5 & 6 & 7 & 8 & 5 & 6 & 7 & 8 & 5 & 6 & 7 & 8 \end{bmatrix}$$

8.3.3　遗传算法工具箱应用举例

本节通过一些具体的例子来介绍遗传算法工具箱函数的使用。

1. 简单一元函数优化

利用遗传算法计算以下函数的最小值:

$$f(x) = \frac{\sin(10\pi x)}{x}, x \in [1,2]$$

选择二进制编码,遗传算法参数设置如表 8.2 所示。

表 8.2　**遗传算法参数设置**

种群大小	最大遗传代数	个体长度	代沟	交叉概率	变异概率
40	20	20	0.95	0.7	0.01

遗传算法优化程序代码:

```
clc
clear all
close all
%% 画出函数图
figure(1);
hold on;
lb = 1;ub = 2;                          % 函数自变量范围[1,2]
ezplot('sin(10 * pi * X)/X',[lb,ub]);   % 画出函数曲线
xlabel('自变量/X')
ylabel('函数值/Y')
%% 定义遗传算法参数
```

```
NIND = 40;                                        % 种群大小
MAXGEN = 20;                                      % 最大遗传代数
PRECI = 20;                                       % 个体长度
GGAP = 0.95;                                      % 代沟
px = 0.7;                                         % 交叉概率
pm = 0.01;                                        % 变异概率
trace = zeros(2, MAXGEN);                         % 寻优结果的初始值
FieldD = [PRECI;lb;ub;1;0;1;1];                   % 区域描述器
Chrom = crtbp(NIND, PRECI);                       % 创建任意离散随机种群
%% 优化
gen = 0;                                          % 代计数器
X = bs2rv(Chrom, FieldD);                         % 初始种群二进制到十进制转换
ObjV = sin(10 * pi * X)/X;                        % 计算目标函数值
while gen < MAXGEN
    FitnV = ranking(ObjV);                        % 分配适应度值
    SelCh = select('sus', Chrom, FitnV, GGAP);    % 选择
    SelCh = recombin('xovsp', SelCh, px);         % 重组
    SelCh = mut(SelCh, pm);                       % 变异
    X = bs2rv(SelCh, FieldD);                     % 子代个体的十进制转换
    ObjVSel = sin(10 * pi * X)/X;                 % 计算子代的目标函数值
    [Chrom, ObjV] = reins(Chrom, SelCh, 1, 1, ObjV, ObjVSel);
                                                  % 重插入子代到父代,得到新种群
    X = bs2rv(Chrom, FieldD);
    gen = gen + 1;                                % 代计数器增加
    % 获取每代的最优解及其序号,Y 为最优解,I 为个体的序号
    [Y, I] = min(ObjV);
    trace(1, gen) = X(I);                         % 记下每代的最优值
    trace(2, gen) = Y;                            % 记下每代的最优值
end
plot(trace(1, :), trace(2, :), 'bo');            % 画出每代的最优点
grid on;
plot(X, ObjV, 'b*');                              % 画出最后一代的种群
hold off
%% 画进化图
figure(2);
plot(1:MAXGEN, trace(2, :));
grid on
xlabel('遗传代数')
ylabel('解的变化')
title('进化过程')
bestY = trace(2, end);
bestX = trace(1, end);
```

fprintf(［'最优解:\nX = '，num2str(bestX)，'\nY = '，num2str(bestY)，'\n'］)

运行程序后得到的结果:

最优解:

X = 1.1491

Y = − 0.8699

图 8.2 为目标函数图,其中"○"是每代的最优解,"＊"是优化 20 代后的种群分布。从图中可以看出,"○"和"＊"大部分都集中在一个点,该点即为最优解。

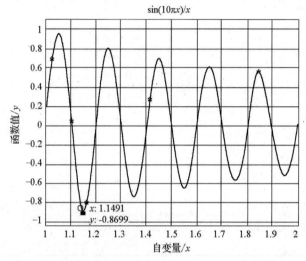

图 8.2　目标函数图、每代的最优解以及经过 20 代进化后的种群分布图

图 8.3 为是种群优化 20 代的进化图。

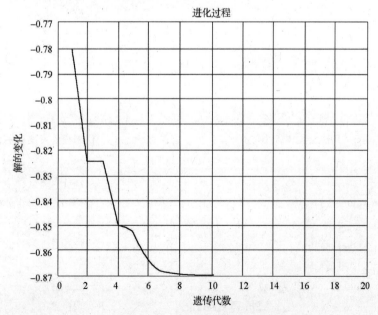

图 8.3　最优解的进化过程

2. 多元函数优化

利用遗传算法计算以下函数的最大值：

$$f(x,y) = x\cos(2\pi y) + y\sin(2\pi x), x \in [-2,2], y \in [-2,2]$$

选择二进制编码，遗传算法参数设置如表 8.3 所示。

表 8.3 遗传算法参数设置

种群大小	最大遗传代数	个体长度	代 沟	交叉概率	变异概率
40	50	40(2 个自变量，每个长 20)	0.95	0.7	0.01

遗传算法优化程序代码：

```
clc
clear all
close all
%% 画出函数图
figure(1);
lbx = -2;ubx = 2;                                          % 函数自变量 x 范围[-2,2]
lby = -2;uby = 2;                                          % 函数自变量 y 范围[-2,2]
ezmesh('y*sin(2*pi*x) + x*cos(2*pi*y)', [lbx, ubx, lby, uby], 50);   % 画出函数曲线
hold on;
%% 定义遗传算法参数
NIND = 40;                                                 % 种群大小
MAXGEN = 50;                                               % 最大遗传代数
PRECI = 20;                                                % 个体长度
px = 0.7;                                                  % 交叉概率
pm = 0.01;                                                 % 变异概率
trace = zeros(3, MAXGEN);                                  % 寻优结果的初始值
FieldD = [PRECI PRECI; lbx lby; ubx uby; 1 1; 0 0; 1 1; 1 1];% 区域描述器
Chrom = crtbp(NIND, PRECI*2);                              % 创建任意离散随机种群
%% 优化
gen = 0;                                                   % 代计数器
XY = bs2rv(Chrom, FieldD);                                 % 初始种群的十进制转换
X = XY(:, 1); Y = XY(:, 2);
ObjV = Y.*sin(2*pi*X) + X.*cos(2*pi*Y);                    % 计算目标函数值
while gen < MAXGEN
    FitnV = ranking(-ObjV);                                % 分配适应度值
    SelCh = select('sus', Chrom, FitnV, GGAP);             % 选择
    SelCh = recombin('xovsp', SelCh, px);                  % 重组
```

```
    SelCh = mut(SelCh, pm);                              % 变异
    XY = bs2rv(SelCh, FieldD);                           % 子代个体的十进制转换
    X = XY(:, 1); Y = XY(:, 2);
    ObjVSel = Y. * sin(2 * pi * X) + X. * cos(2 * pi * Y);   % 计算子代的目标函数值
    [Chrom, ObjV] = reins(Chrom, SelCh, 1, 1, ObjV, ObjVSel);  % 重插入子代到父代,得到新种群
    XY = bs2rv(Chrom, FieldD);
    gen = gen + 1;                                       % 代计数器增加
    % 获取每代的最优解及其序号,Y 为最优解,I 为个体的序号
    [Y, I] = max(ObjV);
    trace(1:2, gen) = XY(I, :);                          % 记下每代的最优值
    trace(3, gen) = Y;                                   % 记下每代的最优值
end
plot3(trace(1, :), trace(2, :), trace(3, :), 'bo');     % 画出每代的最优点
grid on;
plot3(XY(:, 1), XY(:, 2), ObjV, 'bo');                  % 画出最后一代的种群
hold off
%% 画进化图
figure(2);
plot(1:MAXGEN, trace(3, :));
grid on
xlabel('遗传代数')
ylabel('解的变化')
title('进化过程')
bestZ = trace(3, end);
bestX = trace(1, end);
bestY = trace(2, end);
fprintf(['最优解:\nX = ', num2str(bestX), '\nY = ', num2str(bestY), '\nZ = ', num2str(bestZ), '\n'])
```

运行程序后得到的结果:

最优解:

X = 1.7625

Y = - 2

Z = 3.7563

图 8.4 为目标函数图,其中"○"是每代的最优解。从图中可以看出,"○"大部分都集中在一个点,该点即为最优解。在图中标出的最优解与以上程序计算出的最优解有些偏差(图 8.4 中的偏小),这是因为图 8.4 画出的是函数的离散点,并不是全部。

图 8.5 为种群优化 50 代的进化图。

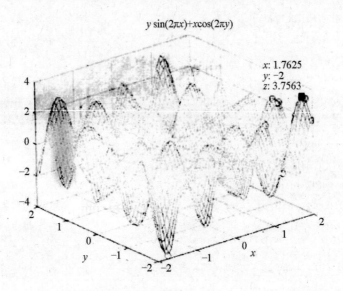

图8.4 目标函数图、每代的最优解以及经过50代进化后的种群分布

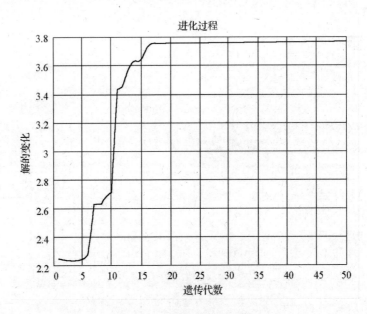

图8.5 最优解的进化过程

第9章   遗传算法工具箱及应用

9.1   理论基础

9.1.1   遗传算法的一些基本概念

下面以求解二元函数

$$f(x_1, x_2) = (x_1 + 1)^2 + (2x_2 - 3)^2 \tag{9.1}$$

的最小值为例,说明遗传算法的一些基本概念。

(1) 个体(individual)

个体就是一个解,比如对于式(9.1),(1,2)就是一个个体,它表示$x_1 = 1, x_2 = 2$。

(2) 适应度函数和适应度函数值

适应度函数就是待优化的函数。比如,式(9.1)就是一个适应度函数。适应度函数值是指一个解(也就是一个个体)的取值,比如,对于式(9.1)个体(1,2),$f(1,2) = (1 + 1)^2 + (2 - 3)^2 = 5$就是它的适应度函数值。显然,对于取最小值的优化问题,某个体的适应度函数值越小,即表示该解的函数值越小,也就是该个体越适应环境。

(3) 种群和种群大小

类似于生物学中的概念,种群就是由若干个体组成的集合。种群大小就是该种群所包含个体的数目。比如对于式(9.1),矩阵[1,2;3,4;5,6;7,8;9,10]就表示一个种群,个体依次为(1,2)、(3,4)、(5,6)、(7,8)和(9,10)。显然,该种群的大小为5。事实上,对于n行m列的种群,n就是种群大小,m就是适应度函数的自变量数目。

(4) 代

遗传算法是一种迭代算法,采用函数stepGA产生的新种群就是新一代。

(5) 父代与子代

子代即产生的新种群,父代即产生子代的种群。比如,种群[1,2;1,2;3,4;5,6;7,8]经过进化之后产生了新种群[0,2;1,2;2,3;4,5;6,7],那么前者就是父代,后者就是子代。

(6) 选择、交叉 = 和变异

选择就是选取种群中适应度函数值较小的若干个体作为父代,产生新的种群,并不是所有的个体都可以成为父代中的一员,那些适应度函数太大,也就是不适应环境的个体将被淘汰;交叉就是选取父代中的两个个体生成子代中的一个个体;变异就是选取父代中的某个个体生成子代中的一个新个体。具体的操作过程将在9.3.1节讲解。

(7)精英数目和交叉后代比例

所谓精英,是指某种群中适应度函数值最低的若干个体。为了保证收敛性,遗传算法采用精英保留策略,即父代中的精英会原封不动地直接传至子代,而不经过交叉或变异操作。交叉后代比例是一个 0 ~ 1 之间的数,表示子代中由交叉产生的个体占父代中非精英个体数的比例。比如,如果种群大小是20,精英数目是2,交叉后代比例是0.8,那么在子代中,将有 2 个保留的精英,由交叉产生的后代将有$(20 - 2) \times 0.8 = 14.4$,即14个,由变异产生的后代将有 $20 - 2 - 14 = 4$ 个。需要指出的是,不同于传统的遗传算法,因为有了交叉后代比例的概念,MATLAB 自带的 GADST 中的遗传算法没有"交叉概率"和"变异概率"的概念。

9.1.2　遗传算法与直接搜索工具箱

目前,遗传算法工具箱主要有三个:英国谢菲尔德大学的遗传算法工具箱、美国北卡罗来纳州立大学的遗传算法最优化工具箱和 MATLAB 自带的遗传算法与直接搜索工具箱。本案例使用的遗传算法工具箱是 GADST(Genetic Algorithm and Direct Search Toolbox)。

GADST 为用户提供了友好的 GUI 使用界面及清晰的命令行调用语句,使用极为简单方便。MATLAB 7.0 版本开始自带 GADST,其位置在 MATLAB 安装目录 \toolbox\gads。可以看到,GADST 是一个函数库,里面包括了遗传算法的主函数、各个子函数和一些绘图函数。

GADST 的组织结构及各函数之间的关系如图 9.1 所示。

可见,GADST 的主函数为 ga,根据函数 gacommon 所确定的优化问题类型的不同,函数 ga 分别调用 gaunc(求解无约束优化问题)、galincon(求解线性约束优化问题)或 gacon(求解非线性约束优化问题)。以求解线性约束优化问题为例,在函数 galincon 中,遗传算法使用函数 makeState 产生初始种群,然后判断是否可以退出算法。若退出,则得到最优个体;若不退出,则调用函数 stepGA 使种群进化一代,同时调用函数 gadsplot 和函数 isItTimeToStop 进行绘图并判断终止条件。事实上,以上过程就是遗传算法的基本流程。

可以看到,在以上循环迭代过程中,函数 stepGA 是关键函数,9.3.1 节将对该函数和其他一些函数的代码进行详细分析。

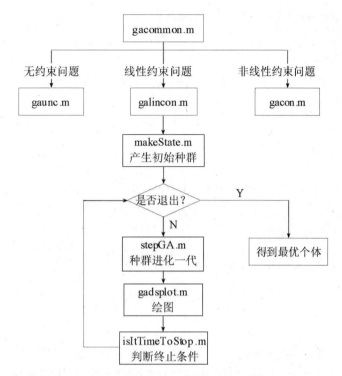

图 9.1　GADST 组织结构及各函数之间的关系

9.2　案例背景

这里将使用 GADST 求解一个非线性方程组。

9.2.1　问题描述

求解的非线性方程组如下：

$$\begin{cases} 4x_1^3 + 4x_1x_2 + 2x_2^2 - 42x_1 - 14 = 0 \\ 4x_2^3 + 4x_1x_2 + 2x_1^2 - 26x_1 - 22 = 0 \end{cases} \tag{9.2}$$

9.2.2　解题思路及步骤

令

$$\begin{cases} f_1(x_1,x_2) = 4x_1^3 + 4x_1x_2 + 2x_2^2 - 42x_1 - 14 \\ f_2(x_1,x_2) = 4x_2^3 + 4x_1x_2 + 2x_1^2 - 26x_1 - 22 \\ f(x_1,x_2) = f_1^2(x_1,x_2) + f_2^2(x_1,x_2) \end{cases} \tag{9.3}$$

这样，非线性方程组的求解问题转化为以下最优化问题：

$$\min f(x) \tag{9.4}$$

其中，$x = (x_1,x_2) \in X$。显然，若方程组(9.2)有解，则适应度函数(9.4)的最小值为零。

如果求得的适应度函数(9.4)式的值越接近于零,那么对应的方程组(9.2)的解就越精确。

9.3 MATLAB 程序实现

9.3.1 GADST 各函数详解

下面将对 GADST 中的各个关键函数进行详细分析。

1. 函数 stepGA

函数 stepGA 的作用是产生新的种群,使遗传算法向前进化一代,添加中文注释后的代码如下:

```
function[nextScore, nextPopulation, state] = stepGA(thisScore, thisPopulation, options, state,
GenomeLength, FitnessFcn)
    % 该函数用于产生新的种群,使遗传算法向前进化一代
    nEliteKids = options. EliteCount;                        % 下一代种群中的精英数目
    nXoverKids = round(options. CrossoverFraction * (size(thisPopulation, 1) - nEliteKids));
                                                             % 下一代种群中的交叉后代数目
    nMutateKids = size(thisPopulation, 1) - nEliteKids - nXoverKids;
                                                             % 下一代种群中的变异后代数目
    nParents = 2 * nXoverKids + nMutateKids;                 % 计算用于产生交叉后代与变异后代的父
                                                               代数目
    state. Expectation = feval(options. FitnessScalingFcn, thisScore, nParents, options. FitnessScaling-FcnArgs{:});
                                                             % 适应度排序操作
    parents = feval(options. SelectionFcn, state. Expectation, nParents, options, options. SelectionFcnArgs{:});
                                                             % 选择父代
    parents = parents(randperm(length(parents)));           % 对父代随机排序
    [unused, k] = sort(thisScore);                          % 按适应度函数值排序,返回标志向量 k
    state. Selection = [k(1:options. EliteCount); parents];
    eliteKids = thisPopulation(k(1:options. EliteCount), :);% 产生子代中的精英
    xoverKids = feval(options. CrossoverFcn, parents(1:(2 * nXoverKids)), options, GenomeLength,
FitnessFcn, thisScore, thisPopulation, options. CrossoverFcnArgs{:});
                                                             % 产生子代中的交叉后代
    mutateKids = feval(options. MutationFcn, parents((1 + 2 * nXoverKids):end), options, GenomeLength,
FitnessFcn, state, thisScore, thisPopulation, options. MutationFcnArgs{:});
                                                             % 产生子代中的变异后代
    nextPopulation = [eliteKids, xoverKids, mutateKids];    % 将精英后代、交叉后代和变异后代组合
                                                               成子代
    if strcmpi(options. Vectorized, 'off')
```

```
        nextScore = fcnvectorizer(nextPopulation, FitnessFcn, 1, options.SerialUserFcn);
else
        nextScore = FitnessFcn(nextPopulation);                % 计算新种群的适应度函数值
end
nextScore = nextScore(:);                                      % 确保种群的适应度函数是列向量
state.FunEval = state.FunEval + size(nextScore, 1);
```

可以看到,函数 stepGA 先计算精英数目、交叉后代数目和变异后代数目,再进行适应度排序操作和选择操作,然后依次产生精英、交叉后代和变异后代,并将其组合成子代,最后对子代进行适应度函数计算。

以上过程在图 9.1 中"种群进化一代"具体展开。在此过程中需要设定的参数和调用的函数包括 EliteCount、CrossoverFraction、FitnessScalingFcn、SelectionFcn、CrossoverFcn、MutationFcn 等,具体的设定方法将在 9.3.3 节中介绍。

2. 函数 fitscalingrank 和函数 selectionstochunif

在函数 stepGA 中,计算完用于产生交叉后代和变异后代的父代数目之后,接着进行的是适应度排序操作和选择操作。在 GADST 的函数库中,适应度排序函数和选择函数有很多种, 这里讲解的是默认采用的函数 fitscalingrank(等级排序) 和函数 selectionstochunif(随机一致选择),添加中文注释后的代码如下:

```
function expectation = fitscalingrank(scores, nParents)
% 等级排序函数,用于将原始的适应度函数值转化为 expectation,以便于选择输入为原始的适应度
    函数值 scores 及用于产生交叉后代和变异后代的父代数目 nParents,输出为 expectation
[unused, i] = sort(scores);                         % 先对原始的适应度函数值 scores 进行
                                                       排列,返回标志向量 i
expectation = zeros(size(scores));                  % 产生空矩阵用于存放 expectation
expectation(i) = 1./((1:length(scores)).^0.5);      % 通过 i 的桥梁作用,将 scores 映射到从 1
                                                       开始的整数的根植的倒数
expectation = nParents * expectation./sum(expectation);  % 比例处理

function parents = selectionstochunif(expectation, nParents, options)
% 随机一致选择函数,用于进行选择操作输入为函数 fitscalingrank 输出的 expectation、nParents 及
    参数设置 options,输出为选择的父代编号向量 parents
expectation = expectation(:1);
wheel = cumsum(expectation)/nParents;               % 对 expectation 进行累计求和
parents = zeros(1, nParents);                       % 产生空矩阵用于存放 parents
stepSize = 1/nParents;                              % 将区间[0,1]进行 nParents 等分,每等
                                                       分为 stepSize
position = rand * stepSize;                          % 从第一等分的任意范围内开始
lowest = 1;                                          % lowest 赋初值
for i = 1:nParents                                   % 外循环次数为所要选择的父代 parents
```

```
    for j = lowest:length( wheel)                    % 内循环次数
        if( position < wheel(j))                     % 在 position 最先小于 wheel 的地方停下
            parents(i) = j;                          % 找到 parents 中的一个元素
            lowest = j;                              % lowest 值更新
            break;
        end
    end
    position = position + stepSize;                  % 前进一个 stepSize
end
```

由函数 fitscalingrank 可知,其输出的 expectation 可以表示为

$$\text{expectation} = n\text{Parents} * \left[\frac{\text{expectation}(1)}{\sum \text{expectation}(j)}, \frac{\text{expectation}(2)}{\sum \text{expectation}(j)}, \frac{\text{expectation}(3)}{\sum \text{expectation}(j)}, \cdots \right]$$

那么,函数 selectionstochunif 中的 wheel 就可以表示为

$$\text{wheel} = \frac{\text{cumsum}(\text{expectation})}{n\text{Parents}}$$

$$= \frac{n\text{Parents} * \left[\frac{\text{expectation}(1)}{\sum \text{expectation}(j)}, \frac{\text{expectation}(1) + \text{expectation}(2)}{\sum \text{expectation}(j)}, \frac{\text{expectation}(1) + \text{expectation}(2) + \text{expectation}(3)}{\sum \text{expectation}(j)}, \cdots \right]}{n\text{Parents}}$$

$$= \left[\frac{\text{expectation}(1)}{\sum \text{expectation}(j)}, \frac{\text{expectation}(1) + \text{expectation}(2)}{\sum \text{expectation}(j)}, \frac{\text{expectation}(1) + \text{expectation}(2) + \text{expectation}(3)}{\sum \text{expectation}(j)}, \cdots \right]$$

显然,wheel 向量的每个元素都在 0 ~ 1 范围内,且依次递增,最后一个元素值为 1。另一方面,position 的范围显然也在 0 ~ 1 范围内,这就为选择提供了依据。以"scores = [3 7 2 10 13];nParents = 7;"为例,可求得 wheel 和某次的 position 分别(由于存在函数 rand,每次的 position 是不一样的,而且最后一个 position 没有意义,因为此时已跳出大循环)如下:

$$\text{wheel} = [0.2188 \quad 0.3975 \quad 0.7069 \quad 0.8616 \quad 1.0000]$$

$$\text{position} = [0.0425 \quad 0.1853 \quad 0.3282 \quad 0.4710 \quad 0.6139 \quad 0.7568 \quad 0.8996]$$

由图 9.2 可知,wheel 和 position 的位置关系:在 wheel 的 5 段区间中,[0.3975, 0.7069]这段区间最大,这是因为在 scores 中,适应度值 2 最小,相应的 expectation 值最

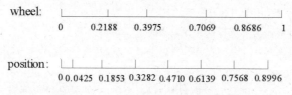

图 9.2 wheel 和 position 的位置关系

大,故求累计和之后的间隔最大,所以落在这一区间之内 position 将是最多的。也就是说,适应度值 2 对应的个体被选择为父代的概率最大,这就是遗传算法"优胜劣汰"的精髓所在。另外,由图 9.2 可知,因为 position 的 0.0425 和 0.1853 落在[0, 0.2188]区间,0.3282 落在[0.2188, 0.3975]区间,0.4710 和 0.6139 落在[0.3975, 0.7069]区间,

0.7568 落在 [0.7069, 0.8616] 区间, 0.8996 落在 [0.8616, 1.0000] 区间, 假设种群中的个体编号依次为 1、2、3、4、5, 则被选择的个体为两个 1 号个体、一个 2 号个体、两个 3 号个体、一个 4 号个体和一个 5 号个体, 即得到的 parents 为 [1 1 2 3 3 4 5]。

3. 函数 crossoverscattered 和函数 mutationgaussian

与适应度排序函数及选择函数一样, GADST 为用户提供了多种交叉函数和变异函数, 用户可以根据需要选择。这里介绍默认的函数 crossoverscattered (分散交叉) 和函数 mutationgaussian (高斯变异)。添加中文注释后的函数 crossoverscattered (分散交叉) 的代码如下:

```
function xoverKids = crossoverscattered(parents, options, GenomeLength, FitnessFcn, unused,
this-Population)
    % 分散交叉函数, 有时也称为一致交叉函数或随机交叉函数
    % 输入为选择函数输出的 parents 的前 2 * nXoverKids 个元素和该代种群 thisPopulation 等, 输出为
    %    交叉所得的后代
    nKids = length(parents)/2;                        % 计算交叉后代数目, parents 的计算见选择
                                                      %    函数及函数 stepGA

    linCon = options.LinearConstr;                    % 提取约束信息, 为最后的个体可行性验证
                                                      %    做准备

    constr = ~ isequal(linCon.type, 'unconstrained'); % 判断是否有约束
    xoverKids = zeros(nKids, GenomeLength);           % 产生空矩阵用于存放 xoverKids
    index = 1;                                        % 指针赋初值
    for i = 1:nKids                                    % 外循环次数为所要产生的交叉后代数目
        r1 = parents(index);                          % 选择父代中的一个个体
        index = index + 1;                            % 指针加 1, 指向下一个个体
        r2 = parents(index);                          % 选择父代中的下一个个体
        index = index + 1;                            % 指针加 1, 指向下一个个体
        for j = 1:GenomeLength                         % 内循环次数为染色体长度 (染色体长度即
                                                      %    变量个数 nvars)
            if(rand > 0.5)                            % 产生 0~1 之间的一个随机数并与 0.5 比
                                                      %    较, 相当于抛硬币
                xoverKids(i, j) = thisPopulation(r1, j);  % 若随机数大于 0.5, 则所得的后代是父代中
                                                      %    的 r1
            else
                xoverKids(i, j) = thisPopulation(r2, j);  % 否则, 所得的后代是父代中的 r2
            end
        end
        if constr                                     % 确保以上所得的个体是可行的, 也就是在
                                                      %    约束范围内
            feasible = isTrialFeasible(xoverKids(i, :)', linCon.Aineq, linCon.bineq, linCon.Aeq, …
                linCon.beq, linCon.lb, linCon.ub, sqrt(options.TolCon));
                                                      % 判断个体是否可行
```

```
    if ~ feasible
        alpha = rand;
        xoverKids(i, :) = alpha * thisPopulation(r1, :) + …   % 若不可行,采用权值交叉重新产生后代
                (1 – alpha) * thisPopulation(r2, :);
    end
  end
end
```

从以上代码可以看到,函数 crossoverscattered 的原理如下:假设两个父代个体分别为 p1 = [a b c d e f g],p2 = [1 2 3 4 5 6 7],因为有 7 个个体,所以抛 7 次硬币,假设结果为 [正 反 正 正 反 反 正],规定硬币为正面时后代在 p1 中取,硬币为反面时后代在 p2 中取,那么交叉后代为[a 2 c d 5 6 g]。也就是说,当 0~1 之间的随机数大于 0.5 时,在 p1 中取,反之在 p2 中取。对于有约束的优化问题,上述过程产生的个体可能不能满足约束条件(这里称为不可行),因此,在函数 crossoverscattered 中,调用了函数 isTrialFeasible(限于篇幅,具体代码不展开,读者可以在 GADST 的函数库中找到它)来判断产生的个体是否可行。若可行,则上述抛硬币的过程产生的个体即为交叉后代;若不可行,用权值交叉方法重新产生交叉后代。权值交叉即指生成的后代个体是两个父代个体的加权和,且加权系数由随机数产生。

下面是添加中文注释后的函数 mutationgaussian 代码:

```
function mutationChildren mutationgaussian ( parents, options, GenomeLength, FitnessFcn, state,
thisScore, thisPopulation, scale, shrink)
    % 函数 mutationgaussian,适用于实数编码,适用于无约束优化问题输入为选择函数输出的 parents 的
        后 nMutateKids 个元素、该代种群 thisPopulation、用于控制变异范围的参数 scale、用于控制 scale 减
        小速度的参数 shrink 等,输出为变异所得的后代
    if ( strcmpi( options. PopulationType, 'doubleVector'))     % 函数 mutationgaussian 适用于实数编码
        if nargin < 9 | | isempty(shrink)                        % 若用户没有设置参数 shrink 的值
            shrink = 1;                                          % 那么 shrink 取默认的值 1
            if nargin < 8 | | isempty(scale)                     % 若用户没有设置参数 scale 的值
                scale = 1;                                       % 那么 scale 取默认的值 1
            end
        end
    if ( shrink > 1) | | ( shrink < 0)                           % 若用户设定的 shrink 值不在合理范围内
        msg = sprintf( 'Shrink factors that are less than zero or greater than one may \n\t\t result in unexpected
behavior.');
        warning('gads:mutationgaussian:shrinkFactor', msg);      % 则输出警告
    end
    scale = scale – shrink * scale * state. Generation/options. Generations;
                                                                 % scale 的值随着种群的进化而减小,减小速
                                                                   度由 shrink 控制
```

```
    range = options. PopInitRange;              % 取个体的初始范围,若用户没有设定,则取
                                                   默认的[0,1]
    lower = range(1, :);                        % 个体初始范围的下限
    upper = range(2, :);                        % 个体初始范围的上限
    scale = scale * (upper − lower);            % 若用户没有设定个体初始范围,该语句的
                                                   唯一作用是使 scale 成为向量
    mutationChildren = zeros(length(parents), GenomeLength);
                                                % 产生空矩阵用于存放 mutationChildren
    for i = 1:length(parents)
        parent = thisPopulation(parents(i), :);  % 从种群中取出用于变异的父代
        mutationChildren(i, :) = parent + scale. * randn(1, length(parent));
                                                % 变异,在父代个体的基础上加上随机数与
                                                   scale 之积
    end
elseif(strcmpi(options. PopulationType, 'bitString'))  % 若是二进制编码,则高斯变异不适用
    mutationChildren = mutationuniform(parents, options, GenomeLength, FitnessFcn, state, thisScore,
thisPopulation);                               % 直接调用函数 mutationuniform
end
```

从以上代码可以看到,高斯变异的核心思想是在父代个体的基础上加上一个值,使其产生变异,这个加上的值的大小是一个随机数与一个参数 scale 的乘积。这个参数 scale 的值是随着 state. Generation 的增加(即种群的进化)不断减小的,减小的速度由另一个参数 shrink 控制。可以看出,因为高斯变异在变异的过程中没有考虑约束条件,比如,变异之后的个体可能会超出约束中的上下限范围,因此,不能用于有约束的优化问题。当需要优化有约束的问题时,可以采用函数 mutationadaptfeasible(约束自适应变异),限于篇幅,这里不再展开。

9.3.2　GADST 的使用简介

GADST 的使用有两种方式:使用 GUI 界面或使用命令行。两种方式本质是一样的,前者的特点是直观,后者的特点是简洁。建议初学者先使用 GUI 界面,等到熟悉 GADST 之后,可以直接使用命令行方式,免去每次都得重复输入参数的麻烦。需要指出的是,GADST 是对目标函数取最小值进行优化的。对于最大值优化问题,只需将适应度函数乘以 −1 即可化为最小值优化问题。

1. GUI 方式使用 GADST

GADST 的 GUI 界面有以下两种打开方式:

(1)在 MATLAB 主界面的左下角依次单击 Start→Toolboxs→Genetic Algorithm and Direct Search→Genetic Algorithm Tool。

(2)在 Command Window 输入表 9.1 给出的命令,其他版本的命令可以参考表 9.1 或者参阅帮助文档。

表 9.1 不同版本下的 GUI 界面打开命令

版　本	命　令
MATLAB R2009a	≫ optimtool('ga')
MATLAB R2008a	≫ optimtool('ga')
MATLAB 7.1	≫ gatool
MATLAB 7.0.4	≫ gatool

下面以 MATLAB R2009a 版本为例,介绍 GADST 的 GUI 使用方法。打开的 GADST 的 GUI 界面如图 9.3 所示。

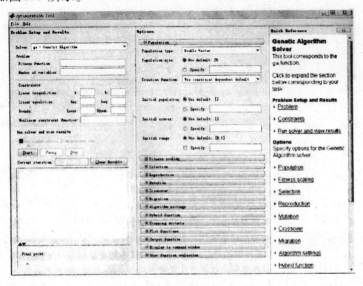

图 9.3 GADST 的 GUI 界面

可以看到:该界面总共分以下三部分:

(1)Problem Setup and Results(问题建立与结果板块)。从上到下依次是:输入适应度函数句柄(Fitness function)、个体所含的变量数目(Number of variables)、约束(线性不等式约束)(Linear inequalities)、线性等式约束(Linear equalities)、上下限约束(Bounds)、非线性约束函数(Nonlinear constraint function),待设置完中间板块的 Options 后,单击 Start 按钮,遗传算法即开始运行,运行完之后的结果显示在该板块的下部。

(2)Options(遗传算法选项设置板块)。在运行遗传算法之前,需要在该板块内进行一些设置,包括以下几项:

1)种群(Population)。种群的类型(Population Type)可以是实数编码(Double Vector)、二进制编码(Bit string)或用户自定义(Custom),默认为实数编码。种群大小(Population size)默认是 20(default),也可以根据需要设定(Specify)。剩下为初始种群的相关设置,默认为由遗传算法通过初始种群产生函数(Creation function)随机产生,也可以由用户设定初始种群(Initial population)、初始种群的适应度函数值(Initial scores)和初始种群的范围(Initial range)。

2）适应度排序（Fitness scaling）。默认使用函数 fitscalingrank（等级排序），也可以从下拉菜单中选择其他排序函数。

3）选择（Selection）。默认使用函数 selectionstochunif（随机一致选择），也可以从下拉菜单中选用其他选择函数。

4）繁殖（Reproduction）。遗传算法为了繁殖下一代，需要设置精英数目（EliteCount）和交叉后代比例（CrossoverFraction），默认值分别为 2 和 0.8。

5）变异（Mutation）。根据所优化函数的约束不同，变异函数是不同的。用户只需要保持默认的 Use constraint dependent default 即可，GADST 会根据问题建立与结果板块（Problem Setup and Results）中输入的约束类型的不同而选择不同的变异函数。

6）交叉（Crossover）。默认使用函数 crossoverscattered（分散交叉），也可以从下拉菜单中选择其他交叉函数。

7）终止条件（Stopping criteria）。终止条件有以下几个，满足其中一个条件，遗传算法即停止；

①最大进化代数（Generations）。最大进化代数即遗传算法的最大迭代次数，默认为 100 代。

②时间限制（Time limit）。遗传算法允许的最大运行时间，默认为无穷大。

③适应度函数值限制（Fitness limit）。当种群中的最优个体的适应度函数值小于或等于 Fitness limit 时，算法停止。

④停止代数（Stall generations）和适应度函数值偏差（Function tolerance）。若在 Stall generations 设定的代数内，适应度函数值的加权平均变化值小于 Function tolerance，算法停止。默认的设置分别为 50 和 10^{-6}。

⑤停止时间限制（Stall time limit）。若在 Stall time limit 设定的时间内，种群中的最优个体没有进化，则算法停止。

8）绘图函数（Plot functions）。包括最优个体的适应度函数值（Best fitness）、最优个体（Best individuals）、种群中个体间的距离（Distance）等，只要选中相应的选项，GADST 就会在遗传算法的运行过程中绘制其随种群进化的变化情况。

9）其他。其他还有一些选项，是遗传算法的延伸内容，这里不再展开。

（3）Quick Reference（快速参阅板块）。该板块对问题建立与结果板块及遗传算法选项设置板块的内容做了详细的解释，相对于快速的 Help，不需要时可以隐藏。

2. 命令行方式使用 GADST

命令行方式使用 GADST，无需调出 GUI 界面，只需编写一个 M 文件。在该 M 文件内，需要设定遗传算法的相关参数，采用如下语句对遗传算法进行设定：

options = gaoptimset（'Param1', value1, 'Param2', value2, …）;

其中，Param1、Param2 等是需要设定的参数，比如适应度函数句柄、变量个数、约束、精英数目、交叉后代比例、终止条件等；value1、value2 等是 Param 的具体值。Param 有专门的表述方式，比如，种群大小对应于 PopulationSize、精英数目对应于 EliteCount 等，更多的专用表述方式可以使用"doc gaoptimset"语句调出 Help 作为参考。

在设置完 options 之后，需要调用图 9.1 中所示的函数 ga 来运行遗传算法，函数 ga 的格式如下：

（1）在 MATLAB R2009a、R2008a 及 7.1 版本下，函数 ga 的调用格式为

［x_best，fval］= ga（fitnessfcn，nvars，A，b，Aeq，beq，lb，ub，nonlcon，options）；

其中，x_best 为遗传算法得到的最优个体；fval 为最优个体 x_best 对应的适应度函数值；fitnessfcn 为适应度函数句柄；nvars 为变量数目；A、b、Aeq、beq 为线性约束，可以表示为 A $*$ X $\leqslant$ B，Aeq $*$ X $=$ Beq；lb、ub 为上下限约束，可以表述为 lb $\leqslant$ X $\leqslant$ ub；nonlcon 为非线性约束，需要用 M 文件编写，该 M 文件返回的是 C 和 Ceq，非线性约束可以表述为 C（X）$\leqslant$ 0，Ceq（X）$\leqslant$ 0；当没有约束时，用"［ ］"表示即可；options 即为函数 gaoptimset 所设置的参数。

（2）在 MATLAB 7.0.4 版本下，函数 ga 的通用格式为

［x_best，fval］= ga（fitnessfcn，nvars，options）；

其中的参数同上。可以看到，MATLAB 7.0.4 版本下的 GADST 没有支持带约束的优化问题。

9.3.3　使用 GADST 求解遗传算法相关问题

使用 GADST 求解优化问题的第一步是编写适应度函数的 M 文件。对于以上问题，适应度函数 GA_demo 的代码如下：

```
function f = GA_demo( x )
f1 = 4 * x(1).^3 + 4 * x(1) * x(2) + 2 * x(2).^2 - 42 * x(1) - 14;
f2 = 4 * x(2).^3 + 4 * x(1) * x(2) + 2 * x(1).^2 - 26 * x(1) - 22;
f = f1.^2 + f2.^2;
```

编写好适应度函数的 M 文件之后，就可以使用 GADST 进行优化了，即可以使用 GUI 方式或者命令行方式。

1. 使用 GUI 方式

使用 GADST 的 GUI 方式求解上述非线性方程组的步骤如下：

（1）打开 GADST 的 GUI 界面。

（2）在 Fitness function 中输入适应度函数句柄，在本案例中即 @ GA_demo。注意，适应度函数必须在 Current Directory 内。

（3）在 Number of variables 中输入个体所含的变量数目，在本案例中，因为适应度函数 GA_demo 的个体有两个变量，即 x_1 和 x_2，故 Number of variables 为 2。

（4）因为本案例中没有约束条件，所以保持 Linear inequalities、Linear equalities、Bounds 及 Nonlinear constraint function 等处为空。

（5）在 Population size 中，设置种群大小为 100；在 Reproduction 中，设置精英数目（EliteCount）和交叉后代比例（CrossoverFraction）分别为 10 和 0.75；在 Stopping criteria 中，设置最大进化代数（Generations）、停止代数（Stall generations）和适应度函数值偏差（Function tolerance）分别为 500、500 和 10^{-100}，使得算法能够在进化 500 代后停止。

（6）在 Plot functions 中，选中最优个体的适应度函数值（Best fitness）和最优个体（Best

individual)。

(7)其余选项保持默认设置。

(8)单击 Start 开始运行遗传算法。

2. 使用命令行方式

使用命令行方式运行遗传算法的代码如下:

```
clear
clc
fitnessfcn = @ GA_demo;                          % 适应度函数句柄
nvars = 2;                                       % 个体所含的变量数目
options = gaoptimset('PopulationSize', 100, 'EliteCount', 10, 'CrossoverFraction', 0.75, 'Generations',
500, 'StallGenLimit', 500, 'TolFun', 10⁻¹⁰⁰, 'PlotFcns', { @ gaplotbestf, @ gaplotbestindiv} );
                                                 % 参数设置
[x_best, fval] = ga(fitnessfcn, nvars, [ ], [ ], [ ], [ ], [ ], [ ], [ ], options);
                                                 % 调用函数 ga
```

可以看出,与使用 GUI 的方式一样,在编写好适应度函数的 M 文件之后,需要进行选项(Options)的参数设置。在 GUI 界面下可以设置的参数,在命令行方式下都可以实现,两者是相通的。设定好参数之后,只需调用函数 ga 即可运行遗传算法。

3. 结果分析

可以看到,在遗传算法的运行过程中,GADST 调用函数 gadsplot 绘制了名为 Genetic Algorithm 的图,且随着种群的不断进化,该图在不断更新。当遗传算法停止退出、种群进化完毕后,得到如图 9.4 所示的最优个体适应度函数值变化曲线和最优个体。需要说明的是,由于遗传算法中使用了 rand 等随机函数,因此每次运行的结果是不一样的。

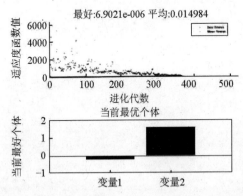

图 9.4   运行遗传算法得到的最优个体适应度函数值变化曲线和最优个体

在图 9.4 所示的最优个体适应度函数值变化曲线中,横坐标为进化代数,即 Options 中 Generations 的设定值,纵坐标为适应度函数值(包括种群的平均适应度函数值和最优个体对应的适应度函数值)。为了进一步分析其中最优个体对应的适应度函数值变化曲线,对其纵向局部放大,得到图9.5。从图中可以看到,随着种群代数的不断增加,最优个体的适应度函数值不断减小,也就是说,遗传算法搜索到的适应度函数(图9.4)的值越来越小。

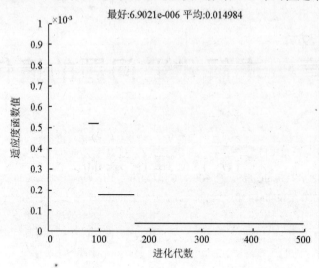

图 9.5　局部放大后的最优个体适应度函数值变化曲线

当种群进化结束时,可以得到图 9.4 中下方图所示的最优个体。若使用 GUI 方式,该最优个体可以在图 9.3 所示的 GUI 界面的 Final point 中看到;若使用命令行方式,该最优个体可以在 Workspace 中找到,即 x_best。此次运行得到的最优个体为

$$[x_1, x_2] = [-0.247800834353742, 1.62131572868496]$$

此最优个体对应的适应度函数值为 6.9021×10^{-6},该值已经比较接近于 0,说明遗传算法比较好地找到了非线性方程组(9.2)的解。

最后需要指出的是,在 Options 的设置中,一般来讲,种群规模越大、进化代数越多,得到的最优个体对应的适应度函数值就越小,也就是结果越好,当然,相应的迭代时间也会越长。

第 10 章　求解 TSP 问题的遗传算法

10.1　理论基础

TSP(traveling salesman problem，旅行商问题)是典型的 NP 完全问题，即其最坏情况下的时间复杂度随着问题规模的增大按指数方式增长，到目前为止还未找到一个多项式时间的有效算法。

TSP 问题可描述为：已知 n 个城市相互之间的距离，某一旅行商从某个城市出发访问每个城市一次且仅一次，最后回到出发城市，如何安排才使其所走路线最短。简言之，就是寻找一条最短的遍历 n 个城市的路径，或者说搜索自然子集 $X = \{1, 2, \cdots, n\}$（X 的元素表示对 n 个城市的编号）的一个排列 $\pi(X) = \{V_1, V_2, \cdots, V_n\}$，使

$$T_d = \sum_{i=1}^{n-1} d(V_i, V_{i+1}) + d(V_n, V_1)$$

取最小值，其中 $d(V_i, V_{i+1})$ 表示城市 V_i 到城市 V_{i+1} 的距离。

TSP 问题并不仅仅是旅行商问题，其他许多的 NP 完全问题也可以归结为 TSP 问题，如邮路问题、装配线上的螺母问题和产品的生产安排问题等，使得 TSP 问题的有效求解具有重要的意义。

10.2　案例背景

10.2.1　问题描述

本案例以 14 个城市为例。假定 14 个城市的位置坐标如表 10.1 所示，寻找出一条最短的遍历 14 个城市的路径。

表 10.1   14 个城市的位置坐标

城市编号	X 坐标	Y 坐标	城市编号	X 坐标	Y 坐标
1	16. 47	96. 10	8	17. 20	96. 29
2	16. 47	94. 44	9	16. 30	97. 38
3	20. 09	92. 54	10	14. 05	98. 12
4	22. 39	93. 37	11	16. 53	97. 38
5	25. 23	97. 24	12	21. 52	95. 59
6	22. 00	96. 05	13	19. 41	97. 13
7	20. 47	97. 02	14	20. 09	92. 55

10.2.2　解决思路及步骤

1. 算法流程

遗传算法 TSP 问题的流程图如图 10.1 所示。

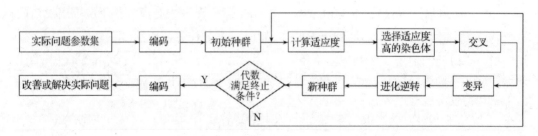

图 10.1　遗传算法 TSP 问题的求解流程图

2. 遗传算法实现

（1）编码

采用整数排列编码方法。对于 n 个城市的 TSP 问题,染色体分为 n 段,其中每一段为对应城市的编号,如对 10 个城市的 TSP 问题{1,2,3,4,5,6,7,8,9,10},则|1|10|2|4|5|6|8|7|9|3 就是一个合法的染色体。

（2）种群初始化

在完成染色体编码以后,必须产生一个初始种群作为起始解,所以首先需要决定初始化种群的数目。初始化种群的数目一般根据经验得到,一般情况下种群的数量视城市规模的大小而确定,其取值在 50 ~ 200 之间浮动。

（3）适应度函数

设 $k_1|k_2\cdots|k_i|\cdots|k_n|$ 为一个采用整数编码的染色体,$D_{k_ik_j}$ 为城市 k_i 到城市 k_j 的距离,则该个体的适应度为

$$fitness = \frac{1}{\sum_{i=1}^{n-1} D_{k_ik_j} + D_{k_nk_1}}$$

即适应度函数为恰好走遍 n 个城市,再回到出发城市的距离的倒数。优化的目标就是选择适应度函数值尽可能大的染色体,适应度函数值越大的染色体越优质,反之越劣质。

（4）选择操作

选择操作即从旧群体中以一定概率选择个体到新群体中,个体被选中的概率与适应度值有关,个体适应度值越大,被选中的概率越大。

（5）交叉操作

采用部分映射杂交,确定交叉操作的父代,将父代样本两两分组,每组重复以下过程（假定城市数为 10）:

①产生两个 $[1,10]$ 区间内的随机整数 r_1 和 r_2,确定两个位置,对两位置的中间数据进行交叉,如 $r_1=4,r_2=7$,有

$$\begin{array}{ccc|cccc|ccc}
9 & 5 & 1 & 3 & 7 & 4 & 2 & 10 & 8 & 6 \\
10 & 5 & 4 & 6 & 3 & 8 & 7 & 2 & 1 & 9
\end{array}$$

交叉为

$$\begin{array}{ccc|cccc|ccc}
9 & 5 & 1 & 6 & 3 & 8 & 7 & 10 & * & * \\
10 & 5 & * & 3 & 7 & 4 & 2 & * & 1 & 9
\end{array}$$

②交叉后,同一个个体中有重复的城市编号,不重复的数字保留,有冲突的数字（带"＊"位置）采用部分映射的方法消除冲突,即利用中间段的对应关系进行映射。结果为

$$\begin{array}{ccc|cccc|ccc}
9 & 5 & 1 & 6 & 3 & 8 & 7 & 10 & 4 & 2 \\
10 & 5 & 8 & 3 & 7 & 4 & 2 & 6 & 1 & 9
\end{array}$$

（6）变异操作

变异策略采取随机选取两个点,将其对换位置。产生两个 $[1,10]$ 范围内的随机整数 r_1 和 r_2,确定两个位置,将其对换位置,如 $r_1=4,r_2=7$,有

$$\begin{array}{ccc|c|ccc|ccc}
9 & 5 & 1 & 3 & 8 & 7 & 10 & 4 & 2
\end{array}$$

变异后为

$$\begin{array}{ccc|c|ccc|ccc}
9 & 5 & 1 & 7 & 3 & 8 & 6 & 10 & 4 & 2
\end{array}$$

（7）进化逆转操作

为改善遗传算法的局部搜索能力,在选择、交叉、变异之后引进连续多次的进化逆转操作。这里的"进化"是指逆转算子的单方向性,即只有经逆转后,适应度值有提高的才接受下来,否则逆转无效。

产生两个 $[1,10]$ 区间内的随机整数 r_1 和 r_2,确定两个位置,将其对换位置,如 $r_1=4$, $r_2=7$,有

$$\begin{array}{ccc|cccc|ccc}
9 & 5 & 1 & 7 & 3 & 8 & 6 & 10 & 4 & 2
\end{array}$$

进化逆转后为

$$\begin{array}{ccc|cccc|ccc}
9 & 5 & 1 & 8 & 3 & 7 & 6 & 10 & 4 & 2
\end{array}$$

对每个个体进行交叉变异,然后代入适应度函数进行评估,x 选择出适应值大的个体进行下一代的交叉和变异以及进化逆转操作。循环操作:判断是否满足设定的最大遗传代数 MAXGEN,不满足则跳入适应度值的计算;否则,结束遗传操作。

10.3　MATLAB 程序实现

10.3.1　种群初始化

种群初始化函数 InitPop 的代码：

```
function Chrom = InitPop(NIND, N)
%%初始化种群
%输入：
% NIND:种群大小
% N:个体染色体长度(这里为城市的个数)
%输出：
% 初始种群

Chrom = zeros(NIND, N);              %用于存储种群
For i = 1:NIND
    Chrom(i, :) = randperm(N);       %随机生成初始种群
end
```

10.3.2　适应度函数

求种群个体的适应度函数 Fitness 的代码：

```
function FitnV = Fitness(len)
%%适应度函数
% 输入
% len           个体的长度(TSP 的距离)
% 输出：
% FitnV         个体的适应度值

FitnV = 1/len;
```

10.3.3　选择操作

选择操作函数 Select 的代码：

```
function SelCh = Select(Chrom, FitnV, GGAP)
%%选择操作
```

```
% 输入:
% Chrom            种群
% FitnV            适应度值
% GGAP             选择概率
% 输出:
% SelCh            被选择的个体


NIND = size( Chrom, 1 );
NSel = max( floor( NIND * GGAP + . 5 ), 2 );
ChrIx = Sus( FitnV, NSel );
SelCh = Chrom( ChrIx, : );
```

其中,函数 Sus 的代码为

```
function NewChrIx = Sus( FitnV, Nsel )
% 输入:
% FitnV            个体的适应度值
% Nsel             被选择个体的数目
% 输出:
% NewChrIx         被选择个体的索引号


[ Nind, ans ] = size( FitnV );
cumfit = cumsum( FitnV );
trials = cumfit( Nind )/Nsel * ( rand + ( 0:Nsel - 1 )' );
Mf = cumfit( :, ones( 1, Nsel ) );
Mt = trials( :, ones( 1, Nind ) )';
[ NewChrIx, ans ] = find( Mt < Mf & [ zeros( 1, Nsel ); Mf( 1: Nind - 1, : ) ] < = Mt );
[ ans, shuf ] = sort( rand( Nsel, 1 ) );
NewChrIx = NewChrIx( shuf );
```

10.3.4　交叉操作

交叉操作函数 Recombin 的代码:

```
function SelCh = Recombin( SelCh, Pc )
% % 交叉操作
% 输入:
% SelCh            被选择的个体
% Pc               交叉概率
% 输出:
% SelCh            交叉后的个体
```

```
NSel = size(SelCh, 1);
for i = 1:2:NSel − mod(NSel, 2)
    if Pc > = rand                          % 交叉概率 Pc
        [SelCh(i, :), SelCh(i + 1, :)] = intercross(SelCh(i, :), SelCh(i + 1, :));
    end
end
```

其中,函数 intercross 的代码为

```
function [a, b] = intercross(a, b)
% 输入:
% a 和 b 为两个待交叉的个体
% 输出:
% a 和 b 为交叉后得到的两个个体

L = length(a);
r1 = randsrc(1, 1, [1:L]);
r2 = randsrc(1, 1, [1:L]);
if r1 ~ = r2
    a0 = a; b0 = b;
    s = min([r1, r2]);
    e = max([r1, r2]);
    for i = s:e
        a1 = a; b1 = b;
        a(i) = b0(i);
        b(i) = a0(i);
        x = find(a = = a(i));
        y = find(b = = b(i));
        i1 = x(x ~ = i);
        i2 = y(y ~ = i);
        if ~ isempty(i1)
            a(i1) = a1(i);
        end
        if ~ isempty(i2);
            b(i2) = b1(i);
        end
    end
end
```

10.3.5 变异操作

变异操作函数 Mutate 的代码:

```
function SelCh = Mutate(SelCh, Pm)
%%变异操作
%输入:
% SelCh              被选择的个体
% Pm                 变异概率
%输出:
% SelCh              变异后的个体

[NSel, L] = size(SelCh);
for i = 1:NSel
    if Pm > = rand
        R = randperm(L);
        SelCh(i, R(1:2)) = SelCh(i, R(2:-1:1));
    end
end
```

10.3.6　进化逆转操作

进化逆转函数 Reverse 的代码:

```
function SelCh = Reverse(SelCh, D)
%%进化逆转函数
%输入:
% SelCh              被选择的个体
% D                  各城市的距离矩阵
%输出:
% SelCh              进化逆转后的个体

[row, col] = size(SelCh);
ObjV = PathLength(D, SelCh);                %计算路线长度
SelCh1 = SelCh;
for i = 1:row
    r1 = randsrc(1, 1, [1:col]);
    r2 = randsrc(1, 1, [1:col]);
    mininverse = min([r1 r2]);
    maxinverse = max([r1 r2]);
    SelCh1(i, mininverse:maxinverse) = SelCh1(i, maxinverse:-1:mininverse);
end
ObjV1 = PathLength(D, SelCh1);              %计算路线长度
index = ObjV1 < ObjV;
```

```
SelCh(index, :) = SelCh1(index, :);
```

10.3.7　画路线轨迹图

画出所给路线的轨迹图函数 DrawPath 的代码:

```
function DrawPath(Chrom, X)
%% 画路线图函数
% 输入:
% Chrom            待画路线
% X                各城市的坐标位置

R = [Chrom(1, :) Chrom(1, 1)];    % 一个随机解(个体)
figure;
hold on;
plot(X(:, 1), X(:, 2), 'o', 'color', [0.5, 0.5, 0.5])
plot(X(Chrom(1, 1), 1), X(Chrom(1, 1), 2), 'rv', 'MarkerSize', 20)
for i = 1:size(X, 1)
    text(X(i, 1) + 0.05, X(i, 2) + 0.05, num2str(i), 'color', [1, 0, 0]);
end
A = X(R, :);
row = size(A, 1);
for i = 2:row
    [arrowx, arrowy] = dsxy2figxy(gca, A(i - 1:i, 1), A(i - 1:i, 2));    % 坐标转换
    Annotation('textarrow', arrowx, arrowy, 'HeadWidth', 8, 'color', [0, 0, 1]);
end
hold off
xlabel('横坐标')
ylabel('纵坐标')
title('轨迹图')
box on
```

10.3.8　遗传算法主函数

主函数名为 GA_TSP,代码如下:

```
clear
clc
close all
X = [ 16.47, 96.10
    16.47, 94.44
```

```matlab
        20.09, 92.54
        22.39, 93.37
        25.23, 97.24
        22.00, 96.05
        20.47, 97.02
        17.20, 96.29
        16.30, 97.38
        14.05, 98.12
        16.53, 97.38
        21.52, 95.59
        19.41, 97.13
        20.09, 92.55];              %各城市的坐标位置
NIND = 100;                         %种群大小
MAXGEN = 200;
Pc = 0.9;                           %交叉概率
Pm = 0.05;                          %变异概率
GGAP = 0.9;                         %代沟(generation gap)
D = Distanse(X);                    %生成距离矩阵
N = size(D, 1);                     %(34 * 34)
%%初始化种群
Chrom = InitPop(NIND, N);
%%在二维图上画出所有坐标点
%figure
%plot(X(:, 1), X(:, 2), 'o');
%%画出随机解的路线图
DrawPath(Chrom(1, :), X)
pause(0.0001)
%%输出随机解的路线和总距离
disp('初始种群中的一个随机值:')
OutputPath(Chrom(1, :));
Rlength = PathLength(D, Chrom(1, :));
disp(['总距离:', num2str(Rlength)]);
disp(' -------------------------------------------------------------------')
%%优化
gen = 0;
figure;
hold on; box on
xlim([0, MAXGEN])
title('优化过程')
xlabel('代数')
ylabel('最优值')
ObjV = PathLength(D, Chrom);        %计算路线长度
```

```
preObjV = min( ObjV ) ;
while gen < MAXGEN
    %%计算适应度
    ObjV = PathLength( D, Chrom) ;      %计算路线长度
    %fprintf( '%d   %1. 10f\n', gen, min( ObjV) )
    Line( [gen - 1, gen], [preObjV, min( ObjV) ]) ; pause( 0. 0001 )
    preObjV = min( ObjV ) ;
    FitnV = Fitness( ObjV) ;
    %%选择
    SelCh = Select( Chrom, FitnV, GGAP) ;
    %%交叉操作
    SelCh = Recombin( SelCh, Pc) ;
    %%变异
    SelCh = Mutate( SelCh, Pm) ;
    %%逆转操作
    SelCh = Reverse( SelCh, D) ;
    %%重插入子代的新种群
    Chrom = Reins( Chrom, SelCh, ObjV) ;
    %%更新迭代次数
    gen = gen + 1
end
%%画出最优解的路线图
ObjV = PathLength( D, Chrom) ;           %计算路线长度
[minObjV, minInd] = min( ObjV) ;
DrawPath( Chrom( minInd( 1), :), X)
%%输出最优解的路线和总距离
disp( '最优解:')
p = OutputPath( Chrom( minInd( 1), :)) ;
disp( ['总距离:', num2str( ObjV( minInd( 1)))]) ;
disp( '--------------------------------------------------------------')
```

其中用到的计算距离函数 Distanse,其代码如下:

```
function D = Distanse( a)
%%计算两两城市之间的距离
%输入   a 各城市的位置坐标
%输出   D 两两城市之间的距离

row = size( a, 1) ;
D = zeros( row, row) ;
```

```
for i = 1:row
    for j = i + 1:row
        D(i, j) = ((a(i, 1) - a(j, 1))^2 + (a(i, 2) - a(j, 2))^2)^0.5;
        D(j, i) = D(i, j);
    end
end
```

输出路线函数 OutputPath,其代码如下:

```
function p = OutputPath(R)
%% 输出路线函数
% 输入　R　路线

R = [R, R(1)];
N = length(R);
p = num2str(R(1));
for i = 2:N
    p = [p,'→', num2str(R(i))];
end
disp(p)
```

计算个体路线长度函数 PathLength,其代码如下:

```
function len = PathLength(D, Chrom)
%% 计算个体的路线长度
% 输入:
% D        两两城市之间的距离
% Chrom    个体的轨迹

[row, col] = size(D);
NIND = size(Chrom, 1);
len = zeros(NIND, 1);
for i = 1:NIND
    p = [Chrom(i, :) Chrom(i, 1)];
    i1 = p(1: end - 1);
    i2 = p(2: end);
    len = (i, 1) = sum(D((i1 - 1) * col + i2));
end
```

重插入子代得到新种群的函数 Reins,其代码如下:

```
function Chrom = Reins(Chrom, SelCh, ObjV)
%%重插入子代的新种群
%输入:
% Chrom        父代的种群
% SelCh        子代种群
% ObjV         父代适应度
%输出:
% Chrom        组合父代与子代后得到的新种群

NIND = size(Chrom, 1);
NSel = size(SelCh, 1);
[TobjV, index] = sort(ObjV);
Chrom = [Chrom(index(1:NIND - NSel), :); SelCh];
```

10.3.9　结果分析

优化前的一个随机路线为 11→7→10→4→12→9→14→8→13→5→2→3→6→1→11。

总距离为 71.1144。

优化后的最优解路线为 5→4→3→14→2→1→10→9→11→8→13→7→12→6→5。

总距离为 29.3405。

优化迭代图如图 10.2 所示。

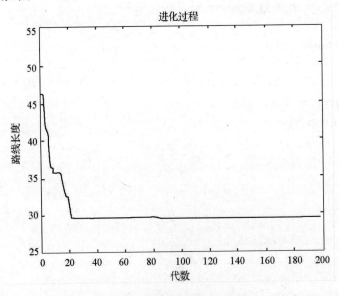

图 10.2　遗传算法进化过程图

由进化图可以看出,优化前后路径长度得到很大改进,80 代以后路径长度已经保持不变了,可以认为已经是最优解了,总距离由优化前的 71.1144 变为 29.3405,减为原来的 41.3%。

第 11 章　求解 TSP 问题的蚁群算法

蚁群算法是由意大利学者 Dorigo 等于 20 世纪 90 年代初提出的一种新的模拟进化算法,其真实地模拟了自然界蚂蚁群体的觅食行为。Dorigo 等将其用于解决旅行商问题(Traveling Salesman Problem, TSP),并取得了较好的实验结果。近年来,许多专家学者致力于蚁群算法的研究,并将其应用于交通、通信、化工、电力等领域,成功解决了许多组合优化问题,如调度问题、指派问题、旅行商问题等。本章将详细阐述蚁群算法的基本思想及原理,并以实例的形式介绍其应用于解决中国旅行商问题(Chinese TSP, CTSP)的情况。

11.1　理论基础

11.1.1　蚁群算法基本思想

生物学家研究发现,自然界中的蚂蚁觅食是一个群体性行为,并非单只蚂蚁自行寻找食物源。蚂蚁在寻找食物源时,会在其经过的路径上释放一种信息素,并能够感知其他蚂蚁释放的信息素。信息素浓度的大小表征路径的远近,信息素浓度越高,表示对应的路径距离越短。通常,蚂蚁会以较大的概率优先选择信息素浓度较高的路径,并释放一定量的信息素,以增强该条路径上的信息素浓度,这样会形成一个正反馈。最终,蚂蚁能够找到一条从巢穴到食物源的最佳路径,即最短距离。值得一提的是,生物学家同时发现,路径上的信息素浓度会随着时间的推进而逐渐衰减。

将蚁群算法应用于解决优化问题的基本思路为:用蚂蚁的行走路径表示待优化问题的可行解,整个蚂蚁群体的所有路径构成待优化问题的解空间。路径较短的蚂蚁释放的信息素量较多,随着时间的推进,较短的路径上累积的信息素浓度逐渐增高,选择该路径的蚂蚁个数也愈来愈多。最终,整个蚂蚁会在正反馈的作用下集中到最佳的路径上,此时对应的便是待优化问题的最优解。

11.1.2　蚁群算法解决 TSP 问题基本原理

本节将用数学语言对上述蚁群算法的基本思想进行抽象描述,并详细阐述蚁群算法用于解决 TSP 问题的基本原理。

不失一般性,设整个蚂蚁群体中蚂蚁的数量为 m,城市的数量为 n,城市 i 与城市 j 之

间的距离为 $d_{ij}(i,j=1,2,\cdots,n)$，t 时刻城市 i 与城市 j 连接路径上的信息素浓度为 $\tau_{ij}(t)$。初始时刻，各个城市间连接路径上的信息素浓度相同，不妨设为 $\tau_{ij}(0)=\tau_0$。

蚂蚁 $k(k=1,2,\cdots,m)$ 根据各个城市间连接路径上的信息素浓度决定其下一个访问城市，设 $P_{ij}^k(t)$ 表示 t 时刻蚂蚁 k 从城市 i 转移到城市 j 的概率，其计算公式为

$$P_{ij}^k = \begin{cases} \dfrac{[\tau_{ij}(t)]^\alpha \cdot [\eta_{ij}(t)]^\beta}{\sum\limits_{s\in allow_k}[\tau_{is}(t)]^\alpha \cdot [\eta_{is}(t)]^\beta}, & s\in allow_k \\ 0, & s\notin allow_k \end{cases} \tag{11.1}$$

其中，$\eta_{ij}(t)$ 为启发函数，$\eta_{ij}(t)=1/d_{ij}$，表示蚂蚁从城市 i 转移到城市 j 的期望程度；$allow_k(k=1,2,\cdots,m)$ 为蚂蚁 k 待访问城市的集合，开始时，$allow_k$ 中有 $(n-1)$ 个元素，即包括除了蚂蚁 k 出发城市的其他所有城市，随着时间的推进，$allow_k$ 中的元素不断减少，直至为空，即表示所有的城市均访问完毕；α 为信息素重要程度因子，其值越大，表示信息素的浓度在转移中起的作用越大；β 为启发函数重要程度因子，其值越大，表示启发函数在转移中的作用越大，即蚂蚁会以较大的概率转移到距离短的城市。

如前文所述，在蚂蚁释放信息素的同时，各个城市间连接路径上的信息素逐渐消失，设参数 $\rho(0<\rho<1)$ 表示信息素的挥发程度。因此，当所有蚂蚁完成一次循环后，各个城市间连接路径上的信息素浓度需进行实时更新，即

$$\begin{cases} \tau_{ij}(t+1)=(1-\rho)\tau_{ij}(t)+\Delta\tau_{ij} \\ \Delta\tau_{ij}=\sum\limits_{k=1}^n \Delta\tau_{ij}^k \end{cases}, \quad 0<\rho<1 \tag{11.2}$$

其中，$\Delta\tau_{ij}^k$ 表示第 k 只蚂蚁在城市 i 与城市 j 连接路径上释放的信息素浓度；$\Delta\tau_{ij}$ 表示所有蚂蚁在城市 i 与城市 j 连接路径上释放的信息素浓度之和。

针对蚂蚁释放信息素问题，Dorigo 等曾给出三种不同的模型，分别称之为 ant cycle system、ant quantity system 和 ant density system，其计算公式如下：

（1）ant cycle system 模型

ant cycle system 模型中，$\Delta\tau_{ij}^k$ 的计算公式为

$$\Delta\tau_{ij}^k = \begin{cases} Q/L_k, & \text{第 } k \text{ 只蚂蚁从城市 } i \text{ 访问城市 } j \\ 0, & \text{其他} \end{cases} \tag{11.3}$$

其中，Q 为常数，表示蚂蚁循环一次所释放的信息素总量；L_k 为第 k 只蚂蚁经过路径的长度。

（2）ant quantity system 模型

ant quantity system 模型中，$\Delta\tau_{ij}^k$ 的计算公式为

$$\Delta\tau_{ij}^k = \begin{cases} Q/d_{ij}, & \text{第 } k \text{ 只蚂蚁从城市 } i \text{ 访问城市 } j \\ 0, & \text{其他} \end{cases} \tag{11.4}$$

（3）ant density system 模型

ant density system 模型中，$\Delta\tau_{ij}^k$ 的计算公式为

$$\Delta\tau_{ij}^k = \begin{cases} Q, & \text{第 } k \text{ 只蚂蚁从城市 } i \text{ 访问城市 } j \\ 0, & \text{其他} \end{cases} \tag{11.5}$$

上述三种模型中,ant cycle system 模型利用蚂蚁经过路径的整体信息(经过路径的总长)计算释放的信息素浓度;ant quantity system 模型利用蚂蚁经过路径的局部信息(经过各个城市间的距离)计算释放的信息素浓度;而 ant density system 模型则更为简单地将信息素释放的浓度取为恒值,并没有考虑不同蚂蚁经过路径长短的影响。因此,一般选用 ant cycle system 模型计算释放的信息素浓度,即蚂蚁经过的路径越短,释放的信息素浓度越高。

11.1.3　蚁群算法解决 TSP 问题基本步骤

基于上述原理,将蚁群算法应用于解决 TSP 问题一般需要以下几个步骤,如图 11.1 所示。

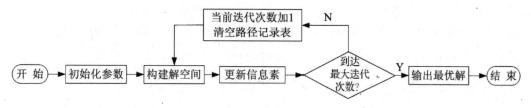

图 11.1　蚁群算法解决 TSP 问题基本步骤

1. 初始化参数

在计算之初,需要对相关的参数进行初始化,如蚁群规模(蚂蚁数量)m、信息素重要程度因子 α、启发函数重要程度因子 β、信息素挥发因子 ρ、信息素释放总量 Q、最大迭代次数 $iter\_max$、迭代次数初值 $iter = 1$。

2. 构建解空间

将各个蚂蚁随机地置于不同出发点,对每个蚂蚁 $k(k = 1,2,\cdots,m)$,按照式(11.1)计算其下一个待访问的城市,直到所有蚂蚁访问完所有的城市。

3. 更新信息素

计算各个蚂蚁经过的路径长度 $L_k(k = 1,2,\cdots,m)$,记录当前迭代次数中的最优解(最短路径)。同时,根据式(11.2)和式(11.3)对各个城市连接路径上的信息素浓度进行更新。

4. 判断是否终止

若 $iter < iter\_max$,则令 $iter = iter + 1$,清空蚂蚁经过路径的记录表,并返回步骤 2;否则,终止计算,输出最优解。

11.1.4　蚁群算法的特点

基于蚁群算法的基本思想及解决 TSP 问题的基本原理,不难发现,与其他优化算法相比,蚁群算法具有以下几个特点:

(1)采用正反馈机制,使得搜索过程不断收敛,最终逼近最优解。

(2)每个个体可以通过释放信息素来改变周围的环境,且每个个体能够感知周围环境的实时变化,个体间通过环境进行间接通讯。

(3) 搜索过程采用分布式计算方式,多个个体同时进行并行计算,大大提高了算法的计算能力和运行效率。

(4) 启发式的概率搜索方式不容易陷入局部最优,易于寻找到全局最优解。

11.2　案例背景

11.2.1　问题描述

按照枚举法,我国 31 个直辖市、省会和自治区首府的巡回路径应有约 1.326×10^{32} 种,其中一条路径如图 11.2 所示。试利用蚁群算法寻找到一条最佳或者较佳的路径。

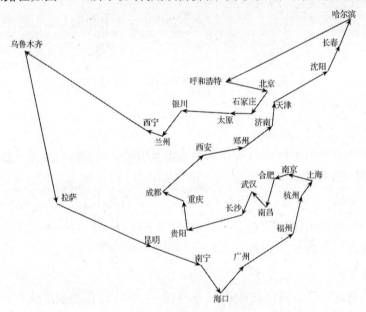

图 11.2　我国 31 个直辖市、省会和自治区首府(未包括我国香港、澳门及台湾) 巡回路径

11.2.2　解题思路及步骤

依据蚁群算法解决 TSP 问题的基本原理及步骤,实现中国 TSP 问题求解大体上可以分为以下几个步骤,如图 11.3 所示。

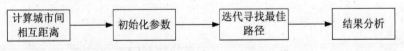

图 11.3　蚁群算法求解 TSP 问题一般步骤

1. 计算城市间相互距离

根据城市的位置坐标,计算两两城市间的相互距离,从而得到对称的距离矩阵(维数

为 31 的方阵)。需要说明的是,计算出的矩阵对角线上的元素为 0,然而如前文所述,由于启发函数 $\eta_{ij}(t) = 1/d_{ij}$,因此,为了保证分母不为零,将对角线上的元素修正为一个非常小的正数(如 10^{-4} 或 10^{-5} 等)。

2. 初始化参数

如前文所述,在计算之前,需要对相关的参数进行初始化,此处不再赘述。具体请参考本章 11.3.4 节程序实现部分。

3. 迭代寻找最佳路径

首先构建解空间,即各个蚂蚁根据转移概率公式(11.1)访问所有的城市。然后计算各个蚂蚁经过路径的长度,并在每次迭代后根据式(11.2)和式(11.3)实时更新各个城市连接路径上的信息素浓度。经过循环迭代,记录下最优的路径及其长度。

4. 结果分析

找到最优路径后,可以将之与其他方法得出的结果进行比较,从而对蚁群算法的性能进行评价。同时,也可以探究不同取值的参数对优化结果的影响,从而找到一组最佳或者较佳的参数组合。

11.3　MATLAB 程序实现

利用 MATLAB 中提供的函数,可以方便地在 MATLAB 环境下实现上述步骤。

11.3.1　清空环境变量

程序运行之前,清除工作空间 Workspace 中的变量及 Command Window 中的命令。具体程序如下:

```
%%清空环境变量
clear all
clc
```

11.3.2　导入数据

31 个城市的位置坐标(横坐标、纵坐标)保存在 citys_data. mat 文件中,变量 citys 为 31 行 2 列的数据,第 1 列表示各个城市的横坐标,第 2 列表示各个城市的纵坐标。具体程序如下:

```
%%导入数据
load citys_data. mat
```

11.3.3　计算城市间相互距离

利用城市的横、纵坐标,可以方便地计算出城市间的相互距离。如前文所述,距离矩阵 D 对角线上的元素设为 10^{-4} ,以便于计算启发函数。具体程序如下:

```
%%计算城市间相互距离
n = size(citys,1);
D = zeros(n,n);
for i = 1:n
    for j = 1:n
        if i ~ = j
            D(i, j) = sqrt(((citys(i,1) - citys(j,1))^2 + ((citys(i,2) - citys(j,2))^2);
        else
            D(i, j) = le( -4).
        end
    end
end
```

11.3.4　初始化参数

在计算之前,需要对参数进行初始化。同时,为了加快程序的执行速度,对于程序中涉及的一些过程变量,需要预分配其存储容量。具体程序如下:

```
%%初始化参数
m = 31;                              % 蚂蚁数量
alpha = 1;                           % 信息素重要程度因子
beta = 5;                            % 启发函数重要程度因子
rho = 0.1;                           % 信息素挥发因子
Q = 1;                               % 常系数
Eta = 1./D;                          % 启发函数
Tau = ones(n,n);                     % 信息素矩阵
Table = zeros(m,n);                  % 路径记录表
iter = 1;                            % 迭代次数初值
iter_max = 200;                      % 最大迭代次数
Route_best = zeros(iter_max,n);      % 各代最佳路径
Length_best = zeros(iter_max,1);     % 各代最佳路径的长度
Length_ave = zeros(iter_max,1);      % 各代路径的平均长度
```

11.3.5　迭代寻找最佳路径

迭代寻找最佳路径为整个算法的核心,首先逐个蚂蚁逐个城市访问,直至遍历所有城市,以构建问题的解空间,然后计算各个蚂蚁经过路径的长度,记录下当前迭代次数中的最佳路径,并实时对各个城市间连接路径上的信息素浓度进行更新,最终经过多次迭代,寻找到最佳路径。具体程序如下:

```matlab
%% 迭代寻找最佳路径
while iter < = iter_max
    % 随机产生各个蚂蚁的起点城市
        start = zeros(m,1);
        for i = 1:m
            temp = randperm(n);
            start(i) = temp(1);
        end
        Table(:,1) = start;
    % 构建解空间
        citys_index = 1:n;
    % 逐个蚂蚁路径选择
    for i = 1:m
        % 逐个城市路径选择
        for j = 2:n
            tabu = Table(i,1:j(1));              % 已访问的城市集合(禁忌表)
            allow_index = ~ ismember(citys_index,tabu);
            allow = citys_index(allow_index);    % 待访问的城市集合
            P = allow;
            % 计算城市间转移概率
            for k = 1:length(allow)
                P(k) = Tau(tabu(end),allow(k))^alpha * Eta(tabu(end),allow(k))^beta;
            end
            P = P/sum(P);
            % 轮盘赌法选择下一个访问城市
            Pc = cumsum(P);
            target_index = find(Pc > = rand);
            target = allow(target_index(1));
            Table(i, j) = target;
        end
    end
    % 计算各个蚂蚁的路径距离
    Length = zeros(m,1);
    for i = 1:m
        Route = Table(i,:);
        for j = 1:n(1)
            Length(i) = Length(i) + D(Route(j),Route(j+1));
        end
        Length(i) = Length(i) + D(Route(n),Route(1));
    end
    % 计算最短路径距离及平均距离
    if iter = = 1
```

$$[\text{min\_Length}, \text{min\_index}] = \min(\text{Length});$$

$$\text{Length\_best}(\text{iter}) = \text{min\_Length};$$

$$\text{Length\_ave}(\text{iter}) = \text{mean}(\text{Length});$$

$$\text{Route\_best}(\text{iter}, :) = \text{Table}(\text{min\_index}, :);$$

else

$$[\text{min\_Length}, \text{min\_index}] = \min(\text{Length});$$

$$\text{Length\_best}(\text{iter}) = \min(\text{Length\_best}(\text{iter} - 1), \text{min\_Length});$$

$$\text{Length\_ave}(\text{iter}) = \text{mean}(\text{Length});$$

if Length_best(iter) == min_Length

$$\text{Route\_best}(\text{iter}, :) = \text{Table}(\text{min\_index}, :);$$

else

$$\text{Route\_best}(\text{iter}, :) = \text{Route\_best}(\text{iter}(1), :);$$

end

end

end

% 更新信息素

$$\text{Delta\_Tau} = \text{zeros}(n, n);$$

% 逐个蚂蚁计算

for i = 1:m

% 逐个城市计算

for j = 1:n(1)

$$\text{Delta\_Tau}(\text{Table}(i, j), \text{Table}(i, j + 1)) = \text{Delta\_Tau}(\text{Table}(i, j), \text{Table}(i, j + 1)) + Q/\text{Length}(i);$$

end

$$\text{Delta\_Tau}(\text{Table}(i, n), \text{Table}(i, 1)) = \text{Delta\_Tau}(\text{Table}(i, n), \text{Table}(i, 1)) + Q/\text{Length}(i);$$

end

$$\text{Tau} = (1 - \text{rho}) * \text{Tau} + \text{Delta\_Tau};$$

% 迭代次数加 1,清空路径记录表

$$\text{iter} = \text{iter} + 1;$$

$$\text{Table} = \text{zeros}(m, n);$$

end

说明:

(1)变量 tabu 中存储的是已经访问过的城市编号集合,即所谓的"禁忌表",刚开始时其只存储起始城市编号,随着时间的推进,其中的元素愈来愈多,直至访问到最后一个城市为止。

(2)与变量 tabu 相反,变量 allow 中存储的是待访问的城市编号集合,刚开始时其存储了除起始城市编号外的所有城市编号,随着时间的推进,其中的元素愈来愈少,直至访问到最后一个城市为止。

(3)函数 ismember 用于判断一个变量中的元素是否在另一个变量中出现,具体用法请参考帮助文档,此处不再赘述。

(4)函数 cumsum 用于求变量中元素的累加和,具体用法请参考帮助文档,此处不再赘述。

（5）计算完城市间的转移概率后,采用与遗传算法中一样的轮盘赌方法选择下一个待访问的城市。

11.3.6　结果显示

为了更为直观地对结果进行观察和分析,将寻找到的最优路径及其长度显示在 Command Window 中。具体程序如下:

```
%%结果显示
[Shortest_Length,index] = min(Length_best);
Shortest_Route = Route_best(index,:);
disp(['最短距离:' num2str(Shortest_Length)]);
disp(['最短路径:' num2str([Shortest_Route Shortest_Route(1)])]);
```

由于各个蚂蚁的起始城市是随机设定的,因此每次运行的结果都会不同。某次运行的结果如下:

最短距离:15601.9195

最短路径:1　15　14　12　13　11　23　16　5　6　7　2　4　8　9　10　3　18
17　19　24　25　20　21　22　26　28　27　30　31　29　1

11.3.7　绘图

为了更为直观地对结果进行观察和分析,以图形的形式将结果显示出来。具体程序如下:

```
%%绘图
figure(1)
plot([citys(Shortest_Route,1);citys(Shortest_Route(1),1)],…
    [citys(Shortest_Route,2);citys(Shortest_Route(1),2)], 'o-');
grid on
for i = 1:size(citys,1)
    text(citys(i,1),citys(i,2),['  ' num2str(i)]);
end
text(citys(Shortest_Route(1),1),citys(Shortest_Route(1),2),'      起点');
text(citys(Shortest_Route(end),1),citys(Shortest_Route(end),2),'   终点');
xlabel('城市位置横坐标')
ylabel('城市位置纵坐标')
title(['蚁群算法优化路径(最短距离:'num2str(Shortest_Length)')'])
figure(2)
plot(1:iter_max,Length_best, 'b', 1:iter_max,Length_ave, 'r')
legend('最短距离', '平均距离')
xlabel('迭代次数')
```

ylabel('距离')
title('各代最短距离与平均距离对比')

与运行结果对应的路径如图11.4所示。从图中可以清晰地看到,自起点出发,每个城市访问一次,遍历所有城市后,返回起点。寻找到的最短路径为15601.9195km。

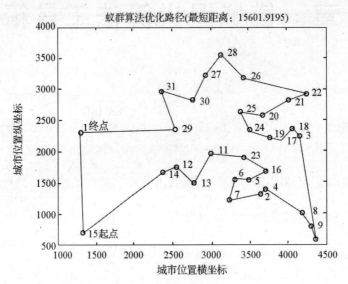

图11.4 蚁群算法优化路径

各代的最短距离与平均距离如图11.5所示,从图中不难发现,随着迭代次数的增加,最短距离与平均距离均呈现不断下降的趋势。当迭代次数大于112时,最短距离已不再变化,表示已经寻找到最佳路径。

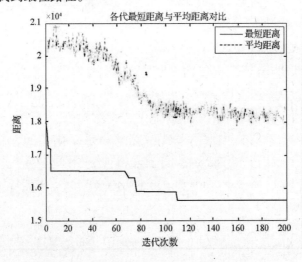

图11.5 各代的最短距离与平均距离对比

最新研究成果表明,中国TSP问题的最优解为15377km,因此,这里寻找到的最佳路径是局部最优解,而并非全局最优解。

第 12 章　模拟退火算法工具箱及应用

12.1　理论基础

12.1.1　模拟退火算法工具箱

在 R2009a 版本中,MATLAB 自带的遗传算法与直接搜索工具箱(Genetic Algorithm and Direct Search Toolbox, GADST)集成了模拟退火算法,此处将 GADST 的模拟退火算法部分称为模拟退火算法工具箱(Simulated Annealing Toolbox, SAT)。该工具箱位于 *MATLAB* 安装目录\toolbox\gads,本案例即围绕 SAT 展开。同第 6 章介绍的 GADST 一样,SAT 的使用也是相当的简单方便,其结构示意图如图 12.1 所示。可以看到,SAT 的使用只需调用主函数 simulannealbnd 即可,函数 simulannealbnd 则调用函数 simulanneal 对模拟退火问题进行求解。函数 simulanneal 依次调用函数 simulannealcommon 和函数 saengine,并最终得到最优解。在函数 saengine 中,SA 进行迭代搜索,直到满足一定的条件才退出。可以看出,在以上循环迭代过程中,函数 sanewpoint 和函数 saupdates 是关键函数,12.3 节将对其代码进行详细分析。

12.1.2　模拟退火算法的一些基本概念

1. 目标函数

目标函数(objective function)即是待优化的函数。在调用函数 simulannealbnd 运行模拟退火算法时,需要编写该目标函数的 M 文件。需要指出的是,SAT 是对目标函数取最小值进行优化的。对于最大值优化问题,只需将目标函数乘以 −1 即可化为最小值优化问题。

2. 温度

对于模拟退火算法来说,温度(temperature)是一个很重要的参数,它随着算法的迭代而逐步下降,以模拟固体退火过程中的降温过程。一方面,温度用于限制 SA 产生的新解与当前解之间的距离,也就是 SA 的搜索范围;另一方面,温度决定了 SA 以多大的概率接受目标函数值比当前解的目标函数值差的新解。

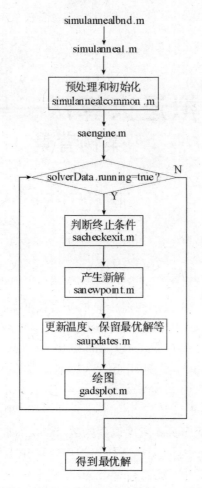

图 12.1　模拟退火算法工具箱(SAT)结构示意图

3. 退火进度表

退火进度表(annealing schedule)是指温度随着算法迭代的下降速度。退火过程越缓慢,SA 找到全局最优解的机会就越大,相应的运行时间也会增加。退火进度表包括初始温度(initial temperature)及温度更新函数(temperature update function)等参数。

4. Meteopolis 准则

Meteopolis 准则是指 SA 接受新解的概率。对于目标函数取最小值的优化问题,SA 接受新解的概率为

$$P(x \Rightarrow x') = \begin{cases} 1, & f(x') < f(x) \\ \exp\left[-\dfrac{f(x') - f(x)}{T}\right], & f(x') \geqslant f(x) \end{cases} \quad (12.1)$$

其中,x 为当前解;x'为新解;$f(\cdot)$表示解的目标函数值;T 为温度。

式(12.1)的含义是:对于当前解 x 和新解 x',若 $f(x') < f(x)$,则接受新解为当前解;

若 $\exp\left[-\dfrac{f(x')-f(x)}{T}\right]$ 大于 $(0,1)$ 区间的随机数,则仍然接受新解为当前解,否则,将拒绝新解而保留当前解。该过程不断重复,可以看到,开始时温度较高,SA 接受较差解的概率也相对较高,这使得 SA 有更大的机会跳出局部最优解,随着退火的进行,温度逐步下降,SA 接受较差解的概率变小。

12.2　案例背景

12.2.1　问题描述

问题为求 Rastrigin 函数的最小值。函数 Rastrigin 表述如下:

$$Ras(x)' = 20 + x_1^2 + x_2^2 - 10(\cos 2\pi x_1 + \cos 2\pi x_2) \tag{12.2}$$

其图形如图 12.2 所示,可以看到,函数 Rastrigin 有很多局部最小点及唯一一个全局最小点,即 $(0,0)$,此时的函数值为 0。

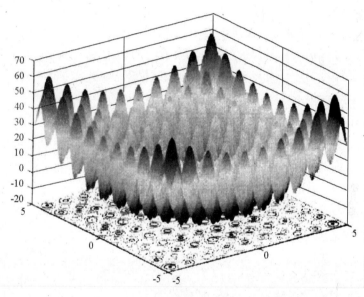

图 12.2　函数 Rastrigin

12.2.2　解题思路及步骤

这里将使用模拟退火算法工具箱(SAT)求函数 Rastrigin 的最小值。SAT 的使用有两种方式:GUI 方式和命令行方式。

1. GUI 方式使用 SAT

SAT 的 GUI 界面有以下两种打开方式:

(1)在 MATLAB 主界面的左下角依次单击:Start→Toolboxs→Genetic Algorithm and

Direct Search→Genetic Algorithm Tool,在 Slover 中选择"simulannealbnd-Simulated annealing algorithm"。

（2）在 Command Window 中输入以下命令：

≫ optimtool('simulannealbnd')

可以看到,SAT 的 GUI 界面与本书第 6 章介绍的内容一致,读者可以参考第 9 章图 9.3,这里不再重复介绍。

2. 命令行方式使用 SAT

模拟退火算法函数 simulannealbnd 的调用格式如下：

$[x, fval] = simulannealbnd(fun, x0, lb, ub, options)$

其中,x 为函数 simulannealbnd 得到的最优解;fval 为 x 对应的目标函数值;fun 为目标函数句柄,同函数 ga 一样,需要编写一个描述目标函数的 M 文件;x_0 为算法的初始搜索点;lb、ub 为解的上下限约束,可以表述为 $lb \leqslant x \leqslant ub$,当没有约束时,用"[ ]"表示即可。options 中需要对模拟退火算法进行一些设置,格式为

$options = saoptimset('Param1', value1, 'Param2', value2, \cdots);$

其中,Param1、Param2 等是需要设定的参数,比如最大迭代次数、初始温度、绘图函数等;value1、value2 等是 Param 的具体值。Param 有专门的表述方式,比如,最大迭代次数对应于 MaxIter,初始温度对应于 InitialTemperature 等,更多 Param 及 value 的专用表述方式可以使用"doc saoptimset"语句调出 Help 作为参考。

12.3 MATLAB 程序实现

本节将对图 12.1 中模拟退火算法的几个关键子函数进行详细分析。

12.3.1 介绍几个关键函数

1. 函数 sanewpoint

添加中文注释后的函数 sanewpoint 的代码如下：

```
function solverData = sanewpoint(solverData, problem, options)
optimvalues = saoptimStruct(solverData, problem);
newx = problem. x0;
try
    newx(:) = options. AnnealingFcn(optimvalues, problem);    % 产生新解
catch userFcn_ME
    gads_ME = MException('gads:callAnnealingFunction:invalidAnnealingFcn', ···
        'Failure in AnnealingFcn evaluation. ');
```

```
        userFcn_ME = addCause(userFcn_ME,gads_ME);
        rethrow(userFcn_ME)
    end
newfval = problem. objective(newx);
solverData. funccount = solverData. funccount + 1;
try
    if options. AcceptanceFcn(optimvalues,newx,newfval)    % 判断是否接受新解
        solverData. currentx(:) = newx;                    % 若接受新解,则进行相应的赋值
        solverData. currentfval = newfval;                 % 目标函数值同时更新
        solverData. acceptanceCounter = solverData. acceptanceCounter + 1;
                                                           % 接受的新点数目加 1,为判断是否
                                                             回火做准备
    end
catch userFcn_ME
    gads_ME = MException('gads:sanewpoint:invalidAcceptanceFcn',…
            'Failure in AnnealingFcn evaluation. ');
    userFcn_ME = addCause(userFcn_ME,gads_ME);
    rethrow(userFcn_ME)
end
```

可以看到,函数 sanewpoint 主要进行以下两个过程:调用函数 AnnealingFcn 产生新解以及调用函数 AcceptanceFcn 判断是否接受该新解。

2. 函数 AnnealingFcn

由函数 simulanneal 知,SAT 默认函数 AnnealingFcn 为函数 annealingfast,其添加中文注释后的代码如下:

```
function newx = annealingfast(optimValues,problem)
                                                    % 默认的退火函数,作用是产生新解
currentx = optimValues. x;                          % 当前解赋值
nvar = numel(currentx);                             % 解中的自变量个数
newx = currentx;
y = randn(nvar,1);                                  % 产生随机数
y = y. /norm(y);                                    % 映射值(-1,1)区间
newx(:) = currentx(:) + optimValues. temperature. * y;  % 在当前解的基础上产生新解,其中,
                                                      optimValues. temperature 为当前温度
newx = sahonorbounds(newx,optimValues,problem);    % 当解有上下限约束时,确保新解在约
                                                      束范围内
```

可以看到,新解的产生是在当前解的基础上加上一个偏移量,该偏移量为当前温度与(-1,1)区间映射后随机数的乘积。显然,当温度较高时,新解与当前解之间的距离,也

即 SA 的搜索范围较大,新点可以跳到离当前点较远的地方,随着退火的进行,温度逐步降低,算法的搜索范围随之变小。此外,函数 sahonorbounds 的作用是确保产生的新解在上下限约束范围内,对于没有约束的优化问题,该函数不起作用,添加中文注释后的代码如下:

```
function newx = sahonorbounds( newx,optimValues,problem)
% 作用是确保产生的新解在上下限约束范围内
if ~ problem. bounded                            % 对于没有约束的优化问题,不做处理
    return
end
xin = newx;                                      % 存储 newx
newx = newx( :);                                 % 转化为列向量
lb = problem. lb;                                % 下限约束
ub = problem. ub;                                % 上限约束
lbound = newx < lb;                              % 查看是否在下限范围之内
ubound = newx > ub;                              % 查看是否在上限范围之内
alpha = rand;                                    % 产生(0,1)区间的随机数
if any( lbound) || any( ubound)                  % 若有自变量不在约束范围内
    projnewx = newx;                             % 此时的 projnewx 不在约束范围内
    projnewx( lbound) = lb( lbound);             % 若某自变量超出下限范围,则将下限
                                                 %   范围值赋给该自变量,使 projnewx 满
                                                 %   足下限约束
    projnewx( ubound) = ub( ubound);             % 若某自变量超出上限范围,则将上限
                                                 %   范围值赋给该自变量,使 projnewx 满
                                                 %   足上限约束
    newx = alpha * projnewx + (1 - alpha) * optimValues. x( :);
% 此时的 projnewx 刚好在约束范围内,optimValues. x 即当前解,故产生的 newx 一定满足上下限约
   束条件
    newx = reshapeinput( xin,newx);              % 将 newx 转化回行向量
else
    newx = xin;                                  % 若在约束范围内,赋回刚才存储的
                                                 %   newx
end
```

可以看到,函数 sahonorbounds 函数的思想是:先将 projnewx 限制在上下限范围之内,再使产生的新解一部分(具体比例为 α)来自 projnewx,另一部分(具体比例为 $1-\alpha$)来自当前解,由于 projnewx 和该当前解都在约束范围内且 α 的范围为 $(0,1)$,故产生的新解也一定在约束范围内。该思想与遗传算法中的算术交叉操作有异曲同工之妙。

3. 函数 AcceptanceFcn

由函数 simulanneal 知,SAT 默认函数 AcceptanceFcn 为函数 acceptancesa,其添加中文

注释后的代码如下：

```
function acceptpoint = acceptancesa(optimValues,newx,newfval)
% SAT 采用的新解接受函数,作用是判断是否接受 AnnealingFcn 函数产生的新解
delE = newfval - optimValues.fval;                    % 新解的目标函数值与当前解的目标函
                                                        数值之差
if delE < 0                                           % 如果新解比当前解好,也就是说,新解
                                                        的目标函数值比当前解小
    acceptpoint = true;                               % 那么接受该新解
else                                                  % 否则,以一定的概率接受新解
    h = 1/(1 + exp(delE/max(optimValues.temperature)));  % 产生一个与当前温度及 delE 有关的值
    if h > rand                                       % 若该值大于(0,1)区间的随机数
        acceptpoint = true;                           % 那么接受该新解
    else
        acceptpoint = false;                          % 否则,拒绝该新解
  end
end
```

可以看到,在 SAT 中,模拟退火算法接受新解的概率采用 Boltzmann 概率分布,即

$$P(x \Rightarrow x') = \begin{cases} 1, & f(x') < f(x) \\ \dfrac{1}{1 + \exp\left[\dfrac{f(x') - f(x)}{T}\right]}, & f(x') \geqslant f(x) \end{cases} \qquad (12.3)$$

其中,x 为当前解;x' 为新解;$f(\cdot)$ 表示解的目标函数值;T 为温度。

式(12.3)的含义类似于式(12.1),这里不再赘述。

4. 更新函数 saupdates

添加中文注释后的函数 saupdates 的代码如下：

```
function solverData = saupdates(solverData,problem,options)
solverData.iteration = solverData.iteration + 1;      % 更新迭代次数
solverData.k = solverData.k + 1;                      % 更新退火参数 k
if solverData.acceptanceCounter = = options.ReannealInterval&&solverData.iteration ~ = 0
    solverData = reanneal(solverData,problem,options);  % 若 SA 接受的解的数目达到一定值,做
                                                          回火处理
end
optimvalues = saoptimStruct(solverData,problem);      % 参数传递
try
    solverData.temp = max(eps,options.TemperatureFcn(optimvalues,options));
                                                      % 温度更新
catch userFcn_ME
```

```
    gads_ME = MException('gads:saupdate:invalidTemperatureFcn',…
        'Failure in TemperatureFcn evaluation. ');
    userFcn_ME = addCause(userFcn_ME,gads_ME);
    rethrow(userFcn_ME)
end
if solverData.currentfval < solverData.bestfval
    solverData.bestx = solverData.currentx;                    %如果需要的话,更新最优解
    solverData.bestfval = solverData.currentfval;
end
solverData.bestfvals(end + 1) = solverData.bestfval;
if solverData.iteration > options.StallIterLimit
    solverData.bestfvals(1) = [];
end
```

可以看到,函数 saupdates 的主要作用是对迭代次数、最优解、温度等进行更新,并在一定条件下做回火处理(回火退火算法是模拟退火算法的一种变异,这里暂不讨论)。由函数 simulanneal 可知,SAT 默认的降温函数 TemperatureFcn 为 temperatureexp,即指数降温函数,添加中文注释后的代码如下:

```
function temperature = temperatureexp(optimValues,options)
                                     %指数降温函数,作用是更新模拟退火算法的温度
temperature = options.InitialTemperature. * .95.^optimValues.k;
                                     %温度更新
```

可以看到,指数降温函数采用以下公式更新模拟退火算法的温度:

$$T = 0.95^k T_0 \tag{12.4}$$

其中,T 为当前温度;T_0 为初始温度(事先设定,默认值为 100);k 为退火参数。

需要对 k 补充说明的是,对于迭代次数,SAT 中还有另一个参数 iteration,由于在参数初始化函数 samakedata 中,k 的初始值是 1,iteration 的初始值是 0,而在函数 saupdates 中两者同时加 1 更新,故在不考虑回火处理的条件下,k 值比 iteration 值大 1,此时可以认为 k 为当前迭代次数。

12.3.2　应用 SAT 求函数 Rastrigin 的最小值

使用 SAT 求解优化问题的第一步是编写目标函数的 M 文件。对于以上问题,目标函数代码如下,函数名为 my_first_SA:

```
function y = my_first_SA(x)
y = 20 + x(1)^2 + x(2)^2 - 10 * (cos(2 * pi * x(1)) + cos(2 * pi * x(2)));
```

编写好适应度函数的 M 文件之后,只需调用函数 simulannealbnd 即可使用模拟退火算法,使用命令行方式的语句如下:

```
clear
clc
ObjectiveFunction = @ my_first_SA;          % 目标函数句柄
X0 = [2.5 2.5];                              % 初始值
lb = [ -5  -5];                              % 变量下界
ub = [5 5];                                  % 变量上界
options = saoptimset ('MaxIter', 500, 'StallIterLim', 500, 'TolFun', le - 100, 'AnnealingFcn',
@ annealingfast, 'InitialTemperature', 100, 'TemperatureFcn', @ temperatureexp, 'ReannealInterval', 500,
'PlotFcns', {@ saplotbestx, @ saplotbestf, @ saplotx, @ saplotf});
[x, fval] = simulannealbnd(ObjectiveFunction, X0, lb, ub, options);
```

其中,ObjectiveFunction 是目标函数 M 文件的函数名;X0、lb、ub 分别为初始点、解的下限约束、上限约束。options 中的设置如下:

(1)算法终止条件:这里设置 StallIterLim 为 500,与 MaxIter 相同,同时设置 TolFun 为一个极小的值,用以保证算法在迭代 MaxIter = 500 次后停止,关于终止条件的详细说明,读者可以参考本书第 6 章,这里不再重复。

(2)退火参数:这里设置函数 AnnealingFcn 为 annealingfast,初始温度 InitialTemperature 为 100,降温函数 TemperatureFcn 采用指数降温 temperatureexp。需要指出的是,如前所述,以上退火参数设置都是 SAT 默认的,不进行上述设置也可,这里只是为了明确起见,另一方面也是为了便于需要时调整修改。另外,设置 ReannealInterval 与 MaxIter 相同,使回火的条件不能满足,即不进行回火处理。

(3)绘图函数:这里绘制最优解、最优解对应的目标函数值、当前解及当前解对应的目标函数值。

当然,也可以使用 GUI 方式调用函数 simulannealbnd,使用方法与本书第 6 章中所述方法相同,这里不再重复。

12.3.3 结果分析

运行模拟退火算法,得到的最优解目标函数值历程曲线和当前解目标函数值历程曲线分别如图 12.3 和图 12.4 所示,函数 simulannealbnd 返回的最优解及其对应的目标函数值在 Workspace 中,分别为

$$(x_1, x_2) = (-8.2734 \times 10^{-5}, 4.2540 \times 10^{-5})$$
$$y = 1.7170 \times 10^{-6}$$

需要强调的是,由于算法中使用了函数 randn 和函数 rand,因此,每次运行的结果是不一样的。

由图 12.3 可知,随着迭代的进行,模拟退火算法找到的最优解对应的目标函数值不

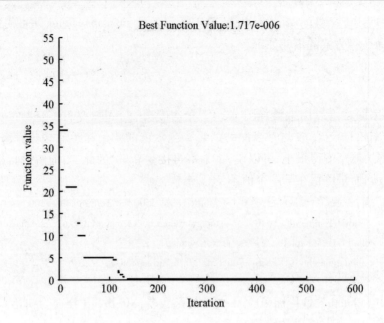

图 12.3　某次得到的最优解目标函数值历程曲线

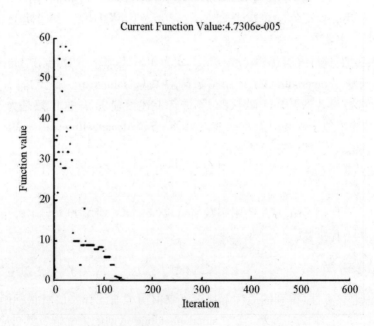

图 12.4　某次得到的当前解目标函数值历程曲线

断减小,直至最后收敛于 1.7170×10^{-6}。进一步地说,在迭代的初始阶段,SA 的优化效果明显,最优解对应的目标函数值下降很快,到迭代的中后期,SA 没有找到最优解。这是因为,在迭代初期,温度较高,SA 产生的新解与当前解之间的距离较大(见 12.3.1 节的函数 annealingfast),而且接受目标函数值比当前解差的新解的概率也相对较高(见 12.3.1 节的函数 acceptancesa),这使得此时的 SA 可以以较大的概率接受较大范围内的新解,因此可以跳到附近区域中比当前点低的区域,即找到更优解。随着迭代的进行,温度不断下降,SA 搜索的区域变小,接受新解的概率也变小,于是只能停留在当前的"低谷"内,找不到更优解。

　　上述原因同样可以用来解释图 12.4。在迭代初期,SA 接受目标函数值比当前解差的新解的概率相对较高,故此时当前解的目标函数值的变化和跳动较为频繁,到迭代后期,接受新解的概率变得很小,可以说,基本不再接受新解,因此,当前解的目标函数值不再变化和跳动,而是停留在某一个值不变。

第 13 章　求解 TSP 问题的
模拟退火算法

13.1　理论基础

13.1.1　模拟退火算法基本原理

模拟退火(Simulated Annealing, SA)算法的思想最早是由 Metropolis 等提出的,其出发点是基于物理中固体物质的退火过程与一般的组合优化问题之间的相似性。模拟退火法是一种通用的优化算法,其物理退火过程由以下三部分组成:

(1)加温过程。其目的是增强粒子的热运动,使其偏离平衡位置。当温度足够高时,固体将熔为液体,从而消除系统原先存在的非均匀状态。

(2)等温过程。对于与周围环境交换热量而温度不变的封闭系统,系统状态的自发变化总是朝自由能减少的方向进行的,当自由能达到最小时,系统达到平衡状态。

(3)冷却过程。使粒子热运动减弱,系统能量下降,得到晶体结构。

其中,加温过程对应算法的设定初温,等温过程对应算法的 Metropolis 抽样过程,冷却过程对应控制参数的下降。这里能量的变化就是目标函数,要得到的最优解就是能量最低态。Metropolis 准则是 SA 算法收敛于全局最优解的关键所在,Metropolis 准则以一定的概率接受恶化解,这样就使算法跳离局部最优的陷阱。

模拟退火算法为求解传统方法难处理的 TSP 问题提供了一个有效的途径和通用框架,并逐渐发展成一种迭代自适应启发式概率性搜索算法。模拟退火算法可以用以求解不同的非线性问题,对不可微甚至不连续的函数优化,能以较大概率求得全局优化解,该算法还具有较强的鲁棒性、全局收敛性、隐含并行性及广泛的适应性,并且能处理不同类型的优化设计变量(离散的、连续的和混合型的),不需要任何的辅助信息,对目标函数和约束函数没有任何要求。利用 Metropolis 算法并适当地控制温度下降过程,在优化问题中具有很强的竞争力,本章研究基于模拟退火算法的 TSP 算法。

SA 算法实现过程如下(以最小化问题为例):

(1)初始化:取初始温度 T_0 足够大,令 $T = T_0$,任取初始解 S_1,确定每个 T 时的迭代次数,即 Metropolis 链长 L。

(2)对当前温度 T 和 $k = 1, 2, \cdots, L$,重复步骤(3)~(6)。

（3）对当前解 S_1 随机扰动产生一个新解 S_2。

（4）计算 S_2 的增量 $\mathrm{d}f = f(S_2) - f(S_1)$，其中 $f(S_1)$ 为 S_1 的代价函数。

（5）若 $\mathrm{d}f < 0$，则接受 S_2 作为新的当前解，即 $S_1 = S_2$；否则计算 S_2 的接受概率 $\exp(-\mathrm{d}f/T)$，即随机产生 $(0,1)$ 区间上均匀分布的随机数 $rand$，若 $\exp(-\mathrm{d}f/T) > rand$，也接受 S_2 作为新的当前解，$S_1 = S_2$；否则保留当前解 S_1。

（6）如果满足终止条件 Stop，则输出当前解 S_1 为最优解，结束程序。终止条件 Stop 通常为：在连续若干个 Metropolis 链中新解 S_2 都没有被接受时终止算法，或是设定结束温度；否则按衰减函数衰减 T 后返回步骤（2）。

以上步骤称为 Metropolis 过程。逐渐降低控制温度，重复 Metropolis 过程，直至满足结束准则 Stop，求出最优解。

13.1.2 TSP 问题介绍

TSP 问题的介绍在第 4 章已经述及，这里不再赘述。

13.2 案例背景

13.2.1 问题描述

本章使用第 4 章问题描述中的数据来验证模拟退火算法的可行性。

13.2.2 解题思路及步骤

1. 算法流程

模拟退火算法求解 TSP 问题流程图如图 13.1 所示。

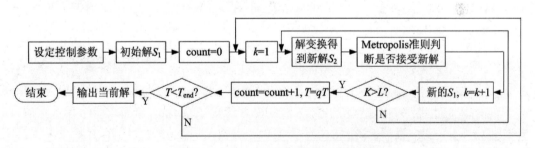

图 13.1 模拟退火算法求解流程框图

2. 模拟退火算法实现

（1）控制参数的设置

需要设置的主要控制参数有降温速率 q、初始温度 T_0、结束温度 Tend 以及链长 L。

（2）初始解

对于 n 个城市的 TSP 问题，得到的解就是对 $1 \sim n$ 的一个排序，其中每个数字为对应

城市的编号,如对 10 个城市的 TSP 问题{1,2,3,4,5,6,7,8,9,10},则|1|10|2|4|5|6|8|7|9|3 就是一个合法的解,采用产生随机排列的方法产生一个初始解 S。

(3)解变换生成新解

通过对当前解 S_1 进行变换,产生新的路径数组即新解,这里采用的变换是产生随机数的方法来产生将要交换的两个城市,用二邻域变换法产生新的路径,即新的可行解 S_2。

例如 $n = 10$ 时,产生两个 $[1,10]$ 范围内的随机整数 r_1 和 r_2,确定两个位置,将其对换位置,如 $r_1 = 4, r_2 = 7$,有

$$9\ 5\ 1\ \vdots\ 6\ \vdots\ 3\ 8\ \vdots\ 7\ \vdots\ 10\ 4\ 2$$

得到的新解为

$$9\ 5\ 1\ \vdots\ 7\ \vdots\ 3\ 8\ \vdots\ 6\ \vdots\ 10\ 4\ 2$$

(4)Metropolis 准则

若路径长度函数为 $f(S)$,则当前解的路径为 $f(S_1)$,新解的路径为 $f(S_2)$,路径差为 $df = f(S_2) - f(S_1)$,则 Metropolis 准则为

$$P = \begin{cases} 1, & df < 0 \\ \exp\left(-\dfrac{df}{T}\right), & df \geq 0 \end{cases}$$

如果 $df < 0$,则以概率 1 接受新的路径;否则以概率 $\exp(-df/T)$ 接受新的路径。

(5)降温

利用降温速率 q 进行降温,即 $T = qT$,若 T 小于结束温度,则停止迭代输出当前状态,否则继续迭代。

13.3 MATLAB 程序实现

13.3.1 计算距离矩阵

利用给出的 N 个城市的坐标,算出 N 个城市的两两之间的距离,得到距离矩阵($N \times N$)。计算函数为 Distance,得到初始种群。

```
function D = Distanse( a)
%%计算两两城市之间的距离
% 输入    a    各城市的位置坐标
% 输出    D    两两城市之间的距离
row = size( a,1) ;
D = zeros( row,row) ;
for i = 1:row
    for j = i + 1:row
        D(i,j) = ((a(i,1) - a(j,1))^2 + (a(i,2) - a(j,2))^2)^0.5;
        D(j,i) = D(i,j);
```

```
        end
    end
```

13.3.2　初始解

初始解的产生直接使用 MATLAB 自带的函数 randperm，其用法如下：

例如，城市个数为 N，则产生初始解：

$S_1 = \text{randperm}(N);$ %随机产生一个初始路线

13.3.3　生成新解

解变换生成新解函数为 NewAnswer，程序代码如下：

```
function S₂ = NewAnswer(S₁)
%% 输入
% S₁:当前解
%% 输出
% S₂:新解
N = length(S₁);
S₂ = S₁;
a = round(rand(1,2) * (N - 1) + 1);        %产生两个随机位置用来交换
W = S₂(a(1));
S₂(a(1)) = S₂(a(2));
S₂(a(2)) = W;                              %得到一个新路线
```

13.3.4　Metropolis 准则函数

Metropolis 准则函数为 Metropolis，程序代码如下：

```
function[S,R] = Metropolis(S₁,S₂,D,T)
%% 输入：
% S₁    当前解
% S₂    新解
% D     距离矩阵(两两城市之间的距离)
% T     当前温度
%% 输出：
% S     下一个当前解
% R     下一个当前解的路线距离
%%
R₁ = PathLength(D,S₁);                     %计算路线长度
N = length(S₁);                            %得到城市的个数
```

```
R₂ = PathLength(D,S₂);                    % 计算路线长度
dC = R₂ - R₁;                             % 计算能量之差
if dC < 0                                 % 如果能量降低,则接受新路线
   S = S₂;
   R = R₂;
  elseif exp(-dC/T) > = rand              % 以 exp(-dC/T)概率接受新路线
     S = S₂;
     R = R₂;
     else                                 % 不接受新路线
     S = S₁;
     R = R₁;
end
```

13.3.5　画路线轨迹图

画出给的路线的轨迹图函数为 DrawPath,程序代码如下:

```
function DrawPath(Chrom,X)
%% 画路线图函数
% 输入
% Chrom    待画路线
% X        各城市坐标位置

R = [Chrom(1,:) Chrom(1,1)];              % 一个随机解(个体)
figure;
hold on
plot(X(:,1),X(:,2), 'o', 'color', [0.5,0.5,0.5])
plot(X(Chrom(1,1),1), X(Chrom(1,1),2) 'rv', 'MarkerSize', 20)
for i = 1:size(X,1)
   text(X(i,1)+0.05,X(i,2)+0.05,num2str(i), 'color',[1,0,0]);
end
A = X(R,:);
row = size(A,1);
for i = 2:row
   [arrowx,arrowy] = dsxy2figxy(gca,A(i-1:i,1),A(i-1:i,2));      % 坐标转换
   annotation('textarrow',arrowx,arrowy, 'headWidth',8, 'color',[0,0,1]);
end
hold off
xlabel('横坐标')
ylabel('纵坐标')
title('轨迹图')
box on
```

13.3.6　输出路径函数

将得到的路径输出显示在 Command Window 中,函数名为 OutputPath,程序代码如下:

```
function p = OutputPath(R)
%%输出路径函数
%输入:R 路径
R = [R,R(1)];
N = length(R);
p = num2str(R(1));
for i = 2:N
    p = [p, '→', num2str(R(i))];
end
disp(p)
```

13.3.7　可行解路线长度函数

计算可行解的路线长度函数为 PathLength,程序代码如下:

```
function len = PathLength(D,Chrom)
%%计算各个体的路线长度
%输入:
%D              两两城市之间的距离
%Chrom          个体的轨迹
[row,col] = size(D);
NIND = size(Chrom,1);
len = zeros(NIND,1);
for i = 1:NIND
    p = [Chrom(i,:) Chrom(i,1)];
    i1 = p(1:end-1);
    i2 = p(2:end);
    len(i,1) = sum(D((i1-1)*col+i2));
end
```

13.3.8　模拟退火算法主函数

模拟退火算法参数设置如表 13.1 所示。

表 13.1　参数设定

降温速率 q	初始温度 T_0	结束温度 T_{end}	链长 L
0.9	1000	0.001	200

主函数代码如下:

```
clc;
clear;
close all;
%%
tic
T0 = 1000;                    %初始温度
Tend = 1e - 3;                %终止温度
L = 200;                      %各温度下的迭代次数(链长)
q = 0.9;                      %降温速率
X = [16.470096.1000
      16.470094.4400
      20.090092.5400
      22.390093.3700
      25.230097.2400
      22.000096.0500
      20.470097.0200
      17.200096.2900
      16.300097.3800
      14.050098.1200
      16.530097.3800
      21.520095.5900
      13.410097.1300
      20.090092.5500];

%%
D = Distanse(X);              %计算距离矩阵
N = size(D,1);                %城市的个数
%%初始解
S1 = randperm(N);             %随机产生一个初始路线

%%画出随机解的路径图
DrawPath(S1,X)
pause(0.0001)
%%输出随机解的路径和总距离
disp('初始种群中的一个随机值:')
OutputPath(S1);
Rlength = PathLength(D,S1);
disp(['总距离:',num2str(Rlength)]);
%%计算迭代的次数 Time
```

```
Time = ceil( double( solve( ['1000 * (0.9)^x = ', num2str( Tend ) ] ) ) );
count = 0;                                      % 迭代计数
Obj = zeros( Time, 1 );                         % 目标值矩阵初始化
track = zeros( Time, N );                       % 每代的最优路线矩阵初始化
%% 迭代
while T0 > Tend
    count = count + 1;                          % 更新迭代次数
    temp = zeros( L, N + 1 );
    for k = 1:L
        %% 产生新解
        S2 = NewAnswer( S1 );
        %% Metropolis 法则判断是否接受新解
        [ S1, R ] = Metropolis( S1, S2, D, T0 ); % Metropolis 抽样算法
        temp( k, : ) = [ S1 R ];                 % 记录下一路线及其路程
    end
    %% 记录每次迭代过程的最优路线
    [ d0, index ] = min( temp( : , end ) );      % 找出当前温度下最优路线
    if count = = 1 | | d0 < Obj( count - 1 )
        Obj( count ) = d0;                       % 如果当前温度下最优路程小于上一路程,则记录当前
                                                 %   路程
    else
        Obj( count ) = Obj( count - 1 );         % 如果当前温度下最优路程大于上一路程,则记录上一
                                                 %   路程
    end
    track( count, : ) = temp( index, 1:end - 1 ); % 记录当前温度的最优路线
    T0 = q * T0;                                 % 降温
    fprintf( 1, '%d\n', count )                  % 输出当前迭代次数
end
%% 优化过程迭代图
figure
plot( 1:count, Obj )
xlabel( '迭代次数' )
ylabel( '距离' )
title( '优化过程' )


%% 最优解的路径图
DrawPath( track( end, : ), X )


%% 输出最优解的路线和总距离
disp( '最优解:' )
S = track( end, : );
```

```
p = OutputPath(S);
disp(['总距离:',num2str(PathLength(D,S))]);
disp('- - - - - - - - - - - - - - - - - - - - - - - - - - - - - - - - - - - - - -')
toc
```

13.3.9　结果分析

优化前的一个随机路线为 11→14→3→9→6→4→13→7→8→1→12→5→2→10→11。
总距离为 56.0122。

优化后的最优解路线为 10→9→11→8→13→7→12→6→5→4→3→14→2→1→10。
总距离为 29.3405。

优化迭代过程如图 13.2 所示。

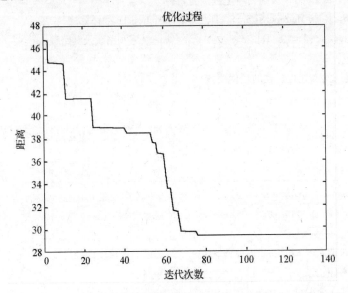

图 13.2　模拟退火算法进化过程图

由图 13.2 可以看出,优化前后路径长度得到很大改进,由优化前的 56.0122 变为 29.3405,变为原来的 52.4%,80 代以后路径长度已经保持不变了,可以认为已经是最优解了。

上面的程序中城市数只有 14 个,对于更多的城市,坐标随意的城市也是可以计算的,例如 $N = 50$,坐标 X 使用随机数产生:

$X = rand(N,2) * 10;$

这时调整对应的参数,如表 13.2 所示。

表 13.2　参数设定

降温速率 q	初始温度 T_0	结束温度 T_{end}	链长 L
0.98	1 000	0.001	400

即可得到如下结果：优化前的轨迹如图 13.3 所示，优化后的轨迹如图 13.4 所示。

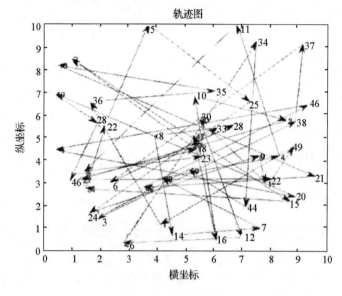

图 13.3　随机路线图

对于城市数目比较大的情况，得到的优化结果很可能就不再是最优解，但是从图 13.4 的轨迹图可以看出所得结果已经很接近最优解了。

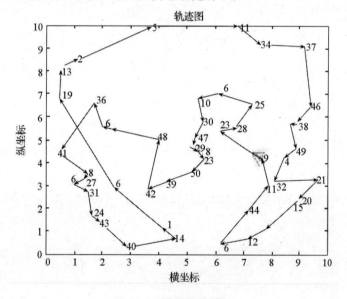

图 13.4　最优解路线图

优化迭代过程如图 13.5 所示。

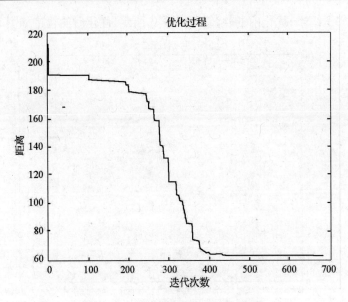

图 13.5　模拟退火算法进化过程图

第 14 章 基于 PSO 工具箱的 函数寻优算法

14.1 理论基础

14.1.1 工具箱介绍

粒子群算法具有操作简单、算法搜索效率较高等优点,该算法对待优化函数没有连续可微的要求,算法通用性较强,对多变量、非线性、不连续及不可微的问题求解有较大的优势。PSO 工具箱由美国北卡罗来纳州立大学航天航空与机械系教授 Brian Birge 开发,该工具箱将 PSO 算法的核心部分封装起来,提供给用户的为算法的可调参数,用户只需要定义需要优化的函数,并设置好函数自变量的取值范围、每步迭代允许的最大变化量等,即可进行优化。

14.1.2 工具箱函数解释

PSO 工具箱中包括的主要函数如表 14.1 所示。

表 14.1 函数名称及功能

函数名称	函数功能	函数名称	函数功能
goplotpso	绘图函数	Normmat	格式化矩阵数据函数
pso_Trelea_vectorized	粒子群优化主函数	linear_dyn, spiral_dyn	时间计算函数
forcerow. m, forcecol	向量转化函数		

该工具箱的主要函数是 pso_Trelea_vectorized,通过配置该函数的输入参数,即可进行函数的优化,函数 pso_Trelea_vectorized 一共包含 8 个参数,具体解释如下:

$[optOUT, tr, te] = pso\_Trelea\_vectorized(functname, D, mv, VarRange, minmax, PSOparams, plotfcn, PSOseedValue)$

(1) functname:优化函数名称。

(2) D:待优化函数的维数。

(3) mv:最大速度取值范围。

（4）VarRange：粒子位置取值范围。

（5）minmax：寻优参数，决定寻找的是最大化模型、最小化模型还是和某个值最接近。当 minmax = 1 时，表示算法寻找最大化目标值；当 minmax = 0 时，表示算法寻找最小化目标值；当 minmax = 2 时，表示算法寻找的目标值与 PSOparams 数组中的第 12 个参数最相近。

（6）plotfcn：绘制图像函数，默认为"goplotpso"。

（7）PSOseedValue：初始化粒子位置，当 PSOparams 数组中的第 13 个参数为 0 时，该参数有效。

（8）PSOparams：算法中具体用到的参数，为一个 13 维的数组，如下所示：

PSOparams = [100 2000 24 2 2 0.9 0.4 1500 le – 25 250 NaN 0 0]

其中各参数的作用如下：

PSOparams 中的第 1 个参数表示 MATLAB 命令窗显示的计算过程的间隔数，100 表示算法每迭代 100 次显示一次运算结果，如取值为 0，不显示计算中间过程。

PSOparams 中的第 2 个参数表示算法的最大迭代次数，在满足最大迭代次数后算法停止，此处表示最大迭代次数为 2000。

PSOparams 中的第 3 个参数表示种群中个体数目，种群个体越多，越容易收敛到全局最优解，但算法收敛速度越慢，此处表示种群个体数为 24。

PSOparams 中的第 4 个参数、第 5 个参数为算法的加速度参数，分别影响局部最优值和全局最优值，一般采用默认值 2。

PSOparams 中的第 6 个参数、第 7 个参数表示算法开始和结束时的权值，其他时刻的权值通过线性计算求得，此处表示算法开始时的权值为 0.9，算法结束时的权值为 0.4。

PSOparams 中的第 8 个参数表示当迭代次数超过该值时，权值取 PSOparams 中的第 6 个参数和 PSOparams 中的第 7 个参数的小值。

PSOparams 中的第 9 个参数表示算法终止阈值，当连续两次迭代中对应种群最优值变化小于此阈值时，算法终止，此处值为 le – 25。

PSOparams 中的第 10 个参数表示用于终止算法的阈值。当连续 250 次迭代中函数的梯度值仍然没有变化，则退出迭代。

PSOparams 中的第 11 个参数表示优化问题是否有约束条件，取 NaN 时表示为非约束下的优化问题。

PSOparams 中的第 12 个参数表示使用粒子群算法类型。

PSOparams 中的第 13 个参数表示种群初始化是否采用指定的随机种子，0 表示随机产生种子，1 表示用户自行产生种子。

14.2　案例背景

14.2.1　问题描述

本案例寻优的函数为

$$z = 0.5(x-3)^2 + 0.2(y-5)^2 - 0.1 \tag{14.1}$$

该函数的最小值点为 -0.1，对应的点坐标为 $(3,5)$。

14.2.2　工具箱设置

PSO 工具箱路径设置分为两步。

（1）在 MATLAB 的菜单栏单击"File→Set Path"，如图 14.1 所示。

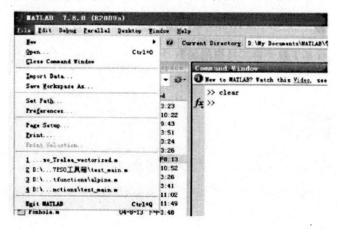

图 14.1　路径设置步骤 1

（2）在弹出的对话框中单击"Add Folder"按钮，然后找到工具箱放置的位置，如图 14.2 所示。

图 14.2　路径设置步骤 2

14.3　MATLAB 程序实现

14.3.1　适应度函数

适应度函数用于计算粒子的适应度值,程序代码如下:

```
function fitness = test_func( individual )
%%计算粒子的适应度值
% individual         input        粒子个体
% fitness            output       适应度值

x = individual( :,1 );
y = individual( :,2 );
for i = 1:size( individual,1 )
    fitness(i,:) = 0.5 * (x(i) - 3)^2 + 0.2 * (y(i) - 5)^2 - 0.1;
end
```

14.3.2　主函数

主函数编程实现基于粒子群工具箱的函数寻优,程序代码如下:

```
%%清空环境
clear
clc


%%参数初始化
x_range = [ -50,50 ];                   % 参数 x 变化范围
y_range = [ -50,50 ];                   % 参数 y 变化范围
range = [ x_range;y_range ];            % 参数变化矩阵
Max_V = 0.2 * ( range( :,2 ) - range( :,1 ) );   % 最大速度
n = 2;                                  % 函数维数

%算法参数
PSOparams = [ 25 2000 24 2 2 0.9 0.4 1500 le - 25 250 NaN 0 0 ];

%%粒子群寻优
pso_Trelea_vectorized( 'test_func', n, Max_V, range, 0, PSOparams )
```

14.3.3 仿真结果

本案例求解函数,其算法的基本参数设置为:种群中个体数目为 24,算法进化次数为 2000,加速度参数为 2,初始权值为 0.9,结束权值为 0.4,权值线性变化,算法每次迭代的终止阈值为 1e − 25,采用标准粒子群算法,随机产生初始化种群。

算法经过仿真,得到的最优值为(3,5),对应的最优适应度值为 − 0.1,算法仿真过程如图 14.3 所示。

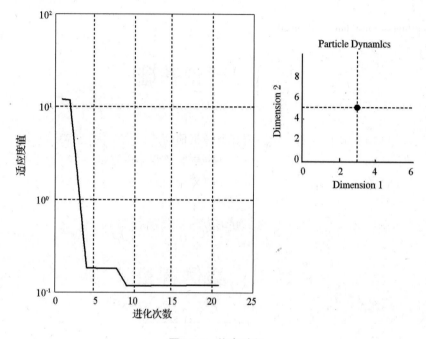

图 14.3 仿真过程

从仿真过程可以看出,PSO 工具箱能够快速找到函数的极小值点,并且搜索速度较快,算法很快收敛。

第 15 章　求解 TSP 问题的混合粒子群算法

15.1　理论基础

标准粒子群算法通过追随个体极值和群体极值完成极值寻优,虽然操作简单,且能够快速收敛,但是随着迭代次数的不断增加,在种群收敛集中的同时,各粒子也越来越相似,可能在局部最优解周边无法跳出。混合粒子群算法摒弃了传统粒子群算法中的通过跟踪极值来更新粒子位置的方法,而且引入了遗传算法中的交叉和变异操作,通过粒子同个体极值和群体极值的交叉以及粒子自身变异的方式来搜索最优解。

15.2　案例背景

15.2.1　问题描述

旅行商问题(Traveling Salesman Problem,TSP)又译为旅行推销员问题、货郎担问题,简称为 TSP,是最基本的路线问题,该问题寻求单一旅行者由起点出发,通过所有给定的需求点之后,最后再回到起点的最小路径成本,最早的旅行商问题的数学模型是由 Dantzig 等提出。旅行商问题是车辆路线问题(VRP)的特例,已证明旅行商问题是 NP 难题。

15.2.2　算法流程

基于混合粒子群算法的 TSP 算法流程如图 15.1 所示。

图 15.1　混合粒子群算法流程

其中,种群初始化模块初始化粒子群种群;适应度值计算模块计算粒子群个体的适应度值;更新粒子模块根据粒子适应度值更新个体最优粒子和群体最优粒子;个体最优交叉把个体和个体最优粒子进行交叉得到新粒子;群体最优交叉把个体和群体最优粒子进行交叉得到新粒子;粒子变异是指粒子自身变异得到新粒子。

15.2.3　算法实现

1. 个体编码

粒子个体编码采用整数编码的方式,每个粒子表示历经的所有城市,比如当历经的城市数为 10,个体编码为[9 4 2 1 3 7 6 10 8 5],表示城市遍历从 9 开始,经过 4,2,1,3,…最终返回城市 9,从而完成 TSP 遍历。

2. 适应度值

粒子适应度值表示为遍历路径的长度,计算公式为

$$fitness(i) = \sum_{i,j=1}^{n} path_{i,j} \tag{15.1}$$

其中,n 为城市数量;$path_{i,j}$ 为城市 i,j 间路径长度。

3. 交叉操作

个体通过和个体极值和群体极值交叉来更新,交叉方法采用整数交叉法。首先选择两个交叉位置,然后把个体和个体极值或个体与群体极值进行交叉,假定随机选取的交叉位置为 3 和 5,操作方法如下:

个体 -[9 1 2 1 3 7 6 4 0 8 5]
极值 -[9 2 1 6 3 7 4 1 0 8 5]　$\xrightarrow{交叉}$　新个体 -[9 4 1 6 3 7 6 1 0 8 5]

产生的新个体如果存在重复位置则进行调整,调整方法为用个体中未包括的城市代替重复包括的城市,如下所示:

[9 4 1 6 3 7 6 1 0 8 5]　$\xrightarrow{调整}$　[9 4 2 1 3 7 6 1 0 8 5]

对得到的新个体采用了保留优秀个体策略,只有当新粒子适应度值好于旧粒子时才更新粒子。

4. 变异操作

变异方法采用个体内部两位互换方法,首先随机选择变异位置 $pos1$ 和 $pos2$,然后把两个变异位置互换,假设选择的变异位置为 2 和 4,变异操作如下所示:

[9 4 2 1 3 7 6 1 0 8 5]　$\xrightarrow{变异}$　[9 1 2 4 3 7 6 1 0 8 5]

对得到的新个体采用了保留优秀个体策略,只有当新粒子适应度值好于旧粒子时才更新粒子。

15.3　MATLAB 程序实现

根据混合粒子群算法原理,在 MATLAB 中编程实现基于混合粒子群的 TSP 搜索算法。

15.3.1 适应度函数

适应度函数计算个体适应度值,个体适应度值为路径总长度,代码如下:

```
function indiFit = fitness( x,cityCoor,cityDist )
%% 该函数用于计算个体适应度值
% x            input            个体
% cityCoor     input            城市坐标
% cityDist     input            城市距离
% indiFit      output           个体适应度值


m = size( x,1 );
n = size( cityCoor,1 );
indiFit = zeros( m,1 );
for i = 1:m
    for j = 1:n − 1
        indiFit(i) = indiFit(i) + cityDist( x(i, j),x(i, j + 1) );
    end
    indiFit(i) = indiFit(i) + cityDist( x(i,1),x(i,n) );
end
```

15.3.2 粒子初始化

粒子初始化步骤初始化粒子,计算粒子适应度值,并根据适应度值确定个体最优粒子和群体最优粒子。程序代码如下:

```
nMax = 100;                          % 进化次数
indiNumber = 100;                    % 个体数目
for i = 1:indiNumber
    individual(i,:) = randperm(n);   % 粒子位置
end


%% 计算种群适应度
indiFit = fitness( individual,cityCoor,cityDist );
[ value,index ] = min( indiFit );
tourPbest = individual;                          % 当前个体最优
tourGbest = individual( index,: );               % 当前全局最优
recordPbest = inf ∗ ones( 1,indiNumber );        % 个体最优记录
recordGbest = indiFit( index );                  % 群体最优记录
```

15.3.3　交叉操作

交叉操作把粒子同个体极值和群体极值进行交叉,从而得到较好的个体,交叉操作代码如下:

```
%%交叉操作
for i = 1:indiNumber
%%与个体最优进行交叉
c1 = unidrnd(n - 1);                  %产生交叉位
c2 = unidrnd(n - 1);                  %产生交叉位
while c1 = = c2
    c1 = round(rand * (n - 2)) + 1;
    c2 = round(rand * (n - 2)) + 1;
end
chb1 = min(c1,c2);
chb2 = max(c1,c2);
cros = tourPbest(i,chb1:chb2);        %交叉区域矩阵
ncros = size(cros,2);                 %交叉区域元素个数
%删除与交叉区域相同的元素
for j = 1:ncros
    for k = 1:n
        if xnew1(i,k) = = cros(j)
            xnew1(i,k) = 0;
            for t = 1:n - k
                temp = xnew1(i,k + t - 1);
                xnew1(i,k + t - 1) = xnew1(i,k + t);
                xnew1(i,k + t) = temp;
            end
        end
    end
end
%插入交叉区域
xnew1(i,n - ncros + 1:n) = cros;
%新路径长度短则接受
dist = 0;
for j = 1:n - 1
    dist = dist + cityDist(xnew1(i, j),xnew1(i, j + 1));
end
dist = dist + cityDist(xnew1(i,1),xnew1(i,n));
if indiFit(i) > dist
    individual(i,:) = xnew1(i,:);
end
```

15.3.4　变异操作

变异操作对自身进行变异,从而得到更好的个体。变异操作代码如下:

```
%%变异操作
c1 = round( rand * ( n - 1)) + 1;          %产生变异位
c2 = round( rand * ( n - 1)) + 1;          %产生变异位
while c1 = = c2
      c1 = round( rand * ( n - 2)) + 1;
      c2 = round( rand * ( n - 2)) + 1;
end
temp = xnew1( i,c1);
xnew1( i,c1) = xnew1( i,c2);
xnew1( i,c2) = temp;

%新路径长度短则接受
dist = 0;
for j = 1:n - 1
      dist = dist + cityDist( xnew1( i, j) ,xnew1( i, j + 1));
end
dist = dist + cityDist( xnew1( i,1) ,xnew1( i,n));
if indiFit( i) > dist
      individual( i,:) = xnew1( i,:);
end
```

15.3.5　仿真结果

采用混合粒子群算法规划 TSP 路径,各城市的初始位置如图 15.2 所示。

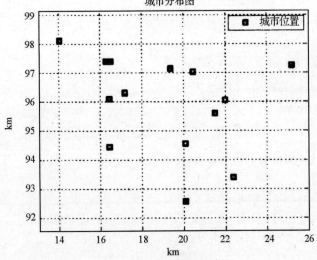

图 15.2　城市初始位置

　　混合粒子群算法的进化次数为 100, 种群规模为 100, 算法进化过程中最优粒子适应度值变化和规划出的最优路径如图 15.3 和图 15.4 所示。

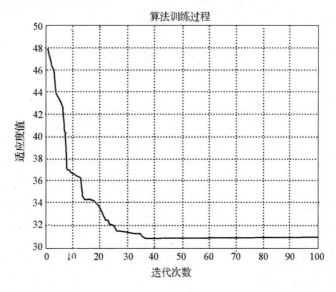

图 15.3　适应度值变化

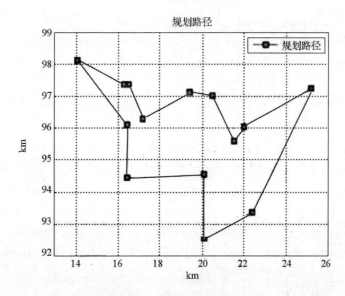

图 15.4　规划出的最优路径

参 考 文 献

[1]　周雅兰. 现代智能优化方法研究与应用[D]. 广州: 中山大学, 2008.

[2]　钟一文. 智能优化方法及其应用研究[D]. 杭州: 浙江大学, 2005.

[3]　Leung Y W, Wang F. An orthogonal genetic algorithm with quantization for global numerical optimization[J]. IEEE Transactions on Evolutionary Computation, 2001, 5 (1): 41 −53.

[4]　Xing L N, Chen Y W, Cai H P. An intelligent genetic algorithm designed for global optimization of multi-minima functions[J]. Applied Mathematics and Computation, 2006, 178(2): 355 −371.

[5]　Wang L, Zheng D Z. An effective hybrid optimization strategy for job-shop scheduling problems[J]. Computers and Operations Research, 2001, 28(6): 585 −596.

[6]　Yang S M, Shao D G, Luo Y J. A novel evolution strategy for multiobjective optimization problem[J]. Applied Mathematics and Computation, 2005, 170(2): 850 −873.

[7]　Climer S, Zhang W. Cut-and-solve: an iterative search strategy for combinatorial optimization problems[J]. Artificial Intelligence, 2006, 170(8 −9): 714 −738.

[8]　Wang L. A hybrid genetic algorithm-neural network strategy for simulation optimization[J]. Applied Mathematics and Computation, 2005, 170(2): 1329 −1343.

[9]　Kusiak A. Process planning: A knowledge-based and optimization perspective[J]. IEEE Transactions on Robotics and Automation, 1991, 7(3): 257 −266.

[10]　Dutta A, Mitra S. Integrating heuristic knowledge and optimization models for communication network design[J]. IEEE Transactions on Knowledge and Data Engineering, 1993, 5(6): 999 −1017.

[11]　Reynolds R G, Zhu S. Knowledge-based function optimization using fuzzy cultural algorithms with evolutionary programming[J]. IEEE Transactions on Systems, Man and Cybernetics-Part B: Cybernetics, 2001, 31(1): 1 −18.

[12]　Xing L N, Chen Y W, Yang K W. A hybrid approach combining an improved genetic algorithm and optimization strategies for the asymmetric traveling salesman problem[J]. Engineering Applications of Artificial Intelligence, 2008, 21(8): 1370 −1380.

[13]　Xing L N, Rohlfshagen P, Chen Y W, et al. An evolutionary approach to the

multidepot capacitated arc routing problem[J]. IEEE Transactions on Evolutionary Computation, 2009, Accepted.

[14] Climer S, Zhang W. Cut-and-solve: an iteration search strategy for combinatorial optimization problems[J]. Artificial Intelligence, 2006, 170(8 – 9): 714 – 738.

[15] Wang L, Zheng D Z. An effective hybrid optimization strategy for job-shop scheduling problems[J]. Computers and Operations Research, 2001, 28(6): 585 – 596.

[16] Yang S M, Shao D G, Luo Y J. A novel evolution strategy for multiobjective optimization problem[J]. Applied Mathematics and Computation, 2005, 170(2): 850 – 873.

[17] Ho N B, Tay J C, Lai E M K. An effective architecture for learning and evolving flexible job-shop schedules[J]. European Journal of Operational Research, 2007, 179 (2): 316 – 333.

[18] Kim Y K, Kim J Y, Kim Y. A tournament-based competitive coevolutionary algorithm[J]. Applied Intelligence, 2004, 20(3): 267 – 281.

[19] 曹先彬, 罗文坚, 王煦法. 基于生态种群竞争模型的协同进化[J]. 软件学报, 2001, 12(4): 556 – 562.

[20] Ficici S G, Melnik O, Pollack J B. A game-theoretic and dynamical-systems analysis of selection methods in coevolution [J]. IEEE Transactions on Evolutionary Computation, 2005, 9(6): 580 – 602.

[21] 金聪. 函数优化中实数型遗传算法的研究[J]. 小型微型计算机系统, 2000, 21 (4): 372 – 374.

[22] 李绍军, 王惠, 姚平经. 求解全局最优化的遗传(GA)-Alopex 算法的研究[J]. 信息与控制, 2000, 29(4): 304 – 314.

[23] 蓝海, 王雄, 王凌. 复杂函数全局最优化的改进遗传退火算法[J]. 清华大学学报 (自然科学版), 2002, 42(9): 1237 – 1240.

[24] 郭立新, 武丽梅, 李庆忠, 等. 一种基于多峰值多规则并行搜索的遗传算法[J]. 机械科学与技术, 1999, 18(3): 406 – 411.

[25] 孟红云, 刘三阳. 基于免疫的多峰极值遗传算法[J]. 系统工程与电子技术, 2003, 25(4): 477 – 512.

[26] 韩炜, 廖振鹏. 一种全局优化算法:遗传算法——单纯型法[J]. 地震工程与工程振动, 2001, 21(2): 6 – 12.

[27] 雷德明. 利用混沌搜索全局最优解的一种混合遗传算法[J]. 系统工程与电子技术, 1999, 21(12): 80 – 81.

[28] 谢巍, 方康玲. 一种求解不可微非线性函数的全局解的混合遗传算法[J]. 控制理论与应用, 2000, 17(2): 180 – 183.

[29] Tsai J T, Liu T K, Chou J H. Hybrid taguchi-genetic algorithm for global numerical optimization[J]. IEEE Transactions on Evolutionary Computation, 2004, 8(4): 365 – 377.

[30] Deb K, Anand A, Joshi D. A computationally efficient evolutionary algorithm for real-parameter optimization[J]. Evolutionary Computation, 2002, 10(4): 371 –395.

[31] Van Den Bergh F, Engelbrecht A P. A cooperative approach to particle swarm optimization[J]. IEEE Transactions on Evolutionary Computation, 2004, 8(3): 225 –239.

[32] Liang J J, Qin A K, Suganthan P N, et al. Comprehensive learning particle swarm optimizer for global optimization of multimodal functions[J]. IEEE Transactions on Evolutionary Computation, 2006, 10(3): 281 –295.

[33] Wang H F, Wu K Y. Hybrid genetic algorithm for optimization problems with permutation property[J]. Computers and Operations Research, 2004, 31(4): 2453 –2471.

[34] Gen M, Cheng R. Genetic algorithms and engineering optimization[M]. New York: John Wiley & Sons Inc., 1999.

[35] Buriol L, Franca P, Moscato P. A new memetic algorithm for the asymmetric traveling salesman problem[J]. Journal of Heuristics, 2004, 10(5): 483 –506.

[36] Reinelt G. TSPLIB-A traveling salesman library[J]. ORSA Journal on Computing, 1991, 3(4): 376 –384.

[37] Helsgaun K. An effective implementation of the Lin-Kernighan traveling salesman heuristic[J]. European Journal of Operational Research, 2000, 126(1): 106 –130.

[38] Choi I C, Kim S I, Kim H S. A genetic algorithm with a mixed region search for the asymmetric traveling salesman problem[J]. Computers and Operations Research, 2003, 30(5): 773 –786.

[39] 李小花, 朱征宇, 夏梦霜. 基于进化计算的多车场洒水车路径优化问题求解[J]. 交通与计算机, 2008, 26(3): 55 –60.

[40] Araoz J, Fernandez E, Zoltan C. Privatized rural postman problems[J]. Computers & Operations Research, 2006, 33(12): 3432 –3449.

[41] Bektas T, Elmastas S. Solving school bus routing problems through integer programming[J]. Journal of the Operational Research Society, 2006, 58(12): 1599 –1604.

[42] Tobin G A, Brinkmann R. The effectiveness of street sweepers in removing pollutants from road surfaces in Florida[J]. Journal of Environmental Science and Health (Part A), 2002, 37(9): 1687 –1700.

[43] Dijkgraaf E, Gradus R H J M. Fair competition in the refuse collection market[J]. Applied Economics Letters, 2007, 14(10): 701 –704.

[44] Handa H, Chapman L, Yao X. Robust route optimization for gritting / salting trucks: a CERCIA experience[J]. IEEE Computational Intelligence Magazine, 2006, 1(1): 6 –9.

[45] Han H S, Yu J J, Park C G, et al. Development of inspection gauge system for gas

pipeline[J]. KSME International Journal, 2004, 18(3): 370 – 378.

[46] Tao J, Que P W, Tao Z S. Magnetic flux leakage device for offshore oil pipeline defect inspection[J]. Materials Performance, 2005, 44(10): 48 – 51.

[47] Lacomme P, Prins C, Ramdane-Cherif W. Competitive memetic algorithms for arc routing problems[J]. Annals of Operations Research, 2004, 131(1 – 4): 159 – 185.

[48] Branda J, Eglese R. A Deterministic tabu search algorithm for the capacitated arc routing problem [J]. Computers and Operations Research, 2008, 35 (4): 1112 – 1126.

[49] Mei Y, Tang K, Yao X. A global repair operator for capacitated arc routing problem [J]. IEEE Transactions on Systems, Man, and Cybernetics-Part B: Cybernetics, 2009, 39(3): 723 – 734.

[50] Beullens P, Muyldermans L, Cattrysse D, et al. A guided local search heuristic for the capacitated arc routing problem[J]. European Journal of Operational Research, 2003, 147(3): 629 – 643.

[51] Doerner K F, Hartl R F, Maniezzo V, et al. Applying ant colony optimization to the capacitated arc routing problem [C]//Proceeding of Ant Colony Optimization and Swarm Intelligence. Berlin: Springer, 2004, LNCS 3172: 420 – 421.

[52] Wohlk S. New lower bound for the capacitated arc routing problem[J]. Computers and Operations Research, 2006, 33(12): 3458 – 3472.

[53] 姚伟力, 杨德礼, 胡祥培. 遗传算法对车间作业调度的研究[J]. 运筹与管理, 1999, 8(2): 85 – 88.

[54] Cheung B K S, Langevin A, Villeneuve B. High performing evolutionary techniques for solving complex location problems in industrial system design[J]. Journal of Intelligent Manufacturing, 2001, 12(5 – 6): 455 – 466.

[55] Demsar J. Statistical comparisons of classifiers over multiple data sets[J]. Journal of Machine Learning Research, 2006, 7(1): 1 – 30.

[56] Dorigo M, Stutzle T. Ant colony optimization [M]. Cambridge, MA: MIT Press, 2004.

[57] 吴秀丽. 多目标柔性作业车间调度技术研究[D]. 西安: 西北工业大学, 2006.

[58] 何霆, 刘飞, 马玉林. 车间生产调度问题研究[J]. 机械工程学报, 2000, 36(5): 97 – 102.

[59] Brucker P, Schlie R. Job-shop scheduling with multi-purpose machines [J]. Computing, 1990, 45(4): 369 – 375.

[60] Dauzere-Peresa S, Rouxb W, Lasserreb J B. Multi-resource shop scheduling with resource flexibility[J]. European Journal of Operational Research, 1998, 107(2): 289 – 305.

[61] 孙志峻, 朱剑英. 具有柔性加工路径的作业车间智能优化调度[J]. 机械科学与技术, 2001, 20(6): 931 – 935.

［62］ 许化强. 用基于共生遗传算法的学习框架求解柔性作业调度问题［D］. 济南：山东大学, 2007.

［63］ 贾兆红. 粒子群优化算法在柔性作业车间调度中的应用研究［D］. 合肥：中国科学技术大学, 2008.

［64］ Kacem I, Hammadi S, Borne P. Approach by localization and multiobjective evolutionary optimization for flexible job-shop scheduling problems［J］. IEEE Transactions on Systems, Man and Cybernetics, Part C, 2002, 32(1): 1 – 13.

［65］ 潘全科. 智能制造系统多目标车间调度研究［D］. 南京：南京航空航天大学, 2003.

［66］ Panwalkar S. A survey of scheduling rules［J］. Operation Research, 1977, 25(1): 45 – 61.

［67］ 谷峰. 柔性作业车间调度中的优化算法研究［D］. 合肥：中国科学技术大学, 2006.

［68］ 方剑. 进化算法及其在作业车间调度中的应用［D］. 上海：上海交通大学, 1996.

［69］ 王伟玲, 马正元, 王玉生. 生产调度问题研究的动态与趋势［J］. 组合机床与自动化加工技术, 2005, 18(5): 109 – 112.

［70］ 孙志峻. 智能制造系统车间生产优化调度［D］. 南京：南京航空航天大学, 2002.

［71］ Rigao C. Tardiness minimization in a flexible job shop：A tabu search approach［J］. Journal of Intelligent Manufacturing, 2004, 15(1): 103 – 115.

［72］ Kacem I, Hammadi S, Borne P. Pareto-optimality approach for flexible job-shop scheduling problems：Hybridization of evolutionary algorithms and fuzzy logic［J］. Mathematics and Computers in Simulation, 2002, 60(3 – 5): 245 – 276.

［73］ Cochran J K, Horng S, Fowler J W. A multi-population genetic algorithm to solve multi-objective scheduling problems for parallel machines［J］. Computers and Operations Research, 2003, 30(7): 1087 – 1102.

［74］ Xia W J, Wu Z M. An effective hybrid optimization approach for multi-objective flexible job-shop scheduling problems［J］. Computers and Industrial Engineering, 2005, 48(2): 409 – 425.

［75］ 夏蔚军, 吴智铭. 基于混合微粒群优化的多目标柔性 job-shop 调度［J］. 控制与决策, 2005, 20(2): 137 – 141.

［76］ 孙志竣, 乔冰, 潘全科, 等. 具有柔性加工路径的作业车间批量调度优化研究［J］. 机械科学与技术, 2002, 21(3): 348 – 350.

［77］ Baykasoglu A, Ozbakir L, Sonmez A. Using multiple objective tabu search and grammars to model and solve multi-objective flexible job shop scheduling problems［J］. Journal of Intelligent Manufacturing, 2004, 15(6): 777 – 785.

［78］ Vincent T. Solving a bicriteria scheduling problem on unrelated parallel machines occurring in the glass bottle industry［J］. European Journal of Operational Research, 2001, 135(1): 42 – 49.